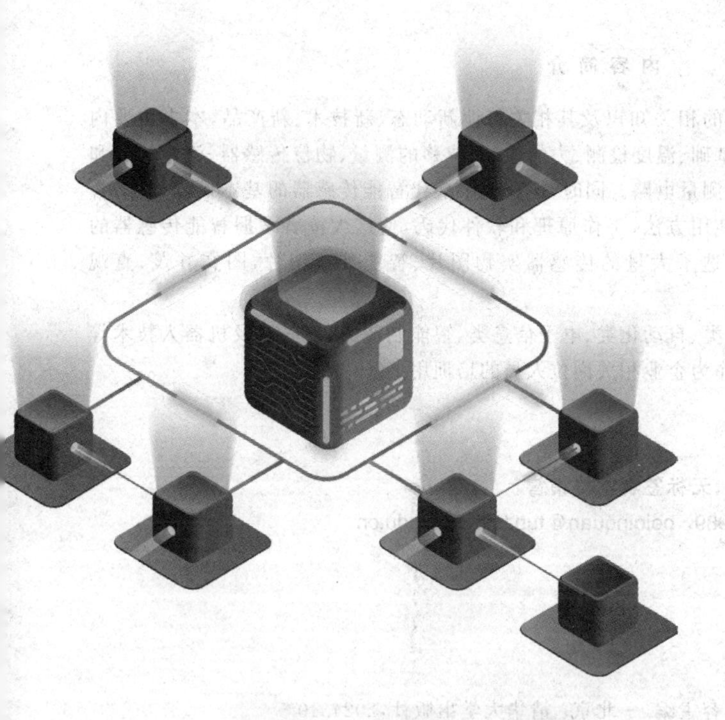

传感器与检测技术应用

金　明　戴诗容■主　编
章　浩　吴舒翰　张　威■副主编

清華大學出版社
北　京

内容简介

本书系统介绍了传感器与检测技术的相关知识及其相关行业新动态、新技术、新产品，本书主要内容包括认识传感器、传感器和检测技术基础、温度检测、力的检测、位移的测量、物位传感器、流量检测和智能传感器等常见传感器的工作原理和测量电路。同时，还介绍了现代智能传感器的基本概念，并结合实际，通过案例介绍多种智能传感器的使用方法、工作原理和软件代码，使广大读者掌握智能传感器的测量方法。为了增加教学效果，本书精选了大量的传感器实物图片、智能装备图片，图文并茂，直观生动。

本书可作为高职高专院校机电设备类、自动化类、电子信息类、智能制造类、物联网及机器人技术等专业传感器技术课程的配套教材，也可作为企业相关岗位人员的培训用书。

图书在版编目（CIP）数据

传感器与检测技术应用/金明，戴诗容主编. —北京：清华大学出版社，2024.10
ISBN 978-7-302-65172-7

Ⅰ. ①传… Ⅱ. ①金… ②戴… Ⅲ. ①传感器－检测－教材 Ⅳ. ①TP212

中国国家版本馆 CIP 数据核字（2024）第 033295 号

责任编辑：郭丽娜
封面设计：曹 来
责任校对：刘 静
责任印制：刘海龙

出版发行：清华大学出版社
网 址：https://www.tup.com.cn，https://www.wqxuetang.com
地 址：北京清华大学学研大厦 A 座 **邮 编**：100084
社 总 机：010-83470000 **邮 购**：010-62786544
投稿与读者服务：010-62776969，c-service@tup.tsinghua.edu.cn
质量反馈：010-62772015，zhiliang@tup.tsinghua.edu.cn
印 装 者：三河市龙大印装有限公司
经 销：全国新华书店
开 本：185mm×260mm **印 张**：11.25 **字 数**：268 千字
版 次：2024 年 10 月第 1 版 **印 次**：2024 年 10 月第 1 次印刷
定 价：49.00 元

产品编号：103933-01

前　　言

传感器与检测技术在现代智能装备中的应用极为广泛，传感器与检测技术是现代工程技术人员必须掌握的核心技术。高职高专院校机电设备类、自动化类、电子信息类、智能制造类、物联网及机器人技术等专业都开设了传感器技术相关课程，为现代工程技术人员的培养提供理论和实践应用学习。

本书详细介绍了传感器与检测技术基础知识和最新技术，内容丰富、翔实，符合当前高等职业教育的教学要求和学生的认知规律。

本书的编写特色如下。

(1) 本书在保持传统教材优秀风格的基础上，以更为开阔的视野，介绍了相关的国家政策、相关领域和科技前沿的新知识。

(2) 为了响应国家发展智能制造产业、实现制造强国的战略目标，本书详细介绍了多个智能传感器的应用案例。

(3) 精选的多个典型传感器与智能检测技术实训项目，使本书的知识结构体系更为完整。

(4) 本书还精选了大量的智能装备与产品图片，图文并茂。

本书由金明、戴诗容任主编，章浩、吴舒翰、张威任副主编，王礼鹏、姜楠也参与了本书的编写工作。编写分工如下：金明负责项目1、项目2的编写；王礼鹏负责项目3的编写；戴诗容负责项目4的编写；吴舒翰负责项目5的编写；章浩负责项目6的编写；姜楠负责项目7的编写；杭州英联科技有限公司的张威负责项目8的编写；金明完成最后统稿。

由于编者水平有限，书中难免出现疏漏和不妥之处，欢迎广大读者提出宝贵意见。

编　者

2024年5月

目　录

项目1　认识传感器

【项目导读】

随着科学技术的快速发展，人类已进入瞬息万变的信息时代。人们在从事工业生产和科学实验等活动中，主要依靠对信息资源的开发、获取、传输和处理。传感器是人类感官的延伸，它处于研究对象与测控系统的接口位置，是感知、获取与检测信息的窗口。一切科学实验和生产过程，都需要大量的信息，特别是自动检测和自动控制系统要获取的信息，都要通过传感器将其转换为容易传输与处理的电信号。有了传感器，科学实验和生产过程就能够快速实现现代化。传感器的工作原理涉及很多学科领域，它的开发带动了边缘学科的发展。

任务1.1　传感器的概述

知识目标：

- 掌握传感器的组成。
- 理解传感器的基本概念。

技能目标：

- 熟练使用各种类型的传感器。
- 掌握常见传感器的分类。

素养目标：

能在测量过程中与小组人员合作、交流，培养团队合作意识，增强沟通能力。

建议课时：

1课时。

1.1.1　传感器的概念

传感器是能感受规定的被测量、并按照一定规律转换成可用输出信号的元件或装置。在某些学科领域，传感器又称为敏感元件、检测器、转换器等。这些不同提法，反映了不同技术领域中，可以根据元件用途对同一类型的元件使用不同的技术术语。例如，在电子技术领域，常把能感受信号的电子元件称为敏感元件，如热敏元件、磁敏元件、光敏元件及气敏元件等；在超声波技术领域中强调的是能量的转换，如压电式换能器。这些提法在含义上有些狭窄，而传感器一词是使用最为广泛的用语。

传感器的输出信号通常是电量，它便于传输、转换、处理、显示等。电量有很多形式，如电压、电流、电容、电阻等，输出信号的形式由传感器的原理确定。

1.1.2 传感器的组成

传感器按其定义一般由敏感元件、转换元件、信号调理转换电路三部分组成，有时还需外加辅助电源提供转换能量，如图 1-1 所示。

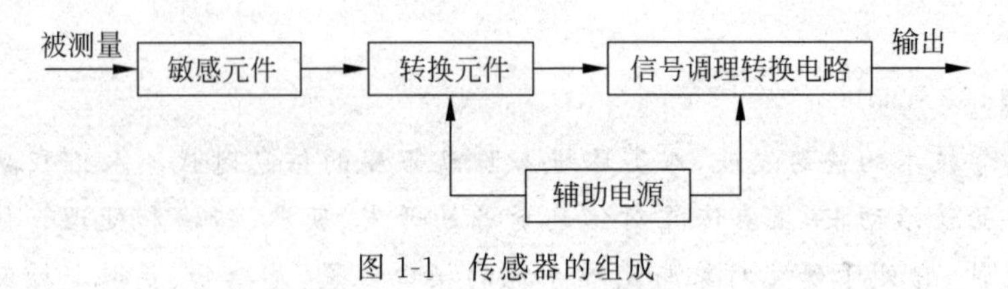

图 1-1 传感器的组成

1.1.3 传感器的分类

目前传感器一般采用两种分类方法：一种是按被测参数分类，如对温度、压力、位移、速度等参数的测量，相应的有温度传感器、压力传感器、位移传感器、速度传感器等；另一种是按传感器的工作原理分类，如按应变原理工作式、按电容原理工作式、按压电原理工作式、按磁电原理工作式、按光电效应原理工作式等，相应的有应变式传感器、电容式传感器、压电式传感器、磁电式传感器、光电式传感器等。

本书按被测参数分类方法来介绍各种传感器，而传感器的工程应用则根据工程参数进行叙述。对初学者和应用传感器的工程技术人员来说，应先从传感器工作原理出发，了解各种各样的传感器，而对工程上的被测参数则应着重于如何合理选择和使用传感器。

任务 1.2 传感器的应用及发展

知识目标：

- 掌握传感器的发展及应用状况。
- 掌握各种类型传感器的应用场景。

技能目标：

了解传感器的应用领域。

素养目标：

在传感器学习过程中与小组人员合作、交流，培养团队合作意识，增强沟通能力。

建议课时：

1 课时。

传感器是人类五官的延伸，又称为电五官，是现代生产中获取信息的主要途径与手段。传感器是边缘学科开发的先驱，其应用已渗透到工业生产、宇宙探索、海洋探测、环境保护、资源调查、医学诊断、生物工程，甚至文物保护等极其广泛的领域。从茫茫的太空到浩瀚的海洋，再至各种复杂的工程系统，几乎每一个现代化项目，都离不开各种各样的传感器。可见，传感器技术在发展经济、推动社会进步等方面起着重要作用。

传感器技术作为信息技术的三大基础之一，是当前各发达国家竞相发展的高新技术，是进入21世纪以来优先发展的十大顶尖技术之一。传感器技术所涉及的知识领域非常广泛，其研究和发展也越来越多地和其他学科技术的发展紧密联系。

1.2.1 国外应用发展现状

传感器、通信、计算机被称为现代信息系统的三大支柱。因其技术含量高、渗透能力强，以及市场前景广阔等特点，引起了世界各国的广泛重视。美国早在20世纪80年代就认为世界已进入了传感器时代，为此成立了国家技术小组，帮助政府组织和领导各大公司与国家企事业部门的传感器技术开发工作。对美国国家长期安全和经济繁荣至关重要的22项技术中，有6项与传感器信息处理技术直接相关。日本把开发和利用传感器技术作为国家重点发展六大核心技术之一。日本科学技术厅制定的20世纪90年代重点科研项目中有70个重点课题，其中有18项与传感器技术密切相关。

传感器在资源探测、海洋、环境监测、安全保卫、医疗诊断、家用电器、农业现代化等领域都有广泛应用。在军事方面，美国已为F-22战斗机装备了新型的多光谱传感器，实现了全被动式搜索与跟踪，可在诸如有雾、烟或雨等各种恶劣天气情况下使用，不仅可以全天候作战，还提高了隐身能力；英国在航天飞机上使用的传感器有100多种，总数达到4000多个，用于监测航天器的信息，验证设计的正确性，并且可以在遇到问题时做出诊断；日本在"雷达4号"卫星上安装了传感器，可全天候对地面目标进行拍摄。

在世界范围内传感器需求增长最快的领域是汽车市场和通信市场。汽车电子控制系统的水平关键在于采用传感器的数量，目前一台普通家用轿车安装几十到上百个传感器，豪华轿车的传感器数量达到200多个。我国是汽车生产大国，年产汽车1000多万辆，但是汽车所用的传感器几乎被国外垄断。

1.2.2 传感器发展趋势

传感器大体上经历了如下3代。

第1代是结构型传感器，它利用结构参量变化来感受和转化信号。例如，电阻应变式传感器是利用金属材料发生弹性形变时电阻的变化来转化电信号的。

第2代传感器是20世纪70年代开始发展起来的固体传感器，这种传感器由半导体、电介质、磁性材料等固体元件构成，是利用材料某些特性制成的。如利用热电效应、霍尔效应、光敏效应，分别制成热电偶传感器、霍尔传感器、光敏传感器。20世纪70年代后期，随着集成技术、分子合成技术、微电子技术及计算机技术的发展，出现集成传感器。集成传感器包括两种类型：传感器本身的集成化和传感器与后续电路的集成化。如电荷耦合元件(CCD)、集成温度传感器AD 590、集成霍尔传感器UG 3501等。这类传感器主要具有成本低、可靠性高、性能好、接口灵活等特点，发展非常迅速，它正向着低价格、多功能和系列化方向发展。

第3代传感器是20世纪80年代发展起来的智能传感器。所谓智能传感器，是指其对外界信息具有一定检测、自诊断、数据处理以及自适应能力，是微型计算机技术与检测技术相结合的产物。20世纪80年代智能化测量主要以微处理器为核心，把传感器信号调节电路、微计算机、存储器及接口集成到一块芯片上。20世纪90年代智能化测量技术有了进一步的提高，在传感器这一级实现智能化，使其具有自诊断功能、记忆功能、多参量测量功能及联网通信功能等。

随着新技术的层出不穷，传感器的发展也呈现出新的特点。传感器与微机电系统(MEMS)的结合，已成为当前传感器领域关注的新趋势。目前相关机构已经开发出了新型的MEMS传感器。这种传感器的大小只有1.5mm^3，质量只有5mg，但是却装有激光通信中路、CPU、电池等组件，以及速度、加速度、温度等多个传感器。以前做这样一个传感器，尺寸非常大，现在传感器的尺寸很小，却可以自带电源、通信中路，并可以进行信号处理，可见传感器技术进步速度之快。MEMS传感器目前已在多个领域有所应用。例如，很多人使用的iPhone手机中就装有陀螺仪、传声器、电子快门等多个MEMS传感器；耐克公司推出的一款“智能鞋垫”也内置了MEMS传感器，可以记录用户运动的数据，并与手机连接将数据上传。

除了与微机电系统结合，传感器还与仿生信息学结合，产生了诸多新的应用。例如，法国已研制出了模仿人类眼睛的视觉晶片，它可以模仿人类眼睛的能力，分辨不同颜色，并观测动作。奔腾处理器每秒能处理数百万条指令，这种视觉晶片每秒能处理大约200亿条指令。毫无疑问，这种仿生视觉晶片将会引起感测与成像的革命，并在国防领域得到广泛的应用。

1.2.3 我国传感器发展状况

我国在20世纪60年代开始涉足传感器制造业，“八五”期间，我国将传感器技术列为国家重点科技攻关项目，建成了“传感器技术国家重点实验室”“国家传感器工程中心”等研究开发基地，并将MEMS列入了国家高新技术发展重点研究项目。目前，传感器产业已被国内外公认为具有发展前途的高技术产业，它以技术含量高、经济效益好、渗透力强、市场前景广等特点为世人所瞩目。我国工业现代化进程和电子信息产业以20%以上的速度高速增长，带动传感器市场快速上升。我国手机市场的增长给传感器市场带来新机遇，该领域使用的传感器领域占市场的1/4。我国是白色家电生产大国，使用的传感器占市场的1/5，传感器在医疗环保专业设备中的应用高速增长，占市场份额15%左右。

然而，我国在传感器发展方面的问题也日益突出。虽然传感器企业众多，但大都面向中低端领域，技术基础薄弱，研究水平不高。许多企业都是引用国外的芯片加工，自主研发的产品较少，自主创新能力薄弱，在高端领域几乎没有市场份额。此外，科学技术研究院所在传感器技术的研究方面已与国际接轨，但产业化瓶颈迟迟未能突破。目前我国从事传感器技术研发的主要是高校和相关部委的研究机构，企业的技术实力较弱，很多是与国外合作，或是进行二次封装。而在发达国家，传感器的研发和产业化更多由企业来主导。

近年来，我国也不断提高对传感器产业的重视程度，并出台了一系列政策推进其发展。将投资主要集中在新型电子元件的研发和产业化领域，并且还制定了具体的产业发展目标，并给出了具体的发展路线图。

当前技术水平下的传感器系统正向着微小型化、智能化、多功能化和网络化的方向发展。今后，随着CAD技术、MEMS技术、信息理论及数据分析算法的不断优化，未来的传感器系统必将变得更加微型化、综合化、多功能化、智能化和系统化。在各种新兴科学技术呈辐射状广泛渗透的当今社会，传感器系统作为现代科学的“耳目”以及人们快速获取、分析和利用有效信息的基础，必将进一步得到社会各界的普遍关注。我国加大研发新型传感器力度，追上发达国家，意义长远。

1.2.4 传感器应用领域

传感器技术如今遍布众多领域和行业，如工业自动化、航天航空、科学研究、海洋探索、现代化农业、国防科技、家用电器等。

1. 传感器在工业检测和自动控制系统中的应用

在石油、化工、电力、钢铁、机械等工业生产中需要及时检测各种工艺参数的信息，通过电子计算机或控制器对生产过程进行自动化控制，传感器是任何一个自动控制系统必不可少的装置。

2. 传感器在汽车中的应用

目前，传感器在汽车工业中得到了广泛应用。在汽车中不只限于测量行驶速度、行驶距离、发动机旋转速度及燃料剩余量等有关参数，而且在一些新装置中，如汽车安全气囊、防滑控制等系统，防盗系统、防抱死、尾气循环、电子变速控制、电子燃料喷射等装置，以及汽车“行车电脑”等都安装了相应的传感器。如图1-2所示是一辆汽车上安装了多种传感器。

3. 传感器在家用电器中的应用

现代家庭中，用电厨具、空调、电冰箱、洗衣机、电热水器、安全报警器、吸尘器、电熨斗、照相机、音像设备等都用到了传感器。

4. 传感器在机器人中的应用

在生产智能机器人的过程中，传感器不仅用来检测手臂的位置和角度，还用作智能机器人的视觉和触觉感知器。目前生产机器人成本的1/2耗费在高性能传感器上。工业机器人中使用了大量的传感器，其中包括视觉传感器和触觉传感器，如图1-3所示。

5. 传感器在医学中的应用

在医疗上，应用传感器可以准确测量人体温度、血压、心脑电波，并帮助医生对肿瘤等疾病进行诊断。

传感器还有非常多的应用实例，这里就不一一赘述。传感器的种类繁多，从外观上看也是多种多样、千差万别。常见的传感器外观如图1-4所示。

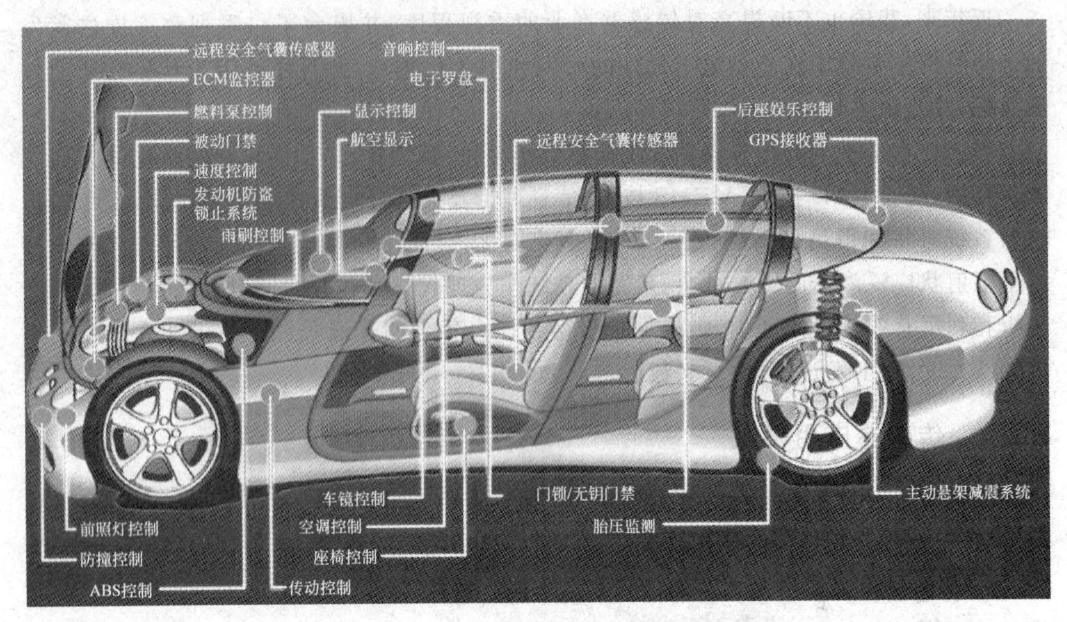

图 1-2 汽车里的各种传感器应用

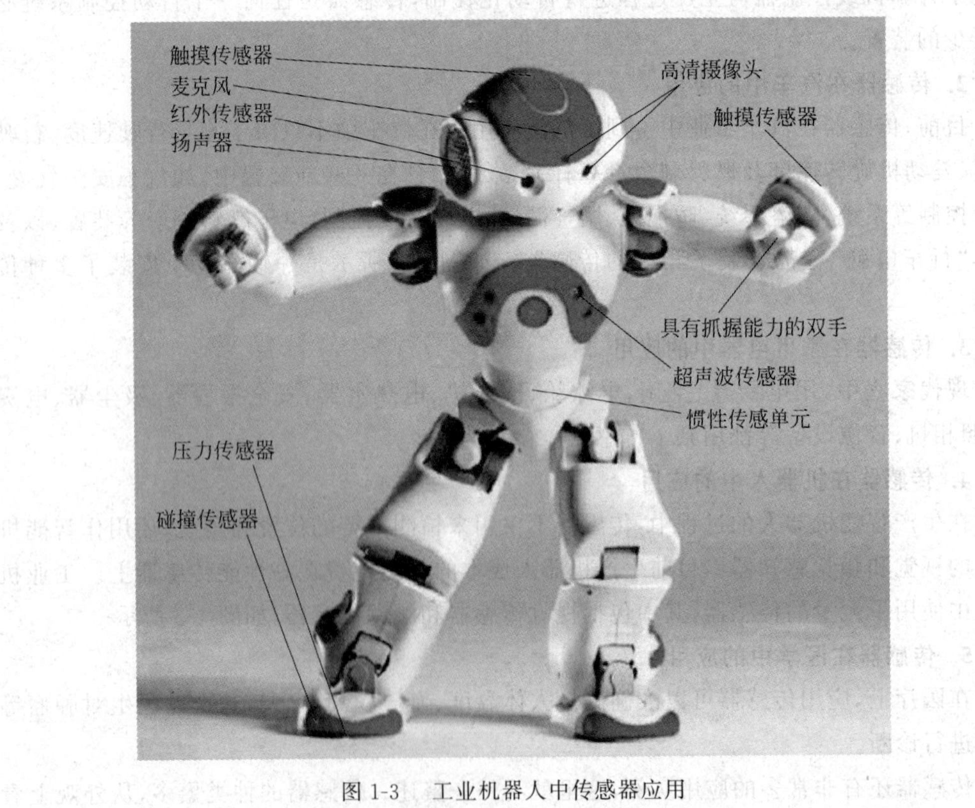

图 1-3 工业机器人中传感器应用

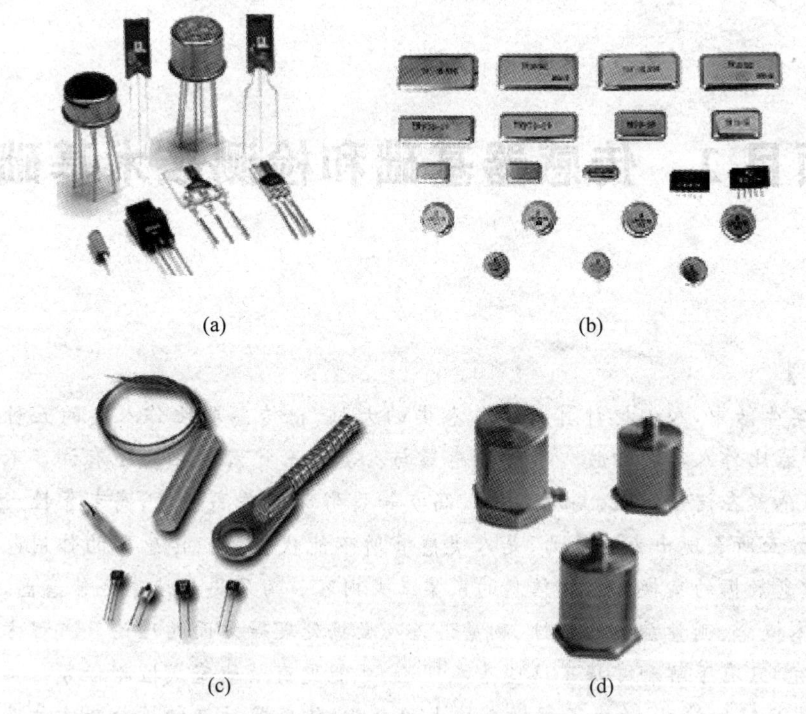

图 1-4　常见的传感器外观

项目总结

通过本项目的介绍，读者可以掌握传感器的概念、组成、国内外发展现状及具体应用。人们的社会活动将主要依靠对信息资源的开发及获取、传输与处理。传感器是获取自然领域中信息的主要途径与手段。传感器技术是现代科技的前沿技术，发展迅猛，同计算机技术与通信技术一起被称为信息技术的三大支柱。现代传感器技术具有巨大的应用潜力，发展前景广阔。

项目自测

1. 简述传感器的定义及作用。
2. 简述传感器的应用场景。
3. 描述生活中遇到的传感器。

项目 2　传感器基础和检测技术基础

【项目导读】

在现实生活中，人们把计算机比作人类的大脑，把传感器比作人类的五种感觉器官，把执行器比作人类的四肢。尽管传感器与人类的感觉器官相比还有许多不完善的地方，但传感器在诸如高温、高湿、高压、高空等恶劣环境及高精度、高可靠性、远距离、超细微等方面所表现出来的能力，是人类感官所不能代替的。传感器的作用包括信息的收集、信息数据的交换及控制信息的采集三大内容。为了更好地掌握传感器，需要对测量的基本概念、测量系统的特性、测量误差及数据处理等方面的理论及工程方法进行学习和研究，只有了解和掌握了这些基本理论，才能更有效地完成检测任务。

通过本项目的学习，学生了解检测技术的含义、传感器动态特性分析方法及性能指标；熟悉测量误差的概念，以及如何根据误差要求选择测量装置的精度等级；掌握传感器的静态特性——线性度、灵敏度等，以及回程误差、测量范围与量程和精度等级等基本概念。

任务 2.1　传感器的基础认知

知识目标：

- 掌握传感器的静态特性的具体参数表征及其意义。
- 掌握传感器的动态特性的具体参数表征及其意义。

技能目标：

- 熟练掌握传感器静态参数的表示方法。
- 熟练掌握传感器动态参数的表示方法。

素养目标：

- 在测量过程中与小组人员合作、交流，培养团队合作意识，增强沟通能力。
- 养成规范测量、合理使用测量仪器的习惯。
- 能够分析数据，撰写规范的实训报告。
- 能够了解和使用检测技术中的仪表、仪器。

建议课时：

1 课时。

2.1.1 传感器的静态特性

传感器的静态特性是指当输入信号为恒定值时，传感器的输出量与输入量之间所具有的相互关系。因为这时输入量和输出量都与时间无关，所以它们之间的关系，即传感器的静态特性可用一个不含时间变量的代数方程，或以输入量作横坐标、与其对应的输出量作纵坐标而画出的特性曲线来描述。表征传感器静态特性的主要参数有线性度、灵敏度、迟滞、重复性、漂移等。

(1) 线性度。线性度又称为非线性误差，是指传感器输出量与输入量之间的实际关系曲线偏离拟合直线的程度。其定义为在全量程范围内，实际特性曲线与拟合直线之间的最大偏差值与满量程输出值的百分比(见图 2-1)，用 γ 表示，即

$$\gamma=\pm\frac{\Delta_{\max}}{y_{\mathrm{FS}}}\times 100\% \tag{2-1}$$

式中，$\Delta_{\max}$——最大非线性误差的绝对值；

y_{FS}——满量程输出。

(2) 灵敏度。灵敏度是传感器静态特性的一个重要指标，其定义为输出量的增量 Δy 与引起该增量的相应输入量增量 Δx 之比(见图 2-2)，用 S 表示，即

$$S=\frac{\Delta y}{\Delta x} \tag{2-2}$$

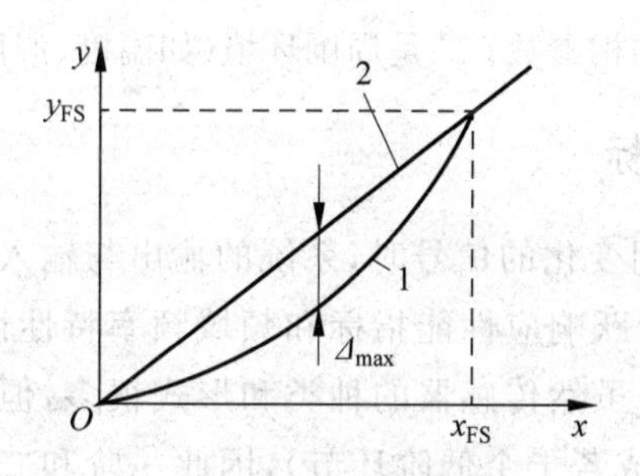

图 2-1　传感器的线性度
1—实际曲线；2—理想曲线

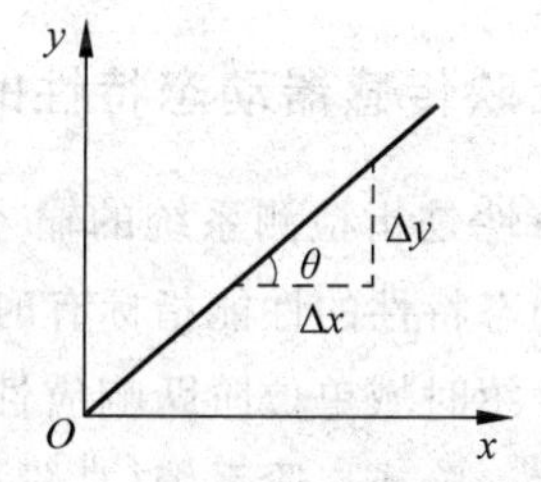

图 2-2　传感器的灵敏度

(3) 迟滞。传感器在输入量由小到大(正行程)及输入量由大到小(反行程)变化期间的输入/输出特性曲线不重合的现象称为迟滞。也就是说，对于同一大小的输入信号，传感器的正反行程输出信号大小不相等，这个差值称为迟滞差值。传感器在全量程范围内最大的迟滞差值 $\Delta H_{\max}$ 与满量程输出值 y_{FS} 之比称为迟滞误差(见图 2-3)，用 γ_{H} 表示，即

$$\gamma_{\mathrm{H}}=\frac{\Delta H_{\max}}{y_{\mathrm{FS}}}\times 100\% \tag{2-3}$$

产生迟滞现象主要是由传感器敏感元件材料的物理性质和机械零部件的缺陷造成的，如弹性敏感元件弹性滞后、运动部件摩擦、传动机构的间隙、紧固件松动等。迟滞误差又称为回差或变差。

(4) 重复性。重复性是指传感器在输入量按同一方向做全量程连续多次变化时,所得特性曲线不一致的程度,如图 2-4 所示。重复性误差属于随机误差,常用标准差 σ 计算,也可用正反行程中最大重复差值 ΔR_{max} 计算,用 γ_R 表示,即

$$\gamma_R = \pm \frac{(2 \sim 3)\sigma}{y_{FS}} \times 100\% \tag{2-4}$$

$$\gamma_R = \pm \frac{\Delta R_{max}}{y_{FS}} \times 100\% \tag{2-5}$$

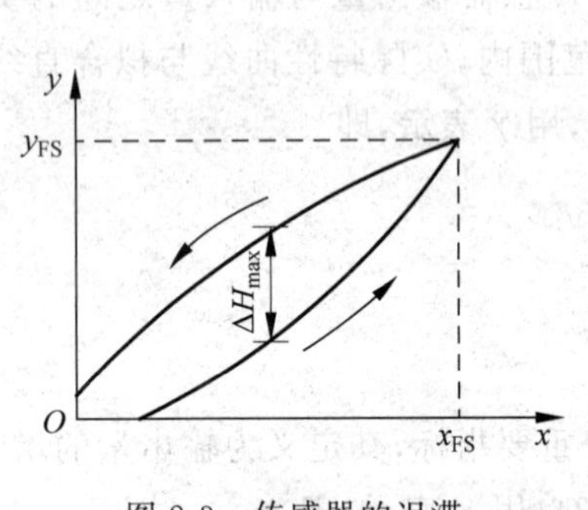

图 2-3　传感器的迟滞

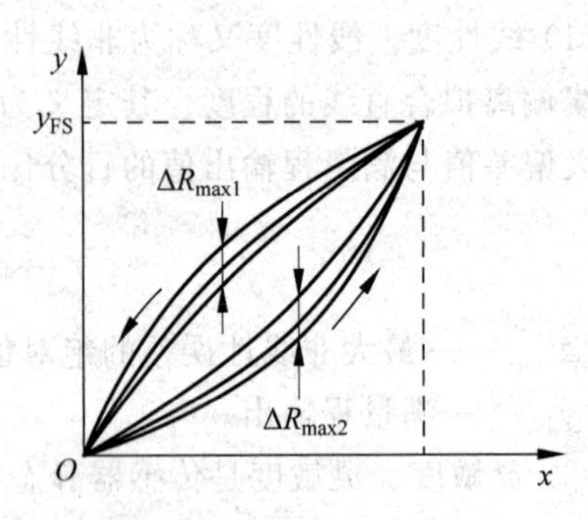

图 2-4　传感器的重复性

(5) 漂移。漂移是指在输入量不变的情况下,传感器的输出量随时间变化的现象。产生漂移的原因有两个方面:一是传感器自身结构参数;二是周围环境(如温度、湿度等)。

2.1.2　反映传感器动态特性的性能指标

动态特性是指检测系统的输入为随时间变化的信号时,系统的输出与输入之间的关系。主要动态特性的性能指标有时域单位阶跃响应性能指标和频域频率特性性能指标,本节主要介绍时域单位阶跃响应性能指标。虽然传感器的种类和形式很多,但它们一般可以简化为一阶或二阶系统(高阶可以分解成若干个低阶环节),因此一阶和二阶传感器是最基本的。传感器的输入量随时间变化的规律是各种各样的,下面在对传感器动态特性进行分析时,采用最典型、最简单、易实现的正弦信号和阶跃信号作为标准输入信号。对于正弦输入信号,传感器的响应称为频率响应或稳态响应;对于阶跃输入信号,传感器的响应称为阶跃响应或瞬态响应。

1. 一阶传感器单位阶跃响应性能指标

单位阶跃响应性能指标主要有最大超调量、上升时间、延迟时间、调节时间、稳态误差等。最大超调量反映传感器响应的平稳性(即稳定性);上升时间、延迟时间、调节时间等反映传感器响应的快速性;稳态误差反映传感器响应的稳态精确度。图 2-5 所示为一阶传感器输出的单位阶跃响应曲线。

另外,反映传感器频率响应的频域性能指标主要有通频带(或频带),上、下限截止频率度及固有频率等。

图 2-5 中的字母说明如下。

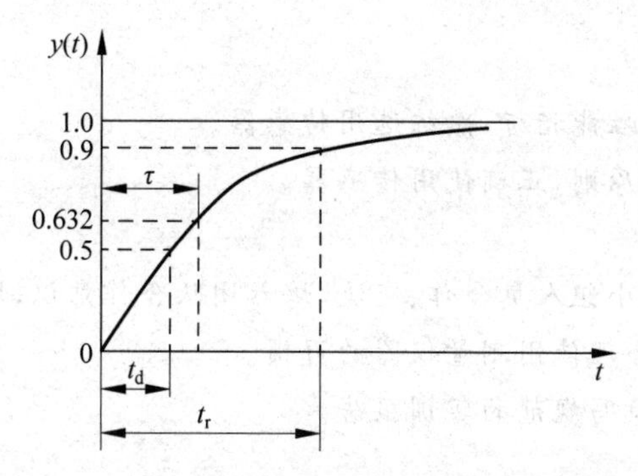

图 2-5　一阶传感器输出的单位阶跃响应曲线

(1) 时间常数 τ：一阶传感器输出上升到稳态值的 63.2%所需的时间。

(2) 延迟时间 t_d：传感器输出达到稳态值的 50%所需的时间。

(3) 上升时间 t_r：传感器输出达到稳态值的 90%所需的时间。

2. 二阶传感器单位阶跃响应性能指标

如图 2-6 所示为衰减振荡的二阶传感器输出的单位阶跃响应曲线。

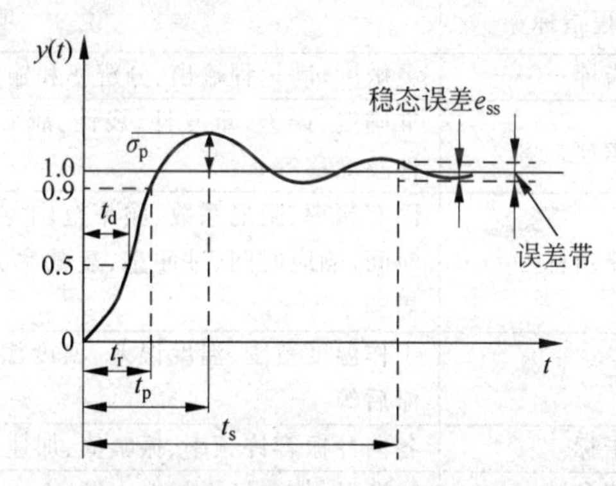

图 2-6　二阶传感器输出的单位阶跃响应曲线

图 2-6 中各变量说明如下。

(1) 最大超调量 σ_p：响应曲线偏离单位阶跃曲线的最大值。

(2) 上升时间 t_r：响应曲线从稳态值的 10%上升到稳态值的 90%所需的时间。

(3) 延迟时间 t_d：响应曲线上升到稳态值的 50%所需的时间。

(4) 调节时间 t_s：响应曲线进入并且不再超出误差带所需要的最短时间，误差带通常规定为稳态值的 5%或 2%。

(5) 稳态误差 e_{ss}：系统响应曲线的稳态值与期望值之差。

任务 2.2　传感器的性能指标及注意事项

知识目标：

- 掌握传感器的基本参数指标。
- 掌握传感器的环境参数指标。

技能目标：

- 根据传感器技术性能指标，熟练选用传感器。
- 根据传感器使用原则，正确使用传感器。

素养目标：

- 在测量过程中与小组人员合作、交流，培养团队合作意识，增强沟通能力。
- 养成规范测量、合理使用测量仪器的习惯。
- 能够分析数据，撰写规范的实训报告。

建议课时：

1课时。

由于传感器的类型五花八门，使用要求千差万别，所以无法列举出全面衡量各种传感器质量优劣的统一技术性能指标。表2-1给出部分传感器常用的技术性能指标，它可作为检验、使用和评价传感器的依据。

表 2-1　传感器常用的技术性能指标

技术性能指标	量程指标	说　　明
基本参数指标	灵敏度指标	灵敏度、满量程输出、分辨率和输出阻抗等
	准确度指标	准确度、误差、重复性、线性、滞后、灵敏度误差、阈值、稳定性及漂移等
	动态性能指标	固有频率、阻尼系数、频率范围、频率特性、时间常数、上升时间、响应时间、过冲量、衰减率、稳态误差、临界速度及临界频率等
环境参数指标	温度指标	工作温度范围、温度误差、温度漂移、灵敏度温度系数和热滞后等
	抗冲振指标	各向冲振容许频率、振幅值、加速度及冲振引起的误差等
	其他环境参数	抗潮湿、抗磁场干扰能力等
可靠性指标	—	工作寿命、平均无故障时间、保险期、疲劳性能、耐压及反抗飞弧性能等
其他指标	使用方面	供电方式(直流、交流、频率和波形等)、电压幅度与稳定度、功耗及各项分布参数等
	结构方面	外形尺寸、质量、外壳、材质及结构特点等
	安装连接方面	安装方式、馈线及电缆等

那么如何选择传感器，在选择中又要考虑哪些因素呢？压力传感器在使用过程中，测量结果的成败，很大程度上取决于传感器的选用是否合理。现代传感器在原理与结构上千差万别，如何根据具体的测量目的、测量对象及测量环境合理地选用传感器，是在进行某个量的测量时首先要解决的问题。当传感器确定之后，再考虑其使用性能，与之相配套的测量方法和测量设备也就可以确定了。

2.2.1　传感器的选择

要考虑采用什么类型的传感器，需要分析多方面的因素之后才能确定。因为即使是测量同一物理量，也有多种原理的传感器可供选用。因此，要确定哪一种传感器更为合适，需要根据被测物理量的特点和传感器的使用条件考虑一些具体问题，如量程的大小、被测位置对传感器体积的要求、测量方式为接触式还是非接触式、信号的引出方法、有线或是非接触测量、传感器的来源（国产还是进口）、价格能否承受，还是自行研制等。确定好选用传感器的类型后，再考虑传感器的具体性能指标。

2.2.2 传感器具体性能指标的影响因素

1. 灵敏度

通常，在传感器的线性范围内，传感器的灵敏度越高越好，因为只有灵敏度高时，与被测量变化对应的输出信号的值才比较大，才有利于信号处理。但要注意的是，传感器的灵敏度高，与被测量无关的外界噪声也容易混入，也会被放大系统放大，影响测量精度。因此，要求传感器本身应具有较高的信噪比，尽量减少从外界引入的干扰信号。传感器的灵敏度是有方向性的。如果被测量的是单向量，而且对其方向性要求较高时，则应选择其他方向灵敏度小的传感器；如果被测量的是多维向量，则要求传感器的交叉灵敏度越小越好。

2. 频率响应

传感器的频率响应特性决定了被测量的频率范围，必须在允许频率的范围内保持不失真的测量条件，实际上传感器的响应总有一定延迟，而延迟时间则越短越好。传感器的频率响应高，可测的信号频率范围就宽。由于受到结构特性的影响，机械系统的惯性较大，因而频率低的传感器可测的信号频率较低。在动态测量中，应根据信号的特点（稳态、瞬态、随机等）响应特性，以免产生过大的误差。

3. 线性范围

传感器的线性范围是指输出与输入成正比的范围。从理论上讲，在此范围内，灵敏度保持定值。传感器的线性范围越宽，则其量程越大，并且能保证一定的测量精度。在选择传感器时，当传感器的种类确定以后首先要看其量程是否满足要求。实际上，任何传感器都不能保证绝对的线性，其线性度也是相对的。当所要求测量精度比较低时，在一定的范围内，可将非线性误差较小的传感器近似看作线性的，这会给测量带来极大的方便。

4. 稳定性

传感器使用一段时间后，其性能保持不变的能力称为稳定性。影响传感器长期稳定性的因素除传感器本身的结构外，主要是传感器的使用环境。因此，要使传感器具有良好的稳定性，必须要有较强的环境适应能力。

5. 精度

精度是传感器的一个重要的性能指标，是关系到整个测量系统测量精度的一个重要环节。传感器的精度越高，其价格越贵，因此，传感器的精度只要满足整个测量系统的精度要求即可，不必选得过高。这样就可以在满足同一测量目的的诸多传感器中选择比较便宜且简单的传感器。如果测量的目的是定性分析，选用重复精度高的传感器即可，不宜选用绝对量值精度高的；如果测量的目的是定量分析，必须获得精确的测量值，就需选用精度等级能满足要求的传感器。

2.2.3 传感器的使用原则

传感器的使用条件有设置场所、环境(温度、湿度、振动等)、测量的时间、与显示器之间的信号传输距离、与外设的连接方式及供电电源容量等。

在使用传感器时一般应遵守以下原则。

(1) 对于准确度要求较高的传感器都需要定期校准,一般情况下,每3～6个月校准一次。

(2) 传感器有一定的过载能力,但是在使用时尽量不要超过量程。

(3) 在搬用和使用过程中,不应触碰传感器的探头处。

任务2.3 传感器与检测技术中的测量

知识目标:

- 掌握测量的基本概念。
- 熟悉每种测量的优点和应用场合。

技能目标:

熟练使用常规的测量方法。

素养目标:

- 在测量过程中与小组人员合作、交流,培养团队合作意识,增强沟通能力。
- 养成规范测量、合理使用测量仪器的习惯。
- 能够分析数据,撰写规范的实训报告。

建议课时:

1课时。

2.3.1 测量的基本概念

在传感器与检测技术中,测量、计量和测试是三个密切相关的术语。测量是以确定被测对象的量值为目的的全部操作。如果测量的目的是实现测量单位统一和量值准确传递,则这种测量被称为计量。因此,研究测量、保证测量统一和准确的科学被称为计量学。具体来讲,计量的内容包括计量理论、计量技术与计量管理,这些内容主要体现在计量单位、计量基准(标准)、量值传递和计量管理等方面。测试则是具有实验性质的测量,或者可以理解为测量与实验的综合。由于测试与测量密切相关,在实际使用中往往并不严格区分它们。一个完整的测试过程必定涉及被测对象、计量单位、测试方法和测量误差。

1. 测量

测量就是将被测量与同种性质的标准量进行比较,从而获得被测量大小的过程。所以,测量也就是以确定被测量的大小或取得测量结果为目的的一系列操作过程,它可由式(2-6)、式(2-7)表示:

$$y = mx \tag{2-6}$$

$$m=\frac{y}{x} \tag{2-7}$$

式中，x——被测量值；

y——标准量，即测量单位；

m——比值(纯数)，含有测量误差。

2. 测量方法

能够实现被测量与标准量相比较而获得比值的方法称为测量方法。具体分类如下。

1) 根据获得测量值的方法可分为直接测量、间接测量和组合测量

(1) 直接测量是在使用仪表或传感器进行测量时，测得值直接与标准量进行比较，不需要经过任何运算，直接得到被测量的数值的测量方法，如电压表测量某一元件的电压就属于直接测量。直接测量的优点是测量过程简单而快速，缺点是测量精度一般不是很高。

(2) 间接测量是指在使用仪表或传感器进行测量时，先对与被测量有确定函数关系的几个量进行直接测量，然后再将直接测得的数值代入函数关系式，经过计算得到所需要结果的测量方法。如要测量一个三角形的面积，可以先测量出一条边长，再测量出对应的高，然后利用公式计算出三角形的面积。显然，间接测量比较复杂，花费时间较长，一般用在直接测量不方便，或者缺乏直接测量手段的场合。但其测量精度一般要比直接测量高。

(3) 组合测量是指在一个测量过程中同时采用直接测量和间接测量两种方法进行测量的测量方法。组合测量是一种特殊的精密测量方法，测量过程长且复杂，多适用于科学实验或特殊场合。

2) 根据测量方式可分为偏差式测量、零位式测量和微差式测量

(1) 偏差式测量是指用仪表指针的位移(即偏差)决定被测量的量值的测量方法。用偏差式测量过程简单、迅速，但测量结果的精度较低。

(2) 零位式测量是指用指零仪表的零位反映测量系统的平衡状态，在测量系统平衡时，用已知的标准量决定被测量的量值的测量方法。如天平测量物体的质量、电位差计测量电压等都属于零位式测量。零位式测量的优点是可以获得比较高的测量精度，但测量过程长且复杂，所以不适用于测量快速变化的信号。

(3) 微差式测量是综合了偏差式测量与零位式测量两者优点的一种测量方法。它是将被测量与已知的标准量进行比较得到差值后，再用偏差法测得该差值。用这种方法测量时，不需要调整标准量，而只需测量两者的差值。并且由于标准量误差很小，因此总的测量精度仍然很高。微差式测量的主要优点是反应快、测量精度高，特别适用于在线控制参数的测量。

3) 根据测量条件不同可分为等精度测量和不等精度测量

(1) 等精度测量是指在整个测量过程中，如果影响和决定误差大小的全部因素(条件)始终保持不变，如由同一个测量者，用同一台仪器、同样的测量方法，在相同的环境条件下，对同一被测量进行多次重复测量的测量方法。当然，在实际中很难做到影响和决定误差大小的全部因素(条件)始终保持不变，因此一般情况下只能近似认为是等精度测量。

(2) 不等精度测量是指有时在科学研究或高精度测量中，往往在不同的测量条件下，用不同精度的仪表、不同的测量方法、不同的测量次数，以及不同的测量者进行测量和对比的测量方法。

4) 根据被测量变化的快慢可分为静态测量和动态测量

(1) 静态测量是指被测量在测量过程中是固定不变的，对这种被测量进行测量的测量方法。静态测量不需要考虑时间因素对测量的影响。

(2) 动态测量是指被测量在测量过程中是随时间不断变化的，对这种被测量进行测量的测量方法。

另外，根据测量敏感元件是否与被测介质接触可分为接触式测量与非接触式测量；根据测量系统是否向被测对象施加能量可分为主动式测量与被动式测量等。

3. 测试与检测

测试是具有试验性质的测量，即测量和试验的综合。而测试手段就是仪器仪表。测试的基本任务就是获取有用的信息，通过借助专门的仪器、设备，设计合理的实验方法，进行必要的信号分析与数据处理，从而获得与被测对象有关的信息，最后将结果显示出来或输入其他信息处理装置、控制系统。

检测(detection)是对系统中各被测对象的信息进行提取、转换及处理，即利用各种物理效应，将物质世界的有关信息通过检查与测量的方法赋予定性或定量结果的过程。能够自动地完成整个检测处理过程的技术称为自动检测与转换技术。在信息社会的一切活动领域中，从日常生活、生产活动到科学实验，时时处处都离不开检测。现代化的检测手段在很大程度上决定了生产、科学技术的发展水平，而科学技术的发展又为检测技术提供了新的理论基础和制造工艺，同时也对检测技术提出了更高的要求。

2.3.2 检测技术的任务

检测技术是以研究检测与控制系统中信息的提取、转换及处理的理论和技术为主要内容的一门应用技术。

检测技术的任务是以测量系统的输出来评价被测物理量(测量系统的输入量)，也就是在工程实践和科学实验中要正确、及时地掌握各种信息，即获取被测对象信息(被测量)的大小。所以信息采集的主要含义就是测量和取得测量数据。

2.3.3 检测技术的发展

随着半导体、计算机技术的发展，新型、具有特殊功能的传感器不断涌现出来，检测装置也向小型化、固体化及智能化方向变革，应用领域也更加宽广，从工业控制、科学实验，到家用电器、个人用品，都可发现检测技术的广泛应用。检测技术发展的趋势如下。

(1) 不断提高检测系统的测量精度、量程范围、延长使用寿命、提高可靠性等。

(2) 应用新技术和新的物理效应，扩大检测领域。

(3) 采用微型计算机技术，使检测技术智能化。

(4) 不断开发新型、微型、智能化传感器，如智能型传感器、生物传感器、高性能集成传感器等。

(5) 不断开发传感器的新型敏感元件材料和采用新的加工工艺，提高仪器的性能、可靠性，扩大应用范围，使测试仪器向高精度和多功能方向发展。

(6) 不断研究和发展微电子技术、微型计算机技术、现场总线技术与仪器仪表和传感器相结合的多功能融合技术，形成智能化测试系统，使测量精度、自动化水平进一步提高。

(7) 不断研究开发仿生传感器，主要是指模仿人或动物的感觉器官的传感器，即视觉传感器、听觉传感器、嗅觉传感器、味觉传感器、触觉传感器等。

(8) 参数测量和数据处理的高度自动化。

任务 2.4 传感器与检测任务技术中的误差

知识目标：

- 了解测量误差的基本概念和仪表的精度等级。
- 掌握较少测量误差的方法。

技能目标：

熟练掌握测量误差消减方法。

素养目标：

- 在测量过程中与小组人员合作、交流，培养团队合作意识，增强沟通能力。
- 养成规范测量、合理使用测量仪器的习惯。
- 能够分析数据，撰写规范的实训报告。

建议课时：

2 课时。

2.4.1 测量误差的相关概念

测量的目的是获取被测量的真实值，但由于种种原因，如传感器本身性能不佳、测量方法不完善、外界干扰的影响等，都会造成被测参数的测量值与真实值不一致的情况。测量值与真实值不一致的程度用测量误差表示。测量误差就是测量值与真实值之间的差值，它反映了测量质量的好坏。

测量的可靠性至关重要，不同场合对测量结果可靠性的要求也不同。如在量值传递、经济核算、产品检验等场合应保证测量结果有足够的准确度。当测量值用作控制信号时，则要注意测量的稳定性和可靠性。因此，测量结果的准确程度应与测量的目的与要求相联系、相适应，那种不惜工本、不顾场合，一味追求越准越好的做法是不可取的，要有技术与经济兼顾的意识。

在测量中，经常会涉及真实值、平均值和中位值，它们的含义如下。

(1) 真实值是一个客观存在的真实数值，但又不能直接测定出来。例如，一个物质中的某一组分含量，应该是一个确切的真实数值，但又无法直接确定。由于真实值无法知道，往往都是进行许多次平行实验，取其平均值或中位值作为真实值，或者以公认的手册上的数据作为真实值。

(2) 平均值是指算术平均值($\overline{X}$)，即测定值的总和除以测定总次数所得的商，即

$$\overline{X}=\frac{X_1+X_2+\cdots+X_i+\cdots+X_n}{n} \tag{2-8}$$

式中，X_i——各次测定值；

n——测定次数。

(3) 中位值将一系列测定数据按大小顺序排列时的中间值。若测定的次数是偶数，则取中间两个值的平均值。

2.4.2 测量误差的表示方法

测量误差包括绝对误差、相对误差和引用误差。

1. 绝对误差

某量值的测得值和真值之差为绝对误差，通常简称为误差，即

$$\Delta=x-L \tag{2-9}$$

式中，Δ——绝对误差；

x——测量值；

L——真实值。

对测量值进行修正时，要用到绝对误差。修正值是与绝对误差大小相等、符号相反的值，实际值等于测量值加上修正值。采用绝对误差表示测量误差，不能很好地说明测量质量的好坏。例如，在温度测量时，绝对误差 $\Delta=1℃$，对体温测量来说是不允许的，而对测量钢水温度来说却是一个极好的测量结果。

2. 相对误差

绝对误差与被测量的真值之比称为相对误差，因测得值与真值接近，故也可以近似用绝对误差与测得值之比值作为相对误差，即

$$r=\frac{\Delta}{A}\times 100\% \tag{2-10}$$

式中，r——相对误差；

Δ——绝对误差；

A——真值(标准表读数)。

3. 引用误差

所谓引用误差，是指一种简化和使用方便的仪器仪表表示值的相对误差。以仪器仪表某一刻度点的示值误差为分子，以全量程为分母，引用误差的计算公式如下：

$$引用误差=\frac{示值误差}{测量范围上限值-测量范围下限值}$$

$$r_0=\frac{\Delta}{(A_{\max}-A_{\min})\times 100\%} \tag{2-11}$$

式中，r_0——引用误差；

Δ——绝对误差；

A_{max}——测量仪表的上限刻度；

A_{min}——测量仪表的下限刻度。

2.4.3　误差产生的原因

在实际的测量过程当中，由各种原因造成的误差，按照性质可分为系统误差、偶然误差和过失误差三类。

(1) 系统误差。由于实验方法、所用仪器、试剂、实验条件的控制及实验者本身的一些主观因素造成的误差，称为系统误差，又称可测误差。这类误差的性质是：在多次测定中会重复出现；所有的测定或者都偏高，或者都偏低，即具有单向性；由于误差来源于某一个固定的原因，因此，数值基本是恒定不变的。

(2) 偶然误差。偶然误差又称随机误差或未定误差，是一些偶然的原因造成的，如测量时的环境温度、气压的微小变化。这类误差的特点是：由于来源于随机因素，因此，误差数值不定，且方向也不固定，有时为正误差，有时为负误差。这种误差在实验中无法避免。从表面看，这类误差也没有什么规律，但若用统计的方法去研究，可以从多次测量的数据中找到它的规律。

(3) 过失误差。这是由于实验工作者粗心大意，不按操作规程办事，过度疲劳或情绪不好等原因造成的。这类错误有时无法找到原因，但是完全可以避免。

针对这三种不同性质的误差，实际处理的方式方法也各不相同。

系统误差既有设备本身固有的误差，它是设备理想性能与实际性能之间的差距所造成的误差，如DC漂移值(错误的压力水头)、斜面的不正确或斜面的非线性；也有测量系统在对接收到的输入参数变化进行响应时，其反应速度可能无法实时跟上参数的变化，从而产生的误差，如热敏电阻需要数秒才能响应温度的阶跃改变。产生系统误差的因素主要有响应时间过长、振幅失真以及相位失真等。减小系统误差的基本方法如下。

(1) 给出修正值，加入到测量结果中，以消除系统误差，这就是常用的校准法。

(2) 测量过程中消除一切产生系统误差的因素(如仪器本身的性能是否符合要求，仪表是否处于正常的工作条件、环境条件、安装要求、零位调整等)。

(3) 测量过程中选择适当的测量方法，使系统误差相互抵消，而不会带入测量结果中。

大量的实践和理论证明，大量的随机误差服从正态分布规律。算术平均值受随机误差影响比单次测量小，且测量次数越多，影响越小。所以可以用多次测量的算术平均值代替真实值，并称此值为最可信数值。因此，减小随机误差的方法就是增加测量次数。

过失误差产生的原因是测试人员的粗心大意、过度疲劳、操作不当、疏忽失误或偶然的外界干扰等。例如，在进行温度测量时，过失误差可能体现在探针放置位置不准确，或者探针与待测物之间的绝缘处理不合适等方面。此外，在空气或其他气体净化处理过程中，由于操作疏忽也可能产生错误，从而引入过失误差。过失误差还包括在变送器安装使用环节出现的问题,如变送器的位置摆放错误,使得正负压力对实际读数造成不应有的影响。过失误差因其随机性和偶然性,并不具备有迹可循的特点。在测量及数据处理中,如果发现某次测量结果所对应的误差特别大或特别小时,应当仔细分析,判断该误差是否属于无法通过常规统计方法剔除的粗大误差。如果确认该误差是由疏忽原因造成的,那么根据实验原则,这个异常值应被舍弃,以保证测量结果的有效性和准确性。

任务 2.5 扩展知识

知识目标:

- 掌握传感器故障相关知识。
- 了解传感器使用中的抗干扰方法。

技能目标:

- 能够根据传感器故障诊断流程进行故障诊断。
- 熟练掌握传感器使用中误操作和干扰消减方法。

素养目标:

- 在测量过程中与小组人员合作、交流,培养团队合作意识,增强沟通能力。
- 养成规范测量、合理使用测量仪器的习惯。
- 能够分析数据,撰写规范的实训报告。

建议课时:

1课时。

2.5.1 传感器的故障诊断认知

现代的机械制造系统具有控制规模大、自动化程度高和柔性化强的特点。由于制造系统的结构越来越复杂,价格越来越昂贵,由各种故障导致的停机都是不可承受的负担。故障诊断系统能够合理制订维修计划,最大限度地减少停机维修的时间,以及在故障发生之后能够迅速作出反应,而得到了迅速的发展。

故障诊断系统的诊断目的是对机械制造过程或者其他过程中产生出来的各种故障进行获取、传输、处理、分析和解决。其技术包括对过程中出现的各种物理量用先进的传感器接收,进行信号传输和信号处理,根据分析处理的结果对生产设备的工作情况及产品的质量进行检测,对其发展趋势进行预测,并对故障进行诊断和报警。

因此,多传感器的应用是故障诊断系统所必需的,因为只有通过获取到足够多的数据才有可能获得精确的分析结果。早期的系统通常只采用一种传感器来监视系统,这个方法已无法满足获取系统状态的需要。现在的系统复杂度日益提高,多种不同精度传感器的同时应用为我们获得准确数据提供可能。

此外,基于知识的专家系统的应用为系统的智能化分析提供了人工智能的支持。这种专家系统拥有一个专门领域的知识库和一套有效的推理机制。由于现在的生产系统的复杂性,通常的专家系统都拥有一个复合的知识库,提供相应的生产系统的知识支持。而且伴随着网络和通信技术的发展,故障诊断系统也具有分布式和集成性的特点。故障诊断的简单流程如图 2-7 所示。

要想获得比较好的诊断效果,首先需要知道故障的模式。所谓故障模式就是类似于症状的一种描述。把能够获得的故障模式集中在一起,就能够对故障进行有效的分类,同时还要分析故障的机理,也就是诱发故障的原因。通过综合分析这样的机理和模式,就有可能归纳出一个故障的模型,这个模型可以被故障诊断的专家系统所采用,作为知识库的一部分。一种比较普遍的方法是把故障模型表示为树状结构,这样的表达便于以后的程序分析,也便于集成在专家系统中。

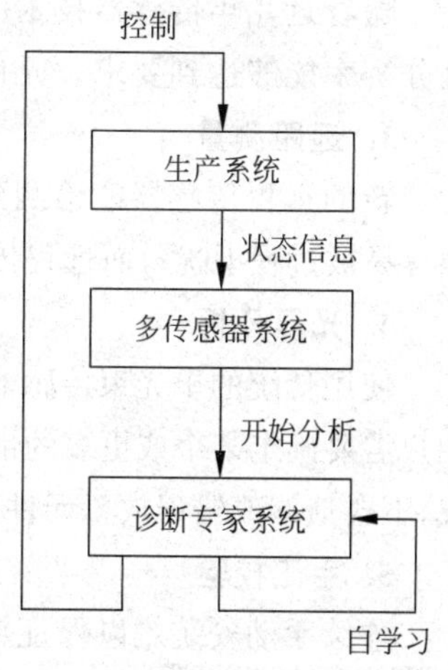

图 2-7　故障诊断的简单流程

现阶段,故障分析在机械生产系统方面可以应用于自动生产线、数控机床、柔性制造单元及更大的系统,如计算机集成制造系统。对不同的应用环境要具体分析,才能够获得适合于不同环境的设计。例如,自动生产线是由基本工艺设备和各种辅助设备、控制系统组成的,本质上来说就是一个刚性自动化制造系统。自动生产线由不同的机床组成,由于集成性的存在,它比单个设备复杂,要想在短时间内找出原因和位置是很困难的。自动生产线越长,设备利用率越低。为了提高利用率,除了提高设备的可靠性之外,在一定的条件下,可以引入自动生产线中的故障诊断系统。为了和自动生产线相适应,要在不同的位置获取到信息,然后引入一个适合于流动生产的故障模型来分析故障的原因。这样,故障诊断的引入就有可能为自动生产线带来鲁棒性。

故障诊断是随着生产过程的复杂化而产生的一种技术,由于和现代传感器技术、专家系统技术相结合,已经展现出了很强的生命力,必将为提高企业的生产效率和稳定性提供越来越强大的支持。

2.5.2　传感器使用过程中防止误操作的方法

现在,新的光电传感器都具备了较为经济的测量算法,能在生产流水线的生产过程中实时、便捷地观察零件的各种参数。误差防止功能为自动化或手工的安装程序创造可观的利润,包括增加数量和提高生产能力。有了新的传感器技术,装配更为有效,并能在装配过程中发现装配中的错误,而不是在过程后才发现失误。高精确度的光电传感器,可应用于空间维度传感器、光屏和基于照相机的视觉技术,甚至手工技术,以确保重要的产品高性能。

1. 直接/位移

在下一步过程运行前,校验临界部分是否在位,或者是否在正确的位置,是一个很常见的需求。光电传感器能轻松地满足这一校验需求。两个传感器能各自形成一个汇聚的点,能精确地检测到产品的边界处。

2. 短距测量

随着近几年传感器技术的不断进步，用户现在能将高性价比的测量集成在过程中，而且分辨率能够达到要求。元件在下一个制造工序前能自动被识别。

3. 远距测量

新的远程传感器能检测到机械的内部过程，这里短距传感器就不能发挥效用了，或者很容易被过程干扰。而远程传感器的性能打开了检测新应用领域。

4. 光屏分析

使用传统的单光束传感器有时很难检测到某些元件或装配件。一个装配工序中，通常用户需要确定某个或更多的部件是否在正确的位置上，而光屏分析就能给出完整的装配情况，不会遗漏或错误放置元件。

5. 手工校验

连续手动安装难以保证精确度。PLC 控制的"拣选"系统采用光屏来验证是否选择正确。有了这个系统，可以提高工人的效率，不时地验证是否出现错误，即使在装配程序停止、休息或停工时，系统也能发挥效用。

2.5.3 解决传感器使用过程中受干扰的一般方法

1. 供电系统的抗干扰设计

电网的尖峰脉冲干扰对传感器的正常工作危害严重，产生尖峰脉冲干扰的用电设备有：电焊机、大电机、可控机、继电接触器、带镇流器的充气照明灯、电烙铁等。尖峰脉冲干扰可用硬件、软件结合的方法抑制。

(1) 用硬件线路抑制尖峰脉冲干扰的影响，常用的方法有以下三种。

① 在仪器交流电源输入端串入按频谱均衡的原理设计的干扰控制器，将尖峰电压集中的能量分配到不同的频段上，从而减弱其破坏性。

② 在仪器交流电源输入端加超级隔离变压器，利用铁磁共振原理抑制尖峰脉冲。

③ 在仪器交流电源的输入端并联压敏电阻，利用尖峰脉冲到来时电阻值减小以降低仪器从电源分得的电压，从而削弱干扰的影响。

(2) 利用软件方法抑制尖峰脉冲干扰。对于周期性干扰，可以采用编程进行时间滤波，从而有效地消除干扰。

(3) 采用软、硬件结合的看门狗(watchdog)技术抑制尖峰脉冲的影响。在定时器规定的时间内，CPU 会访问一次定时器，让定时器重新开始计时，程序正常运行，该定时器不会产生溢出脉冲，看门狗也就不会起作用。一旦尖峰脉冲干扰出现了"飞程序"，则 CPU 就不会在定时器规定的时间内访问定时器，此时定时信号出现，从而引起系统复位中断，保证智能仪器回到正常程序。

(4) 实行电源分组供电，例如，将电机的驱动电源与控制电源分开，以防止设备间的干扰。

(5) 采用噪声滤波器也可以有效地抑制交流伺服驱动器对其他设备的干扰。该措施对以上几种干扰现象都可以有效地抑制。

(6) 采用隔离变压器。考虑到高频噪声通过变压器主要不是靠初、次级线圈的互感耦合,而是靠初、次级寄生电容耦合,因此隔离变压器的初、次级之间均用屏蔽层隔离,以减少其分布电容,提高抵抗共模干扰能力。

(7) 采用高抗干扰性能的电源,如利用频谱均衡法设计的高抗干扰电源。这种电源抵抗随机干扰非常有效,它能把高尖峰的扰动电压脉冲转换成低电压峰值(电压峰值小于 TTL 电平)的电压,但干扰脉冲的能量不变,从而可以提高传感器、仪器仪表的抗干扰能力。

2. 信号传输通道的抗干扰设计

(1) 光电耦合隔离措施。在长距离传输过程中,采用光电耦合器,可以切断控制系统与输入通道、输出通道,以及伺服驱动器的输入、输出通道电路之间的联系。如果在电路中不采用光电隔离,外部的尖峰干扰信号就会进入系统或直接进入伺服驱动装置,从而产生第一种干扰现象。

光电耦合的主要优点是能有效地抑制尖峰脉冲及各种噪声干扰,使信号传输过程的信噪比大大提高。干扰噪声虽然有较大的电压幅度,但是能量很小,只能形成微弱电流,而光电耦合器输入部分的发光二极管是在电流状态下工作的,一般导通电流为 10~15mA,所以即使有很大幅度的干扰,这种干扰也会由于不能提供足够的电流而被抑制。

(2) 双绞屏蔽线长线传输。信号在传输过程中会受到电场、磁场和地阻抗等干扰因素的影响,采用接地屏蔽线可以减小电场的干扰。双绞线与同轴电缆相比,虽然频带较差,但波阻抗高,抗共模噪声能力强,能使各个小环节的电磁感应干扰相互抵消。另外,在长距离传输过程中,一般采用差分信号传输,可提高抗干扰性能。采用双绞屏蔽线长线传输可以有效地抑制前文提到的干扰产生。

3. 局部产生误差的消除

在低电平测量中,对于在信号路径中所用的(或构成的)材料必须给予高度警惕,在简单电路中遇到的焊锡、导线及接线柱等都可能产生实际的热电势。由于它们经常是成对出现的,因此尽量使这些成对的热电偶保持在相同的温度下是很有效的措施,为此一般用热屏蔽、散热器沿等温线排列或者将大功率电路和小功率电路分开等办法,其目的是使热梯度减到最小。两个不同厂家生产的标准导线(如镍铬-铜镍(康铜)线)的接点可能产生 0.2mV/℃ 的温漂,这相当于高精度低漂移的运放管的温漂,是斩波放大器温漂的两倍。虽然采用插座开关、接插件、继电器等形式能使更换电器元件或组件更方便,但可能产生接触电阻、热电势或两者兼而有之的情况,其代价是增加低电平分辨率的不稳定性,也就是说它比直接连接系统的分辨率要差、精度要低、噪声增加、可靠性降低。因此,在低电平放大时,尽可能地不使用开关和接插件是减少故障、提高精度的重要措施。

项 目 总 结

通过本项目的学习,读者既能够掌握传感器静态特性和动态特性的具体参数指标,从而准确判断出传感器的好坏,也能够掌握在不同的工作环境下选择合适的传感器。学会对数据进行误差分类和处理,从而使得到的数据精确可靠。在传感器出现故障时,能够通过故障现象，分析故障原因，找出解决办法。在传感器测量时，降低外界的干扰，使传感器测量时能处于良好的工作状况。

项目自测

1. 什么是传感器的静态特性？它有哪些性能指标？如何用公式表征这些性能指标？
2. 什么是传感器的动态特性？其分析方法有哪几种？
3. 测量的目的是什么？
4. 测量误差的表示方法有哪几种？分别写出其表达式。
5. 常见的测量方法如何分类？

项目3 温度检测

【项目导读】

温度是国际单位制给出的基本物理量之一。它是工农业生产和科学实验中需要经常测量和控制的主要参数,也是与人们日常生活紧密相关的一个重要的物理量。温度传感器是开发较早、应用较广的一类传感器。现在,温度传感器的市场份额大大超过了其他传感器的市场份额。在半导体技术的支持下,21世纪相继出现了半导体热电偶传感器、热敏电阻温度传感器和集成温度传感器等。

知识目标:

- 掌握不同类型温度传感器的特点、组成及功能。
- 掌握不同类型温度传感器的工作原理。

技能目标:

能够区分不同类型温度传感器。

素养目标:

- 在测量过程中与小组人员合作、交流,培养团队合作意识,增强沟通能力。
- 养成规范测量、合理使用测量仪器的习惯。
- 能够分析数据,撰写规范的实训报告。

建议课时:

1课时。

任务3.1 概 述

3.1.1 温度基本概念

温度是表示物体冷热程度的物理量,从微观上讲是物体分子热运动的剧烈程度。用来度量物体温度数值的标尺叫温标,它规定了温度的读数起点(零点)和测量温度的基本单位。国际单位为热力学温标(K),国际上用得较多的其他温标有华氏温标(℉)、摄氏温标(℃)、列氏温标和开氏温标。

(1) 华氏温标。华氏温标是由德国的华伦海特(Fahrenheit)于1714年创立的。他以水银作测温物质,纯水的冰点为32度,沸点为212度,中间分为180度,符号为F,单位为℉。

(2) 摄氏温标。摄氏温标是世界上人们使用得比较广泛的一种温标，用符号"C"表示，单位是℃，是18世纪瑞典天文学家安德斯·摄尔修斯提出来的。摄氏温标=(华氏温标−32)÷1.8。其结冰点是0℃，在1标准大气压下水的沸点为100℃。现在的摄氏温标已被纳入国际单位制，摄氏温标与热力学温标的换算式是 $t=T-273.15$（t 表示摄氏温标；T 表示热力学温标，为开尔文用以表示热力学温度时的一个专门名称）。

(3) 列氏温标。列氏温标是用法国著名科学家列奥米尔(René Antoine Defaulter de Réaumur)命名的一种温标，符号为Re，单位为°Re。列氏温标规定在水(标准大气压下)的冰点与沸点之间划分为80个单位(冰水混合物 $T=0°\mathrm{Re}$，沸点 $T=80°\mathrm{Re}$)。

(4) 开氏温标。开氏温标(又称热力学温标)由英国物理学家威廉·汤姆逊根据热力学第二定律和卡诺热循环理论于1848年提出。开氏温标是用一种理想气体来确立的，它的零点被称为绝对零度。根据分子动力学理论，当温度在绝对零度时，气体分子的动能为零。为了方便，开氏温度计的刻度单位与摄氏温度计上的刻度单位一致，也就是说，开氏温度计上的1℃等于摄氏温度计上的1℃。

3.1.2 温度传感器的特点与分类

1. 温度传感器(双金属恒温器)的工作原理

恒温器是一种接触式温度传感器，由两种不同金属(如铝、铜、镍或钨)组成的双金属条组成。两种金属的线性膨胀系数的差异导致它们在受热时产生机械弯曲运动。

恒温器由两种热度不同的金属背靠背粘在一起组成。当天气寒冷时，触点闭合，电流通过恒温器。当天气变热时，一种金属比另一种金属膨胀得更多，黏合的双金属条向上(或向下)弯曲，打开触点，使电路断开。

根据两种不同类型的金属条在受到温度变化时的运动情况。恒温器分为温度点对电触点产生瞬时"开/关"或"关/开"类型动作的"速动"类型，和逐渐改变其位置的较慢"蠕变"类型，如图3-1所示。

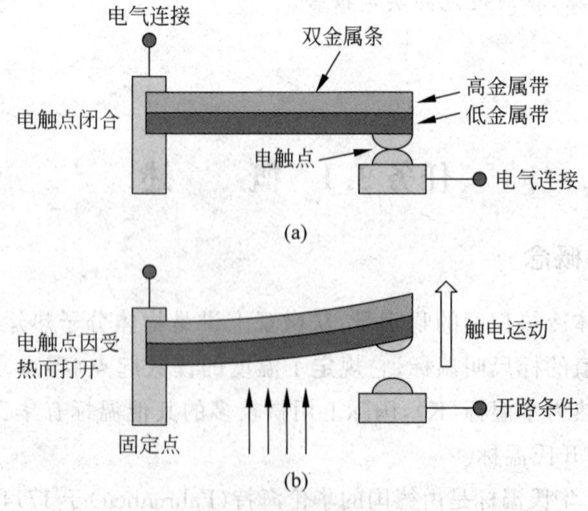

图3-1 双金属恒温器工作原理

2. 温度传感器的分类

按测量方式不同,温度传感器可分为接触式温度传感器和非接触式温度传感器两大类;按照传感器材料及电子元件特性不同,温度传感器分为热电阻温度传感器和热电偶温度传感器两类。

(1) 接触式温度传感器的特点是传感器直接与被测物体接触进行温度测量,由于被测物体的热量传递给传感器,降低了被测物体温度,特别是被测物体热容量较小时,测量精度较低。因此,采用这种方式要测得物体的真实温度的前提条件是被测物体的热容量要足够大。常见的接触式温度传感器有热电阻和热电偶等(见表3-1)。

表3-1 常规温度传感器优缺点

类 型	优 点	缺 点
热电偶	易于使用、低成本、极宽的温度范围(−200~2000℃)、坚固耐用、有多种类型、中等精度(1%~3%)	低灵敏度(40~80μV/℃)、低响应速度(几秒)、高温时老化和漂移、非线性、低稳定性、需要外部参考端
热电阻	易于连接、快速响应、低成本、高灵敏度、高输出幅度、易于互换、中等稳定性、小尺寸	窄温度范围(高达150℃)、大温度系数(4%/℃)、非线性、固有的自身发热、需要外部参考端

(2) 非接触式温度传感器主要是利用被测物体热辐射而发出红外线,从而测量物体的温度,可进行遥测。其制造成本较高,测量精度却较低。非接触式温度传感器的优点是不从被测物体上吸收热量、不会干扰被测对象的温度场、连续测量不会产生磨损、反应快。常见的非接触式温度传感器有红外温度传感器。

3.1.3 温度传感器的发展

温度传感器是较早开发、应用较为广泛的一种传感器。从17世纪初伽利略发明温度计开始,人们便开始了温度测量,而真正把温度转换成电信号的传感器,是1821年德国物理学家塞贝克发明的热电偶传感器。

随着科技的不断发展,测量和自动化技术的要求不断提高,温度传感器的发展大致经历了三个阶段:传统的分立式温度传感器(含敏感元件)、模拟集成温度传感器/控制器和智能温度传感器。目前,新型温度传感器正从模拟式向数字式,从集成化向智能化、网络化的方向发展。

1. 分立式温度传感器

分立式温度传感器的工作原理是:根据物理学中的塞贝克效应,即在两种金属的导线构成的回路中,若其接点保持不同的温度,则在回路中产生与此温差相对应的电动势。热电偶结构简单、使用温度范围广、响应快、测量准确、复现性好,用细偶丝还可测微区温度,并且不需要电源。热电偶传感器是一种传统的分立式传感器,是工业测量中应用比较广泛的一种温度传感器。

2. 模拟集成温度传感器/控制器

(1) 模拟集成温度传感器。集成传感器由采用硅半导体集成工艺制成，因此又称为硅传感器或单片集成温度传感器。模拟集成温度传感器是在20世纪80年代问世的，它是将温度传感器集成在一个可完成温度测量及模拟信号输出功能的专用IC芯片上而成的温度传感器。模拟集成温度传感器的主要特点是功能单一(仅测量温度)、测温误差小、价格低、响应速度快、传输距离远、体积小、微功耗等，适合远距离测温、控温，不需要进行非线性校准，外围电路简单。它是目前在国内外应用最为普遍的一种集成传感器。

(2) 模拟集成温度控制器。模拟集成温度控制器主要包括温控开关、可编程温度控制器。某些增强型集成温度控制器中还包含了A/D转换器及固化好的程序，这与智能温度传感器有某些相似之处。但它自成系统，工作时并不受微处理器的控制，这是二者的主要区别。

3. 智能温度传感器

智能温度传感器(又称数字温度传感器)是在20世纪90年代中期问世的。它是微电子技术、计算机技术和自动测试技术的结晶。目前，国际上已开发出多种智能温度传感器系列产品。智能温度传感器内部都包含温度传感器、A/D转换器、信号处理器、存储器(或寄存器)和接口电路。有的产品还带多路选择器、中央控制器、随机存取存储器和只读存储器。智能温度传感器的特点是能输出温度数据及相关的温度控制量，适配各种微控制器(MCU)，并且它是在硬件的基础上通过软件来实现测试功能的，其智能化程度也取决于软件的开发水平。

3.1.4 温度传感器的发展方向

进入21世纪后，智能温度传感器正朝着高精度、多功能、总线标准化、高可靠性及安全性、开发虚拟传感器和网络传感器、研制单片测温系统等高科技的方向迅速发展。温度传感器的应用领域非常的广泛，电子计算机、生产自动化、现代信息、交通、化学、环保、能源、海洋开发、遥感、宇航等都有使用。

任务3.2 热电偶传感器

知识目标：

- 掌握热电偶的原理、组成及功能。
- 掌握热电偶的测量原理与测量电路。
- 了解热电效应的原理、热电偶传感器的工作原理、发展方向与应用。

技能目标：

- 熟练使用热电偶传感器测量温度值。
- 正确地识别热电偶传感器分类和材质。
- 能够准确判断出传感器的好坏，熟练掌握热电偶传感器的测量方法。
- 能够设计一个简单的热电偶测温电路。

素养目标：

- 在测量过程中与小组人员合作、交流，培养团队合作意识，增强沟通能力。
- 养成规范测量、合理使用测量仪器的习惯。
- 能够分析数据，撰写规范实训报告。
- 增强获取信息并利用信息的能力，不断提高自己获取、判断、利用信息和创造新信息的能力。

建议课时：

2 课时。

热电偶传感器是工业中使用最为普遍的接触式测温装置。这是因为热电偶具有性能稳定、测温范围大、信号可以远距离传输等特点，并且结构简单、使用方便。热电偶能够将热能直接转换为电信号，并且输出直流电压信号，使得显示、记录和传输都很容易。

3.2.1 热电偶工作原理

热电偶作为温度测量仪表中常见的测温元件，它直接测量温度，再把温度信号转换成热电动势信号，通过仪器仪表（二次仪表）转换成被测介质的温度。虽因工作需求的不同外形也不相同，但它们的基本结构却大致相同，通常由热电极、绝缘套管、保护管、接线盒等主要部分组成。热电偶的结构示意图如图 3-2 所示。

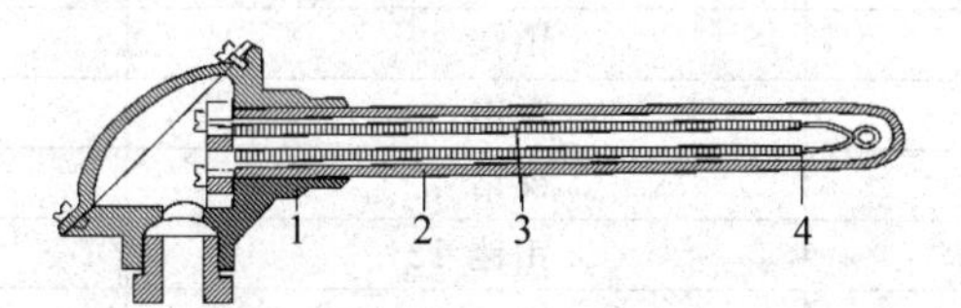

图 3-2 热电偶的结构示意

1—接线盒；2—保护管；3—绝缘套管；4—热电极

3.2.2 热电偶的测温原理

热电偶是将两种不同的导体或半导体连接成闭合回路，当两个接合点的温度不同时，回路中将产生电动势，这种现象称为热电效应，又称为塞贝克效应。直接作为测量温度的一端叫工作端（热端），用于吸收热辐射而产生“温升”；另一端叫参考端（冷端），用于维持恒温。冷端直接连接仪器仪表或配套设备，显示仪表会指出热电偶所产生的电动势。

热电偶测温的原理是：如图 3-3 所示，将两种不同材料的导体或半导体 A 和 B 焊接起来，构成一个闭合回路。当导体 A 和 B 的两个执着点 1 和 2 之间存在温差时，两者之间便产生电动势，通过检测回路电流的大小可以探测被测点温度的大小，继而完成测温。

3.2.3 热电偶分类

常见的热电偶分为标准化热电偶与非标准化热电偶两大类。中国从 1988 年 1 月 1

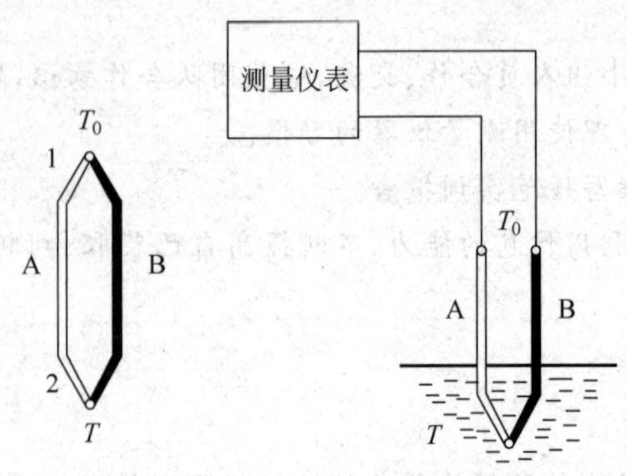

图 3-3 热电偶原理

1,2—执着点；A,B—导体或半导体

日起，热电偶和热电阻全部按 IEC 国际标准生产，并指定 S、B、E、K、R、J、T 七种标准化热电偶为中国统一设计型热电偶。常见热电偶分度号及其热电极材料如表 3-2 所示。

表 3-2 常见热电偶分度号及其热电极材料

热电偶分度号	热电极材料	
	正 极	负 极
S	铂铑 10	纯铂
B	铂铑 30	铂铑 6
E	镍铬	铜镍
K	镍铬	镍硅
R	铂铑 13	纯铂
J	铁	铜镍
T	纯铜	铜镍

下面重点介绍 S、B、E、K 四种标准化热电偶。

(1) 铂铑 10—铂热电偶。它的分度号为 S，长期最高使用温度为 1300℃，短期最高使用温度为 1600℃，适于在氧化环境中测温，不适于在还原环境中使用，但短期内可用于真空中测温。

(2) 铂铑 30—铂铑 6 热电偶。它的分度号为 B，长期最高使用温度为 1600℃，短期最高使用温度为 1800℃，适于在氧化环境中测温，不适于在还原环境中使用，但短期内可用于真空中测温。

(3) 镍铬—铜镍热电偶。它的分度号为 E，温度范围为 −200～+900℃，适于在氧化及弱还原环境中测温。

(4) 镍铬—镍硅热电偶。它的分度号为 K，温度范围为 0～1300℃，适于在中性环境中测温，不适于还原环境中测温。

非标准化热电偶与标准化热电偶相反，主要是指那些在工艺上不成熟，目前应用并不广泛，只在某些特殊环境中使用。非标准化热电偶没有统一的分度表，也没有与之配套的二次仪表。

3.2.4 热电偶材料

热电偶是一种传感器，它可以测量温度，是由一种特殊的材料组成，即热电偶材料。热电偶材料一般包括一种可以将温度变化转换为电流的传感元件，以及一种可以将电流转换为易于观察的信号的电话线或线圈。因此，热电偶材料是用来测量温度的非常重要的材料。

热电偶材料通常是由几种金属元素或合金组成的，其中一种金属（或合金）具有高温稳定性和低温稳定性，另一种金属（或合金）具有良好的传导性能。如金属铂和铂铋合金是常用的热电偶材料。金属铂具有耐高温性，铂铋合金具有良好的传导性能，因此金属铂和铂铋合金常被用于温度测量。热电偶材料应满足如下要求。

(1) 热电特性稳定，有较高的复现性和均匀性。

(2) 有足够大的塞贝克系数，热电势是温度的单值函数。

(3) 材料的熔点必须高于被测的最高温度，在使用温度范围内不发生相变，再结晶温度高、蒸汽压低。

(4) 电导率高，电阻温度系数低，热导率低，热容量小。

(5) 有良好的化学稳定性和抗氧化性能。

(6) 有良好的力学性能和加工性能。

热电偶在生活中应用广泛，但在温度测量中还存在缺陷，如信号调理复杂，精度低，易受腐蚀等。常见热电偶的外形如图 3-4 所示。

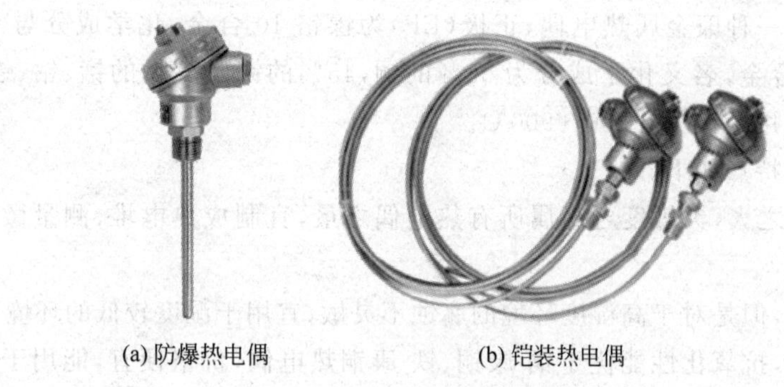

(a) 防爆热电偶　　(b) 铠装热电偶

图 3-4 常见热电偶的外形

3.2.5 热电偶分度表

热电偶分度表是一个测量热度的表，取值范围是 0～100℃，且数值会跟着不同热度自动变化。

3.2.6 K 型和 E 型热电偶的实际应用

热电偶分为 K 型热电偶和 E 型热电偶。

1. K型热电偶的应用

K型热电偶作为一种温度传感器，通常和显示仪表、记录仪表与电子调节器配套使用。K型热电偶可以直接测量各种生产中从0～1300℃的液体蒸汽、气体介质及固体的表面温度。K型热电偶通常由感温元件、安装固定装置和接线盒等主要部件组成。

K型热电偶是目前用量最大的廉金属热电偶，其用量为其他热电偶的总和。K型热电偶丝直径一般为1.2～4.0mm。

正极(KP)的名义化学成分为Ni∶Cr＝90∶10，负极(KN)的名义化学成分为Ni∶Si＝97∶3，其使用温度范围为－200～1300℃。

K型热电偶具有线性度好、热电动势较大、灵敏度高、稳定性和均匀性较好、抗氧化性能强、价格便宜等优点，能用于氧化性惰性气体中。K型热电偶不能直接在高温下用于硫环境、真空环境、还原性环境及还原、氧化交替的环境中，也不推荐用于弱氧化环境。

K型热电偶的特点如下。

(1) 测量精度高。热电偶直接与被测对象接触，不受中间介质的影响，因此测量精度较高。

(2) 测量范围广。常用的热电偶在－50～＋1600℃范围内均可连续测量，某些特殊热电偶最低可测到－269℃(如金铁镍铬)，最高可测到＋2800℃(如钨-铼)。

(3) 构造简单，使用方便。热电偶通常是由两种不同的金属丝组成，而且不受大小和接头的限制，因外有保护套管，所以用起来非常方便。

2. E型热电偶的应用

E型热电偶是一种廉金属热电偶，正极(EP)为镍铬10合金，化学成分与KP相同；负极(EN)为铜镍合金，名义化学成分为55%的铜，45%的镍及少量的锰、钴、铁等元素。该热电偶的使用温度范围为－200～900℃。

E型热电偶的特点如下。

(1) 热电动势之大，灵敏度之高属所有热电偶之最，宜制成热电堆，测量微小的温度变化。

(2) 灵敏度大，但是对于高湿度环境的腐蚀不灵敏，宜用于湿度较低的环境。

(3) 稳定性好，抗氧化性能优于铜-康铜、铁-康铜热电偶，价格便宜，能用于氧化性和惰性气体中。

(4) 不能直接在高温下用于硫、还原性环境中，热电势均匀性较差。

3.2.7 热电偶的使用注意事项

在使用热电偶测温时，必须能够熟练地运用热电偶的参考端(冷端)温度处理、安装及测温电路等实用技术。

1. 热电偶的参考端(冷端)温度处理

热电偶工作时，必须保持参考端温度恒定，并且热电偶的分度表是以冷端温度为0℃做出的，因而在工程测量中如果冷端距离热源近，且暴露于空气中，易受被测对象温度和环境波动的影响，使冷端温度难以恒定而产生测量误差。为了消除这种误差，可采取下列温度补偿或修正措施。

(1) 参考端恒温法。将热电偶的参考端放在冰水混合的保温瓶中，可使热电偶输出的热电动势与分度值一致。这种方法的测量精度高，常用于实验室中。工业现场可将参考端置于盛油的容器中，利用油的热惰性使参考端保持接近室温，用于精度不太高的测量。

(2) 补偿导线法。采用补偿导线法将热电偶延伸到温度恒定或温度波动较小处。为了节约贵重金属，热电偶电极不能做得很长，但在0～100℃内，可以用与热电偶电极有相同热电特性的廉价金属制作成补偿导线来延伸热电偶。在使用补偿导线时，必须根据热电偶型号选配补偿导线。补偿导线与热电偶两接点处温度必须相同，极性不能接反，不能超出规定的使用温度范围。

(3) 热电动势修正法。由于热电偶的热电动势与温度的关系曲线(即刻度特性或分度表)是参考端保持在 $T_0=0$℃时获得的，当参考端温度 $T_n \neq 0$℃时，热电偶的输出热电动势将不等于 $EAB(T,T_0)$，而等于 $EAB(T,T_n)$。如不加以修正，则所得的温度值必然小于实际值。为求得真实温度，则根据热电偶中间温度定律公式(见式(3-1))，由测得的电动势 $E(t,t_b)$ 加上一个修正电动势 $E(t_b,t_0)$ 可从热电偶分度表中查出，算出 $E(t,t_0)$，再查热电偶分度表，方得实测温度值。

(4) 电桥补偿法。电桥补偿法利用不平衡电桥产生的电动势可以补偿热电偶参考端因温度变化而产生的热电动势。如图3-5所示，在热电偶与仪表之间接入一个直流电桥(常称为冷端补偿器)，四个桥臂由 R_1、R_2、R_3(均由电阻温度系数很小的锰铜丝绕制)及 R_{Cu}(由电阻温度系数较大的锰铜丝绕制)组成，阻值都是1Ω。

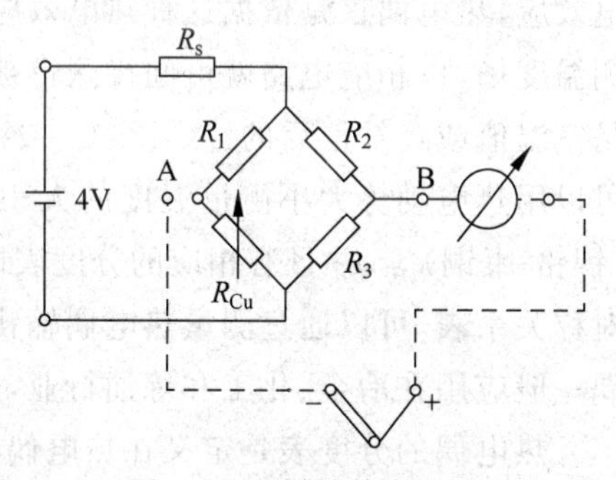

图3-5　电桥补偿法电路

由图3-5可知，电路的输出电压为 $U_o=E(t,t_0)+U_c$，R_{Cu} 和参考端感受相同的温度，当环境温度发生变化时，引起 R_{Cu} 值的变化，使电桥产生的不平衡电压 U_c 的大小和极性随着环境温度而变化，达到自动补偿的目的。

国产冷端补偿器的电桥一般是在20℃时调平衡，因此20℃时无补偿，必须进行修正或将仪表的机械零点调到20℃处。当环境温度高于20℃时，热电偶输出的热电动势减小，R_{Cu} 增大，电桥输出电压左正右负；低于20℃时，R_{Cu} 减小，电桥输出电压左负右正。设计好电桥参数，可在0～50℃内实现补偿。

2. 热电偶的安装

热电偶的选用应该根据被测介质的温度、压力、介质性质、测温时间长短来选择热电偶和保护套管。其安装地点要有代表性，安装方法要正确，如图3-6所示是安装在管道上常用的两种方法。在工业生产中，热电偶常与毫伏计连用(XCZ型动圈式仪表)或与电子电位差计连用，后者精度较高，且能自动记录。另外，也可以通过温度变送器放大后再接指示仪表，或作为控制信号。

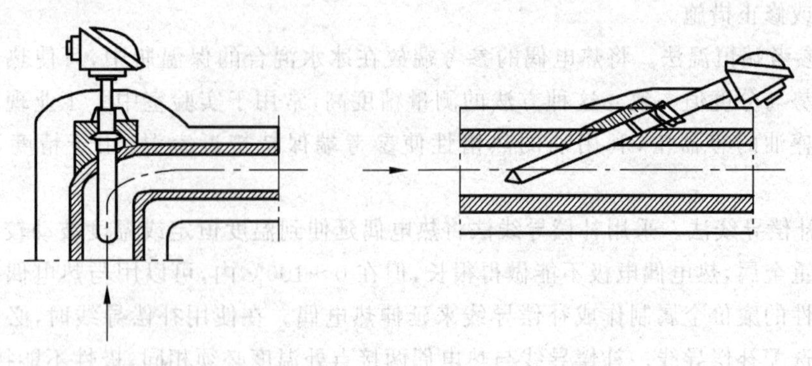

图 3-6　热电偶安装示意

3.2.8　热电偶测温性能实验

1. 实验目的

了解热电偶测量温度的性能与应用范围。

2. 基本原理

当两种不同的金属组成回路时，如果两个接点有温度差，就会产生热电势，这就是热电效应，热电偶正是依据这种热电效应进行测温的。温度高的接点称工作端，将其置于被测温度场，以相应电路就可间接测得被测温度值；温度低的接点称冷端(自由端)，其可以是室温值或经补偿后的0℃、25℃。冷热端温差越大，热电偶的输出电动势就越大，因此可以用热电动势大小衡量温度的大小。常见的热电偶有K型(镍铬-镍硅或镍铝)、E型(镍铬-康铜)等，并且有相应的分度表即参考端温度为0℃时的测量端温度与热电动势的对称关系表，可以通过测量热电偶输出的热电动势再查分度表得到相应的温度值。热电偶一般应用在冶金、化工和炼油行业，用于测量、控制较高温度。

热电偶的分度表是定义在热电偶的参考端为0℃时热电偶输出的热电动势与热电偶测量端温度值的对应关系。热电偶测温时要对参考端进行补偿，即

$$E(t,t_0)=E(t,t_b)+E(t_b,t_0) \tag{3-1}$$

式中，$E(t,t_b)$——热电偶测量端温度为t，参考端温度为t_b且不等于0℃的热电动势；

$E(t,t_0)$——热电偶测量端温度为t，参考端温度为$t_0=0$℃的热电动势；

$E(t_b,t_0)$——热电偶测量端温度为t_b，参考端温度为$t_0=0$℃的热电动势。

3. 需用元件与单元

实验使用的元件与单元包括K型热电偶、E型热电偶、温度测量控制仪、温度源、温度实验模块、电压表、直流稳压电源±15V、可调电源+2～24V。

4. 实验步骤

(1) 在温度控制仪上选择控制方式为内控方式，将K、E型热电偶插到温度源的两个插孔中，将K型热电偶自由端引线插入温度测量控制仪面板的“热电偶”插孔中，红线接正端、黑线接负端。然后将温度源的电源插头插入温度测量控制仪面板上的加热输出插孔，将可调电源+2～24V接入温度源+2～24V端口，黑端接地，将Di两端接温控仪冷却

开关两端。

(2) 从主控箱上将±15V电源接到温度模块上，并将R_5、R_6两端短接同时接地，打开主控箱电源开关，将模块上的V_{o2}连到电压表输入端V_i，打开主控箱电源开关。将Rw2旋至最大位置，调节Rw3使电压表显示为零，然后关闭主电源去掉R_5、R_6连线。

(3) 调节温度模块放大器的增益$K=100$(可根据实际调整，现以$K=100$为例)：拿出应变传感器实验模板，将应变传感器实验模板上的放大器输入端短接并接地，应变传感器实验模板上的±15V电源插孔与主机箱的±15V电源相应连接，合上主机箱电源开关，电压表量程选择2V挡，用电压表监测应变模块输出V_{o2}，合上主机箱电源开关调节应变模板上的调零电位器Rw4，使放大器输出一个较大的mV信号V_i，如1V；再将这个1V信号接到温度传感器实验模板的放大器输入端(单端输入：上端接mV，下端接地)，用电压表监测温度传感器实验模板中的V_{o2}，调节温度传感器实验模板中的Rw2增益电位器，使放大器输出$V_{o2}=100\text{mV}$，则放大器的增益：$K=V_{o2}/V_i=100/10=10$。

注意：增益K调节好后，不要再旋动Rw2增益电位器。

(4) 调节完增益后拿掉应变模块及连线，按图3-7接线，将E型热电偶的自由端与温度模块的放大器R_5、R_6相接，同时E型热电偶应接地。

(5) 开启主电源，打开温控仪，观察温控仪的室温50℃并记录。

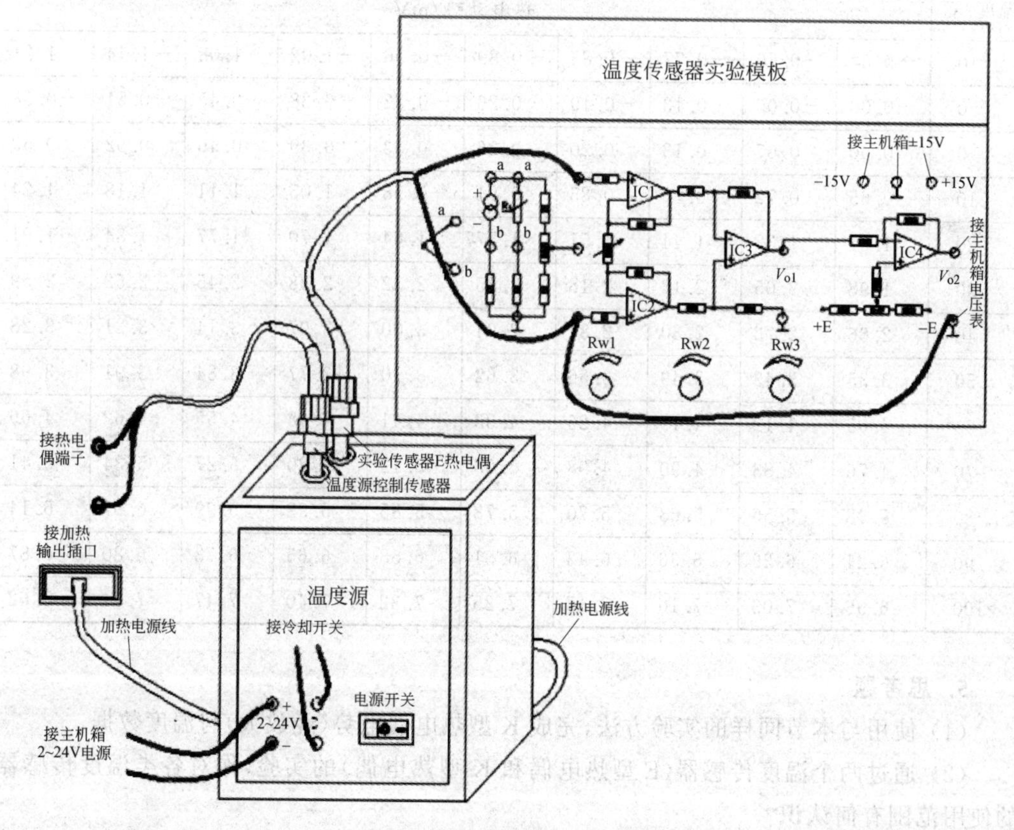

图3-7　温度传感器测量装置

注：实验传感器热电偶a(红或黄)为+，b(蓝或黑)为−。

(6) 设定温度值为室温$+n\Delta t$，建议$\Delta t=5$℃，$n=1\sim9$，打开温度源开关，每隔5℃读出电压表显示的电压值，同时记录对应温度值后填入表3-3中。

注： 考虑到热电偶的精度及处理电路的本身误差，分度表的对应值可能有一定的偏差。

表3-3 E型热电偶电势(经放大)与温度数据

$T_0+n\Delta t$/℃	50	55	60	65	70	75	80	85	90	95
E/mV										

(7) 在上述步骤确定放大倍数为10倍后，通过公式计算得到温度与电势的关系。不改变放大倍数，用温控仪记录室温t_0'，从表3-4中查到相应的热电势V_0'，由$E(t,t_0)=E(t,t_0')+E(t_0',t_0)=V_0'+V_0/10$计算得到$E(t,t_0)$，再根据$E(t,t_0)$的值从表3-4中查到相应的温度，并与实验得出的温度进行对照。

注： 热电偶一般应用于测量较高温度，不能只看绝对误差。

表3-4 E型热电偶分度表 参考端温度：0℃

工作端温度/℃	0	1	2	3	4	5	6	7	8	9
	热电动势/mV									
−10	−0.64	−0.70	−0.77	−0.83	−0.89	−0.96	−1.02	−1.08	−1.14	−1.21
−0	−0.00	−0.06	−0.13	−0.19	−0.26	−0.32	−0.38	−0.45	−0.51	−0.58
0	0.00	0.07	0.13	0.20	0.26	0.33	0.39	0.46	0.52	0.59
10	0.65	0.72	0.78	0.85	0.91	0.98	1.05	1.11	1.18	1.24
20	1.31	1.38	1.44	1.51	1.577	1.64	1.70	1.77	1.84	1.91
30	1.98	2.05	2.12	2.18	2.25	2.32	2.38	2.45	2.52	2.59
40	2.66	2.73	2.80	2.87	2.94	3.00	3.07	3.14	3.21	3.28
50	3.35	3.42	3.49	3.56	3.62	3.70	3.77	3.84	3.91	3.98
60	4.05	4.12	4.19	4.26	4.33	4.41	4.48	4.55	4.62	4.69
70	4.76	4.83	4.90	4.98	5.05	5.12	5.20	5.27	5.34	5.41
80	5.48	5.56	5.63	5.70	5.78	5.85	5.92	5.99	6.07	6.14
90	6.21	6.29	6.36	6.43	6.51	6.58	6.65	6.73	6.80	6.87
100	6.96	7.03	7.10	7.17	7.25	7.32	7.40	7.47	7.54	7.62

5. 思考题

(1) 使用与本节同样的实验方法，完成K型热电偶电势(经放大)与温度数据。

(2) 通过两个温度传感器(E型热电偶和K型热电偶)的实验，你对各类温度传感器的使用范围有何认识？

任务 3.3 热 电 阻

知识目标：

- 掌握热电阻的原理、组成及功能。
- 掌握热电阻的测量原理与测量电路。

技能目标：

- 熟练使用热电阻传感器测量温度值。
- 正确地识别热电阻传感器分类和材质。
- 能够准确判断出传感器的好坏，熟练掌握热电阻传感器的测量方法。
- 能够设计一个简单的热电偶测温电路。

素养目标：

- 在测量过程中与小组人员合作、交流，培养团队合作意识，增强沟通能力。
- 养成规范测量、合理使用热电偶进行测量的习惯。
- 能够分析所测温度数据，撰写规范实训报告。

建议课时：

1 课时。

热电阻(thermal resistor)是中低温区比较常用的一种温度检测器，热电阻测温是基于金属导体的电阻值随温度的增加而增加这一特性来进行温度测量的，它的主要特点是测量精度高，性能稳定。其中铂热电阻的测量精度是最高的，它不仅广泛应用于工业测温，而且被制成标准的基准仪。热电阻大都由纯金属材料制成，应用最多的是铂和铜，此外，也开始采用镍、锰和铑等材料制造热电阻。金属热电阻常用的感温材料种类较多，比较常用的是铂丝。工业测量用金属热电阻材料除铂丝外，还有铜、镍、铁、铁-镍等。

3.3.1 热电阻的工作原理

热电阻的工作原理是基于导体或半导体的电阻值随温度变化而变化这一特性来测量温度及与温度有关的参数。热电阻通常需要把电阻信号通过引线传递到计算机控制装置或者其他二次仪表上。普通工业用热电阻式温度传感器如图 3-8 所示。

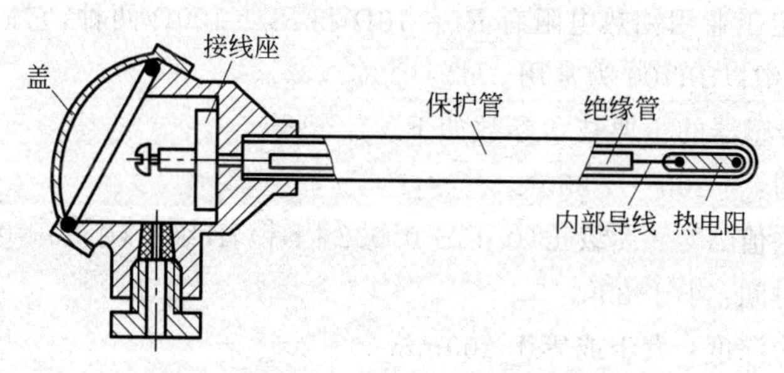

图 3-8 普通工业用热电阻式温度传感器

3.3.2 热电阻的重要组成

热电阻具有压簧式感温元件，抗震性能好、测温精度高、机械强度高、耐高温和耐压性能好、性能可靠稳定等优点。组装好的热电阻主要由接线盒、保护套管、接线端子、出线孔、绝缘套管和感温元件组成，如图 3-9 所示。在实际应用中，大多数还配备了各种安装夹具，以满足安装需要。

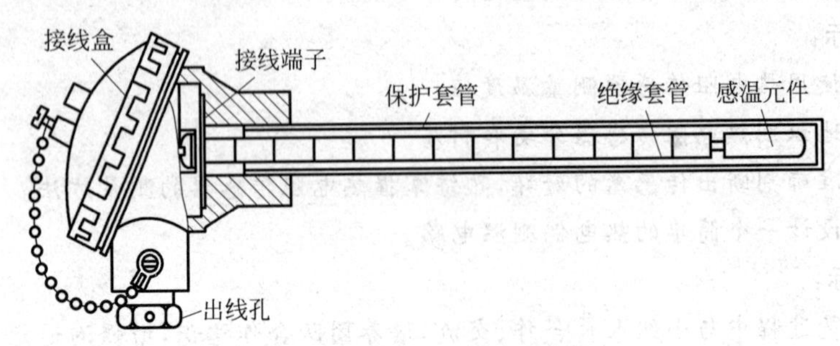

图 3-9 热电阻式传感器结构

3.3.3 铂热电阻

1. 铂热电阻(Pt100)的基本原理

Pt100 是铂热电阻，它的阻值会随着温度的变化而改变。Pt 后的 100 即表示它在 0℃时阻值为 100Ω，在 100℃时它的阻值约为 138.5Ω。

Pt100 的工作原理：Pt100 在 0℃时的阻值为 100Ω，且它的阻值会随着温度的上升而近似匀速地增长。但其阻值与温度之间的关系并不是简单的正比关系，而更应该趋近于一条抛物线。

铂热电阻的阻值随温度的变化而变化，即

$$R_t = R_0[1 + At + Bt^2 + Ct^3(t - 100)], \quad -200℃ \leqslant t \leqslant 0℃ \tag{3-2}$$

$$R_t = R_0(1 + At + Bt^2), \quad 0℃ \leqslant t \leqslant 850℃ \tag{3-3}$$

$$A = 3.9083 \times 10^{-3}/℃, \quad B = -5.775 \times 10^{-7}/℃^2, \quad C = 4.183 \times 10^{-12}/℃^4$$

式中，R_t、R_0——铂热电阻在温度为 t 和 0℃时的电阻值；

A、B、C——分别为分度常数。

目前我国规定工业用铂热电阻有 $R_0 = 10\Omega$ 和 $R_0 = 100\Omega$ 两种，它们的分度号分别为 Pt10 和 Pt100，其中以 Pt100 为常用。

Pt100 温度传感器的主要技术参数如下。

(1) 测量范围：−200～+850℃。

(2) 允许偏差值 Δ℃：A 级±(0.15+0.002 | t |)，B 级±(0.30+0.005 | t |)。

(3) 热响应时间：小于 30s。

(4) 最小置入深度：大于或等于 200mm。

(5) 允通电流：小于或等于 5mA。

另外，Pt100 温度传感器还具有抗震性好、稳定性好、准确度高、耐高温等优点。常见的 Pt100 感温元件有陶瓷元件、玻璃元件、云母元件，它们是由铂丝分别绕在陶瓷骨架、玻璃骨架、云母骨架上再经过复杂的工艺加工而成。

2. Pt100 测温特性实验

(1) 实验目的。了解 Pt100 热电阻的特性与应用。

(2) 基本原理。利用导体电阻随温度变化的特性。热电阻用于测量时，要求其材料电阻温度系数大，稳定性好，电阻率高，电阻与温度之间最好有线性关系。常用的电阻有铂热电阻和铜热电阻(在 3.3.4 小节介绍)，铂热电阻的工作温度为 0～630.74℃，电阻 R_t 与温度 t 的关系为：$R_t=R_0(1+At+Bt^2)$，R_0 是 0℃时的铂热电阻的电阻值。本实验中 $R_0=100\Omega$，$A=3.90802\times10^{-3}℃^{-1}$，$B=-5.775\times10^{-7}℃^{-2}$。铂热电阻是三线连接，其中一端接两根引线主要是为了消除引线电阻对测量的影响。

Pt100 一般应用在冶金、化工工业等需要温度测量控制设备上，适用于测量、控制小于 600℃的温度。本实验由于受到温度源及安全上的限制，所做温度值最好小于或等于 100℃。

(3) 需用元件与单元。K 型热电偶、Pt100 热电阻、温度测量控制仪、温度源、温度传感器实验模块、电压表、直流稳压电源±15V、可调直流稳压电源+2V、可调电源+2～24V。

(4) 实验步骤。

① 差动放大电路调零。首先对温度传感器实验模块的运放测量电路调零。具体方法是把 R_5 和 R_6 的两个输入点短接并接地，然后调节增益电位器 Rw2 至最大，电压表量程选择 2V 挡，再调节 Rw3，使 V_{o2} 的输出电压为零，此后 Rw3 不再调节。

② 温控仪表的使用。将温度测量控制仪上的 220V 电源线插入主控箱两侧配备的 220V 控制电源插座上。

③ 热电偶及温度源的安装。温控仪控制方式选择为内控，将 K 型热电偶温度感应探头插入温度源上方两个传感器放置孔中的任意一个。将 K 型热电偶自由端引线插入“YL 系列温度测量控制仪”面板的“热电偶”插孔中，红线接正端，黑线接负端。然后将温度源的电源插头插入温度测量控制仪面板上的加热输出插孔，将可调电源+2～24V 接入温度源+2～24V 端口，黑端接地，将 Di 两端接温控仪的冷却开关两端。

④ 热电阻的安装及室温调零。按图 3-10 接线，将 Pt100 传感器探头插入温度源的另一个插孔中，尾部红色线为正端，插入实验模块的 a 端，其他两端相连插入 b 端(左边的 a、b 代表铜电阻)，a 端接电源+2V，b 端与差动运算放大器的一端相接，Rw1 的中心活动点和差动运算放大器的另一端相接。模块的输出 V_{o2} 与主控台电压表 V_i 相连，连接好±15V 电源及地线，合上主控台电源，调节 Rw1，使电压表显示为零(此时温度测量控制仪电源关闭，电压表量程选择 2V 挡)。

⑤ 测量记录。合上温控仪及温度源开关(“加热方式”和“冷却方式”均打到内控方式)，设定温度控制值为 40℃，当温度控制在 40℃时开始记录电压表读数，重新设定温度值为 40℃$+n\cdot\Delta t$，建议 $\Delta t=5$℃，$n=1\sim7$，待温度稳定后记下电压表上的读数(若在某个温度设定值点的电压值有上下波动现象，则是由于控制温度在设定值的±1℃波动的结果，这样可以记录波动时，传感器信号变换模块对应输出的电压最小值和最大值，取其中

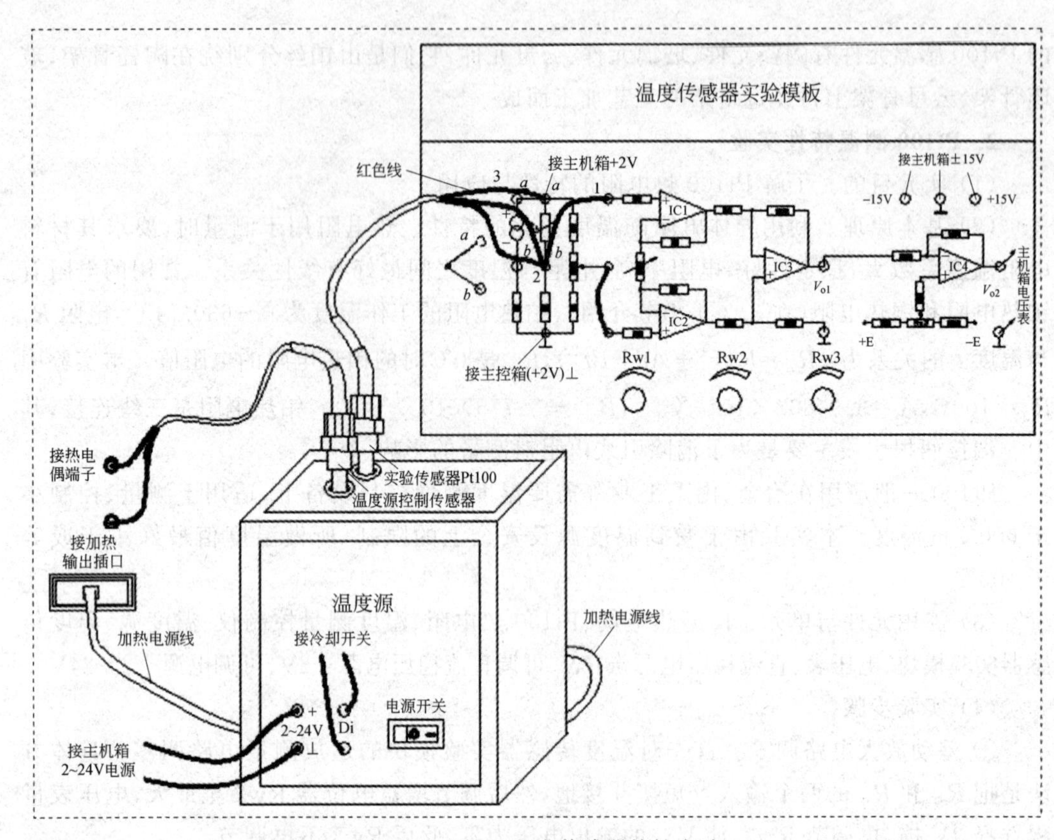

图 3-10 Pt100 温度传感器特性实验

间数值)，记录对应温度并填入表 3-5 中。

表 3-5 Pt100 测温实验数据

T/℃								
V/mV								

根据数据结果，计算 $\Delta t=5$℃时，Pt100 传感器对应变换电路输出的 ΔV 数值是否与表 3-6 中的数值接近。

⑥ 关闭各电源，实验完毕。

(5) 思考题。

① 如何根据测温范围和精度要求选用热电阻?

② 利用本实验装置自行设计 PN 结等其他类型的温度传感器的测量实验。

表 3-6 Pt100 铂电阻分度表（t-R_t 对应值）

分度号：Pt100　$R_0=100\Omega$　$\alpha=0.003\ 910$

温度/℃	0	1	2	3	4	5	6	7	8	9
	电阻值/Ω									
0	100.00	100.40	100.79	101.19	101.59	101.98	102.38	102.78	103.17	103.57
10	103.96	104.36	104.75	105.15	105.54	105.94	106.33	106.73	107.12	107.52

续表

温度/℃	0	1	2	3	4	5	6	7	8	9
	电阻值/Ω									
20	107.91	108.31	108.70	109.10	109.49	109.88	110.28	110.67	111.07	111.46
30	111.85	112.25	112.64	113.03	113.43	113.82	114.21	114.60	115.00	115.39
40	115.78	116.17	116.57	116.96	117.35	117.74	118.13	118.52	118.91	119.31
50	119.70	120.09	120.48	120.87	121.26	121.65	122.04	122.43	122.82	123.21
60	123.60	123.99	124.38	124.77	125.16	125.55	125.94	126.33	126.72	127.10
70	127.49	127.88	128.27	128.66	129.05	129.44	129.82	130.21	130.60	130.99
80	131.37	131.76	132.15	132.54	132.92	133.31	133.70	134.08	134.47	134.86
90	135.24	135.63	136.02	136.40	136.79	137.17	137.56	137.94	138.33	138.72
100	139.10	139.49	139.87	140.26	140.64	141.02	141.41	141.79	142.18	142.66
110	142.95	143.33	143.71	144.10	144.48	144.86	145.25	145.63	146.10	146.40
120	146.78	147.16	147.55	147.93	148.31	148.69	149.07	149.46	149.84	150.22
130	150.60	150.98	151.37	151.75	152.13	152.51	152.89	153.27	153.65	154.03
140	154.41	154.79	155.17	155.55	155.93	156.31	156.69	157.07	157.45	157.83

3.3.4　铜热电阻及其他热电阻

1. 铜热电阻(Cu50)

铜热电阻是根据金属在温度变化时自身电阻也随之发生变化的原理来测量温度的。铜热电阻按其保护管结构形式分为装配式(可拆卸)和铠装式(不可拆卸,内装铂热电阻)。目前应用较多的装配式热电阻主要包括分度号为Pt100的铂热电阻和分度号为Cu50的铜热电阻两大类。铜热电阻的阻值 R_t 与温度 t 的关系如下：

$$R_t = R_0(1 + \mathrm{A}t) \tag{3-5}$$

式中,$\mathrm{A}=4.280\times10^{-3}$。

铜热电阻的优点是电阻温度系数大、线性度好、价格低廉；缺点是长期工作在100℃以上环境容易被氧化。铜热电阻使用时要外加保护套管。

铜热电阻主要由接线盒、保护管、接线端子、绝缘套管和感温元件组成。工业用铜热电阻可直接和二次仪表连接使用。铜热电阻可用于测量各种生产过程中从－200～420℃内的液体、蒸汽和气体介质及固体表面的温度。工业用热电阻作为测量温度的传感器,通常和显示仪表、记录仪表和电子调节器配套使用。

由于铜热电阻具有良好的电输出特性,可为显示仪、记录仪、调节器、扫描器、数据记录仪及计算机提供准确的温度变化信号。

2. 铜热电阻和铂热电阻的区别

(1) 铂热电阻的测温范围比铜热电阻测量范围宽。

- 铜热电阻测温范围：－50～150℃。
- 铂热电阻测温范围：－200～450℃。

(2) 铂热电阻精度高、性能可靠、抗氧化性好、物理化学性能稳定,与其他热电阻相比,有较高的电阻率,除一般测温元件外,还可作为标准元件。其缺点是电阻与温度呈非线性关系、价格较贵,高温下不宜在还原性介质中使用。

(3) 铜热电阻电阻率低，易氧化，在温度不高时可以选用。其优点是价钱便宜，电阻值与温度基本呈线性关系。

3. 其他热电阻

上述两种热电阻对于低温和超低温测量性能不理想，而钢、锰、碳等热电阻材料却是测量低温和超低温的理想材料。

3.3.5 热电阻的材料和种类

1. 热电阻的材料

热电阻大都由纯金属材料制成，目前应用最多的热电阻材料是铂和铜，此外，也开始采用镍、锰和铑等材料制造热电阻。

2. 热电阻的种类

(1) 精密型热电阻：从热电阻的测温原理可知，被测温度的变化是直接通过热电阻阻值的变化来测量的，因此，热电阻阻体的引出线等各种导线电阻的变化会给测量精带来影响。精密型热电阻可消除引线电阻的影响，一般采用三线制或四线制的接线方式。

(2) 铠装热电阻：由感温元件(电阻体)、引线、绝缘材料、不锈钢套管组合而成的坚实体，它的外径一般为 $\phi2\sim\phi8$，最小可达 $\phi0.25$。与普通型热电阻相比，它具有下列优点。

① 体积小，内部无空气隙，热惯性小，测量滞后小。

② 机械性能好、抗振，抗冲击。

③ 能弯曲，便于安装。

④ 使用寿命长。

(3) 端面热电阻：由特殊处理的电阻丝材绕制而成，并紧贴在温度计端面。它与一般轴向热电阻相比，能更正确、快速地反映被测端面的实际温度，适用于测量轴瓦和其他机件的端面温度。

(4) 隔爆型热电阻：通过特殊结构的接线盒，把其外壳内部爆炸性混合气体因受到火花或电弧等影响而发生的爆炸局限在接线盒内，起到隔爆的作用。

3.3.6 热电阻测量电路

常见热电阻测量电路的内部引线方式有二线制、三线制和四线制三种，如图 3-11 所示。二线制中引线电阻对测量影响较大，适用于测温精度不高的场合。三线制可以减小热电阻与测量仪表之间连接导线的电阻因环境温度变化所引起的测量误差。四线制可以完全消除引线电阻对测量的影响，用于高精度温度检测。

1. 二线制

二线制是一种相对于四线系统(两根供电线路、两根通信线路)的测量电路接线方式，将供电线与信号线合二为一，两根线实现通信兼供电，如图 3-11(a)所示。二线制节省了施工和线缆成本，给现场施工和后期维护带来了极大的便利。在消防、仪表、传感器、工业控制等领域应用广泛，二总线、直流载波是常用的二线制技术。

2. 三线制

在热电阻根部的一端连接一根引线，另一端连接两根引线的方式称为三线制，这种方

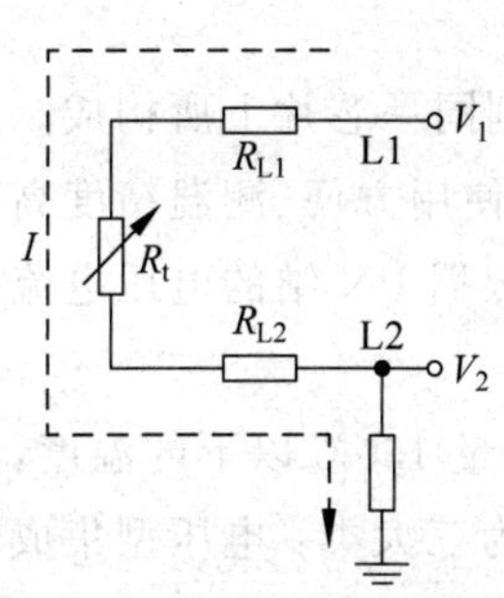

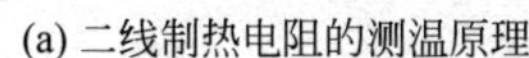
(a) 二线制热电阻的测温原理

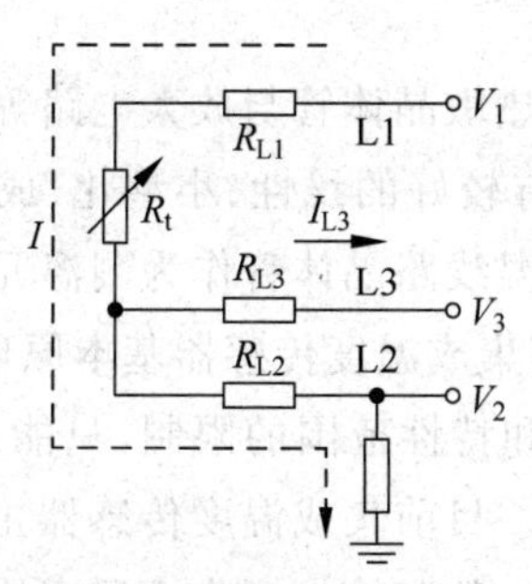

(b) 三线制热电阻的测温原理

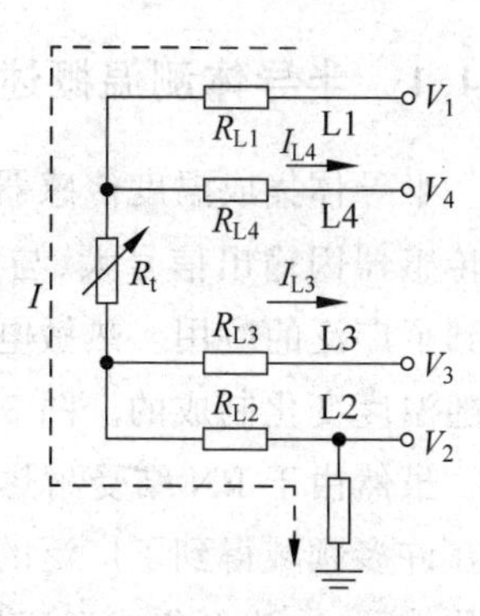

(c) 四线制热电阻的测温原理

图 3-11 热电阻测量示意

R_t—热电阻；R_{L1}—导线 L1 的等效电阻；R_{L2}—导线 L2 的等效电阻；

R_{L3}—导线 L3 的等效电阻；R_{L4}—导线 L4 的等效电阻

式通常与电桥配套使用，可以较好地消除引线电阻的影响，是工业过程控制中比较常用的引线电阻。三线制接法(见图 3-11(b))可以很好地消除引线电阻，提高测量精度。

3. 四线制

在热电阻的根部两端各连接两根导线的方式称为四线制，其中两根引线为热电阻提供恒定电流 I，把 R 转换成电压信号 U，再通过另两根引线把 U 引至二次仪表。可见这种引线方式可完全消除引线的电阻影响，主要用于高精度的温度检测。如图 3-11(c)所示，使用时主要是给电阻施加一个稳定电流，然后测量热电阻上的电压降来提高测量精度和灵敏度。这种方法的测量精度最高，但是接法最复杂。

任务 3.4 半导体测温

知识目标：

- 掌握半导体温度传感器的原理、组成及功能。
- 掌握半导体温度传感器的测量原理与测量电路。

技能目标：

- 熟练使用半导体温度传感器测量温度值。
- 能够准确判断出传感器的好坏，熟练掌握半导体温度传感器的测量方法。
- 能够设计一个简单的半导体温度传感器测温电路。

素养目标：

- 在测量过程中与小组人员合作、交流，培养团队合作意识，增强沟通能力。
- 养成规范测量、合理使用半导体温度传感器测量的习惯。
- 能够分析数据，撰写规范实训报告。

建议课时：

2 课时。

3.4.1 半导体测温概述

半导体集成温度传感器是将热敏晶体管与放大电路等集成到同一芯片上所构成。这种传感器因输出信号大、与温度有较好的线性、小型化、成本低、使用方便、测温精度高而得到了广泛的应用。热敏电阻测温线路晶体管作为测温元件是根据PN结的电压电流特性随温度变化制成的。图3-12为集成温度传感器基本原理图。

虽然由于PN结受耐热性能和特性范围的限制，只能用来测量150℃以下的温度，但仍在许多领域得到了广泛的应用。目前集成温度传感器主要分为三大类：电压型集成温度传感器、电流型集成温度传感器、数字输出型集成温度传感器。

电压型集成温度传感器(见图3-13)的优点是直接输出电压，且输出阻抗低，易于同信号处理电路连接。

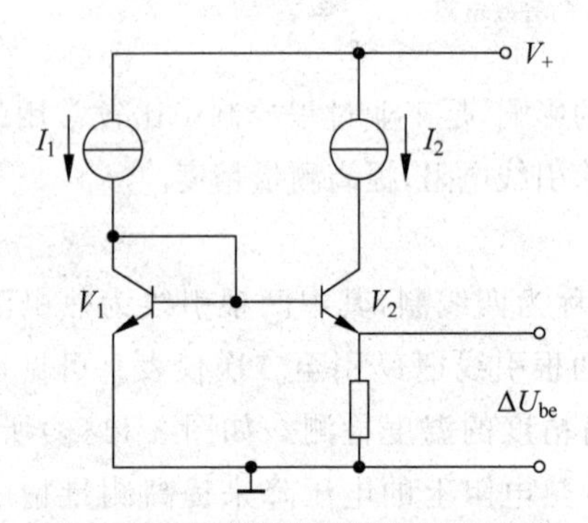

图3-12 集成温度传感器基本原理

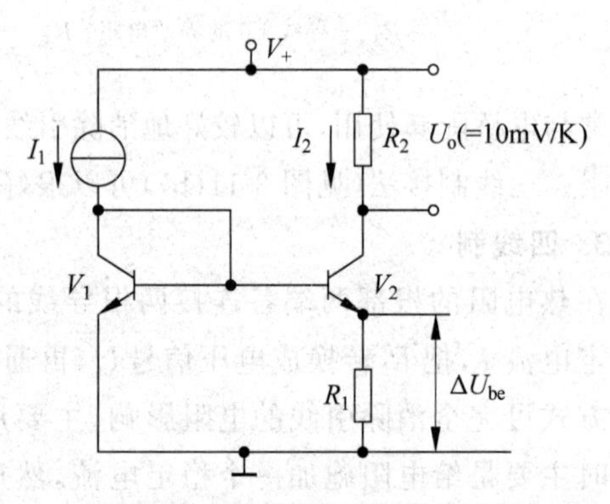

图3-13 电压型集成温度传感器

电流型集成温度传感器(见图3-14)将温敏晶体管与相应的辅助电路集成在同一芯片上，它能直接给出正比于热力学温度的理想线性输出，一般用于−50～150℃的温度测量。温敏晶体管是一种利用晶体管的基极-发射集电压随温度变化的特性来测量温度的元件。为克服温敏晶体管U_b电压的离散性，均采用了特殊的差分电路。电流型集成温度传感器在一定温度下，相当于一个恒流源，因此，它具有不易受接触电阻、引线电阻、电压噪声等的干扰，具有很好的线性特征。

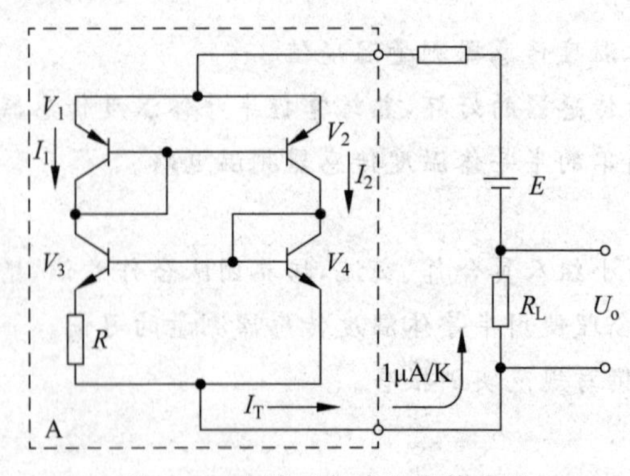

图3-14 电流型集成温度传感器

3.4.2 集成式温度传感器举例

1. DS18B20 数字温度传感器

DS18B20 是常用的数字温度传感器，其输出的是数字信号，具有体积小、硬件开销低、抗干扰能力强、精度高的特点。DS18B20 数字温度传感器的接线方便，封装后可应用于多种场合，如管道式、螺纹式、磁铁吸附式，不锈钢封装式；型号主要有 LTM8877、LTM8874 等，封装后的 DS18B20 可用于电缆沟测温、高炉水循环测温、锅炉测温、机房测温。

1）DS18B20 的内部结构

DS18B20 内部结构（见图 3-15）主要由 64 位光刻 ROM、温度传感器、非挥发的温度报警触发器 TH 和 TL、配置寄存器四部分组成。每只 DS18B20 都有一个唯一的长达 64 位的只读存储器号，存放在 DS18B20 内部的 ROM 中，常用于元件的识别和匹配。其中，低 8 位为 DS18B20 单总线温度传感器的家族号；高 8 位为 CRC 循环冗余校验码，用以校正前 56 位是否正确；中间的 48 位是一个唯一的序列号。

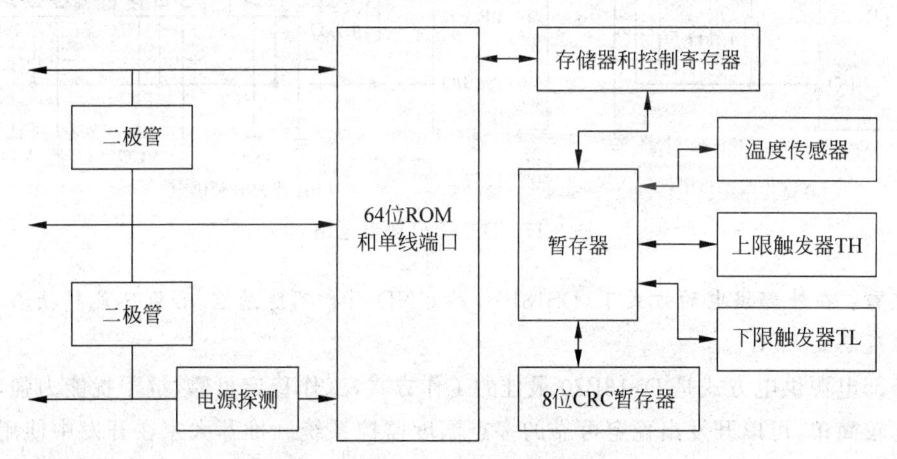

图 3-15　DS18B20 内部结构示意

2）DS18B20 的温度输出

DS18B20 的温度输出如图 3-16 所示。

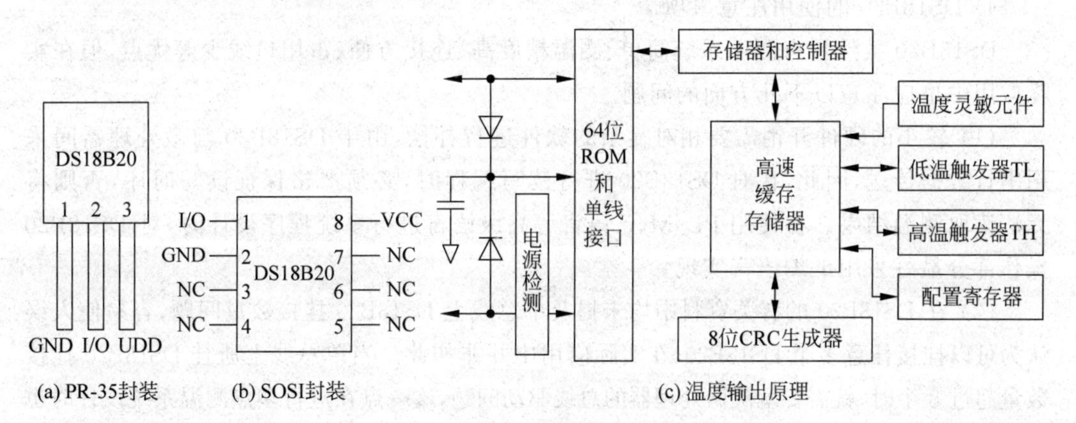

图 3-16　DS18B20 温度输出

3) DS18B20的测温电路

(1) 寄生电源供电方式如图3-17(a)所示,DS18B20从单线信号线上汲取能量,在信号线DQ处于高电平期间把能量储存在内部电容里;在信号线处于低电平期间消耗电容上的电能工作,直到高电平到来再给寄生电源(电容)充电。寄生电源供电方式的优点:①进行远距离测温时,不需要本地电源;②可以在没有常规电源的条件下读取ROM;③电路更加简洁,仅用一根输入/输出(I/O)口实现测温。

(2) 外部电源供电方式如图3-17(b)所示,DS18B20工作电源由VDD引脚接入,此时I/O线不需要强上拉,不存在电源电流不足的问题,可以保证转换精度,理论上在总线上可以挂接任意多个DS18B20传感器,组成多点测温系统。

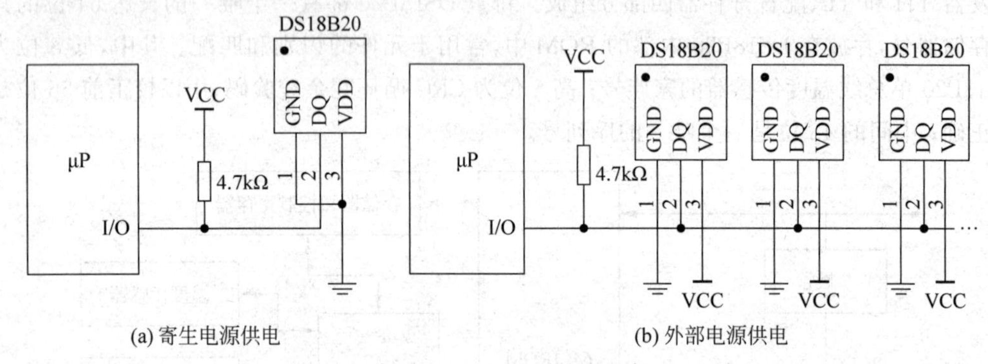

图3-17 DS18B20测温电路

注意:在外部供电的方式下,DS18B20的GND引脚不能悬空,否则不能转换温度,读取的温度总是85℃。

外部电源供电方式是DS18B20最佳的工作方式,工作稳定可靠,抗干扰能力强,而且电路比较简单,可以开发出稳定可靠的多点温度监控系统。推荐大家在开发中使用外部电源供电方式,它比寄生电源方式只多接一根VCC引线。在外接电源方式下,可以充分发挥DS18B20宽电源电压范围的优点,即使电源电压VCC降到3V时,也依然能够保证温度转换精度。

4) DS18B20的使用注意事项

DS18B20虽然具有测温系统简单、测温精度高、连接方便、占用口线少等优点,但在实际应用中也应注意以下几方面的问题。

(1) 较小的硬件开销需要相对复杂的软件进行补偿,由于DS18B20与微处理器间采用串行数据传送,因此,在对DS18B20进行读写编程时,必须严格保证读写时序,否则将无法读取测温结果。在使用PL/M、C语言等高级语言进行系统程序设计时,对DS18B20操作部分最好采用汇编语言实现。

(2) 在DS18B20的有关资料中均未提及单总线上DS18B20挂接数量问题,容易使人误认为可以挂接任意多个DS18B20,在实际应用中并非如此。当单总线上所挂DS18B20挂接数量超过8个时,就需要解决微处理器的总线驱动问题,这一点在进行多点测温系统设计时也要加以注意。

(3) 连接 DS18B20 的总线电缆是有长度限制的。实验中，当采用普通信号电缆传输长度超过 50m 时，读取的测温数据将发生错误。当将总线电缆改为屏蔽双绞线时，正常通信距离可达 150m；当采用每米绞合次数更多的屏蔽双绞线时，正常通信距离则进一步加长。这种情况主要是由总线分布电容使信号波形产生畸变造成的。因此，在用 DS18B20 进行长距离测温系统设计时，要充分考虑总线分布电容和阻抗匹配问题。

(4) 在 DS18B20 测温程序设计中，向 DS18B20 发出温度转换命令后，程序总要等待 DS18B20 的返回信号，一旦某个 DS18B20 接触不好或断线，当程序读到该 DS18B20 时，将没有返回信号，程序进入死循环。这一点在进行 DS18B20 硬件连接和软件设计时也要给予一定的重视。测温电缆线建议采用屏蔽 4 芯双绞线，其中一组线接地线与信号线，另一组接 VCC 和地线，屏蔽层在源端单点接地。

2. 电流型集成温度传感器(AD590)

AD590 是美国 ANALOG DEVICES 公司的单片集成两端感温电流源，其输出电流与热力学温度成比例。在 4～30V 电源电压范围内，该元件可充当一个高阻抗、恒流调节器，调节系数为 1μA/K。AD590 测量热力学温度、摄氏温度、两点温度差、多点最低温度、多点平均温度的具体电路，广泛应用于不同的温度控制场合。由于 AD590 精度高、价格低、线性好、不需辅助电源，常用于测温和热电偶的冷端补偿。如图 3-18 所示为 AD590 温度传感器的外形。

AD590 适用于 150℃以下、采用传统电气温度传感器的任何温度检测应用。低成本的单芯片集成电路及不需要支持电路的特点，使它成为许多温度测量应用的一种很有吸引力的备选方案。应用 AD590 时，不需要线性化电路、精密电压放大器、电阻测量电路和冷结补偿。除温度测量外，还可用于分立元件的温度补偿或校正、与热力学温度成比例的偏置、流速测量、液位检测及风速测定等。AD590 可以裸片形式提供，适合受保护环境下的混合电路和快速温度测量。

(1) 温度测量。AD590 测量最低温度的基本应用电路如图 3-19 所示。串联的 AD590 在不同温度点可以串联，以测量所在所有测量点的最低温度。

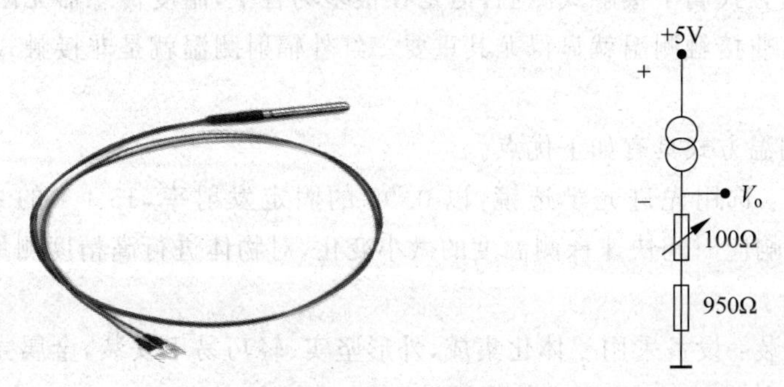

图 3-18　AD590 温度传感器外形　　　图 3-19　AD590 温度测量示意

(2) 温度控制。AD590 温度控制电气原理如图 3-20 所示。

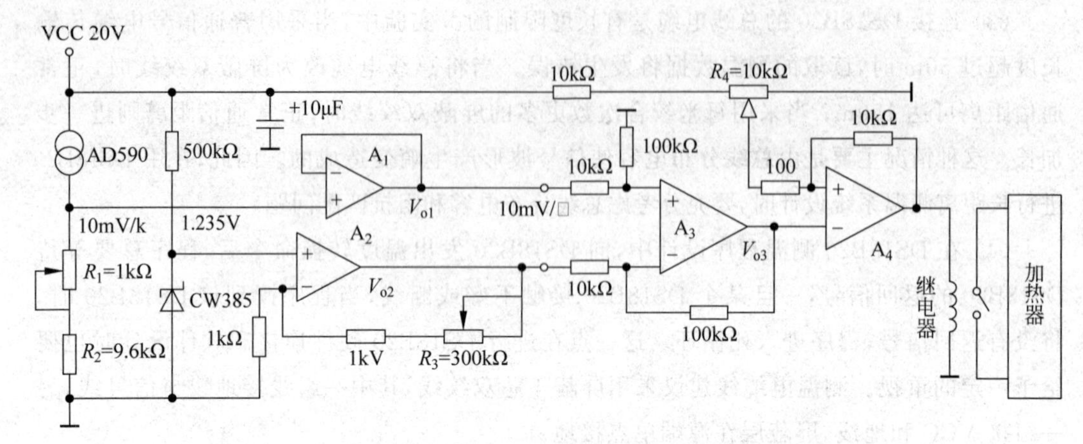

图 3-20 AD590 温度控制电气原理

任务 3.5 红外辐射测温

知识目标：

- 掌握红外辐射测温传感器的原理、组成及功能。
- 掌握红外辐射测温传感器测量原理与测量电路。

技能目标：

- 熟练使用红外辐射测温传感器测量温度值。
- 能够设计一个简单的红外辐射测温传感器的测温电路。

素养目标：

- 养成规范测量的习惯。
- 能够分析数据，撰写规范实训报告。

建议课时：

1 课时。

前述的测温方式属于接触式测温，但是在很多场合下，温度传感器无法与被测对象长时间接触，因此，非接触测温就显得尤其重要。红外辐射测温就是非接触式测温的重要方式之一。

红外辐射测温方式具有如下优点。

(1) 高精度：选用先进光学透镜，以 0.95 的固定发射率，15∶1 的光学分辨率，以 500ms(95%)的响应时间快速探测温度的微小变化，对物体进行高精度测量，4～20mA 输出信号更稳定。

(2) 便于安装：设备采用一体化集成，外形坚实、轻巧易于安装，金属壳体上的标准螺纹可与安装部位快速连接，易于安装使用。

(3) 防护等级高：红外测温仪采用 24V DC 工作电压，防护等级为 IP65，能够适用各种恶劣工作环境，让监测工作更轻松、更安全。

3.5.1 红外测温的原理

在自然界中，一切温度高于绝对零度的物体都在不停地向周围空间发出红外辐射能量。物体的红外辐射能量的大小及其波长的分布与其表面温度有着十分密切的关系。因此，通过对物体自身辐射的红外能量的测量，便能准确地测定它的表面温度，这就是红外辐射测温所依据的客观基础。

人体的温度和人体所发出的红外线辐射能大小是相关的，红外测温仪可以将人体所发出的红外线所具有的辐射能转变成电信号，通过测定电信号的大小来得到人体的温度数值。红外测温仪的外观及工作原理如图 3-21 所示。

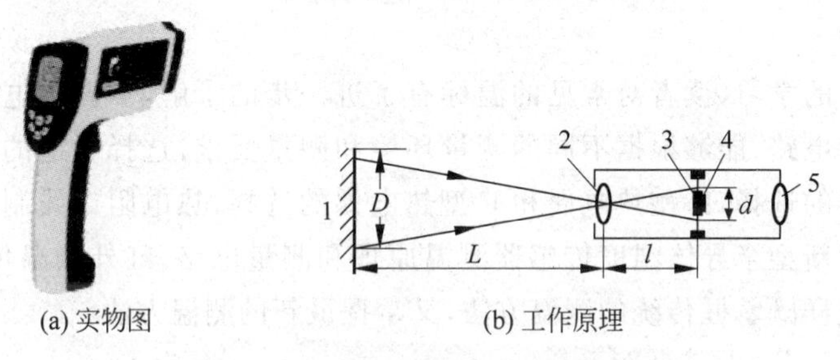

(a) 实物图 (b) 工作原理

图 3-21 红外测温仪的外观及工作原理

1—物体；2—物镜；3—受热板；4—热电偶；5—目镜

红外测温仪工作原理：黑体是一种理想化的辐射体，它吸收所有波长的辐射能量，没有能量的反射和透过，其表面的发射率为 1。但是，自然界中存在的实际物体几乎都不是黑体，为了弄清和获得红外辐射分布规律，在理论研究中必须选择合适的模型，这就是普朗克提出的体腔辐射的量子化振子模型，从而导出了普朗克黑体辐射的定律，即以波长表示的黑体光谱辐射度，这是一切红外辐射理论的出发点，故称黑体辐射定律。

所有实际物体的辐射量除依赖于辐射波长及物体的温度外，还与构成物体的材料种类、制备方法、热过程，以及表面状态和环境条件等因素有关。因此，为使黑体辐射定律适用于所有实际物体，必须引入一个与材料性质及表面状态有关的比例系数，即发射率。该系数表示实际物体的热辐射与黑体辐射的接近程度，其值在 0～1。根据辐射定律，只要知道材料的发射率，就能知道任何物体的红外辐射特性。影响发射率的主要因素有材料种类、表面粗糙度、理化结构和材料厚度等。

3.5.2 红外测温的电路

红外测温由光学系统、光电探测器、信号放大器及信号处理、显示输出等部分组成。光学系统汇聚其视场内的目标红外辐射能量，视场的大小由测温仪的光学零件及其位置确定。红外能量聚焦在光电探测器上并转变为相应的电信号，该信号经过放大器和信号处理电路，并按照仪器内部的算法和目标发射率校正后转变为被测目标的温度值。红外测温系统结构如图 3-22 所示。

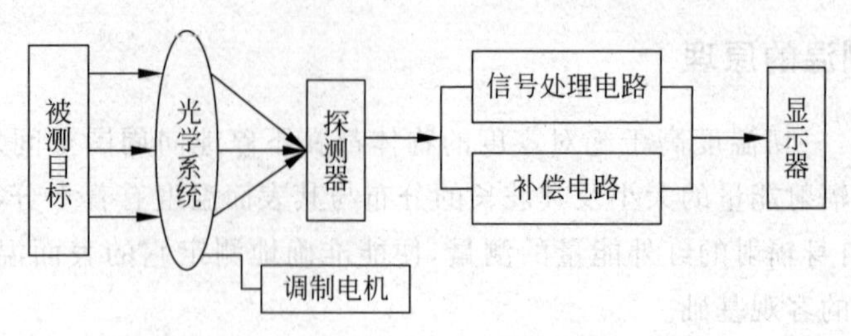

图 3-22 红外测温系统结构

项目总结

通过本项目的学习，读者对常见的温标有了进一步的了解，掌握热电偶、热电阻的测温原理及其测量电路，能够根据不同的测量环境和测量要求，选择合适的温度传感器，如热电偶和热电阻的选择，K 型热电偶和 E 型热电偶的选择，热电阻二线制、三线制和四线制的选择。掌握新型半导体温度传感器测温原理和测量电路，红外测温传感器测量原理和测量电路。这样既掌握传统的测温方法，又掌握最新的测温方法。

项目自测

1. 热力学温标与摄氏温标的数值关系是什么？
2. 简述热电偶的工作原理。
3. 试用热电偶的基本原理，证明热电偶的中间导体定则。
4. 简述热电偶冷端补偿的必要性，并说明常用的冷端补偿方法。
5. 简述热电偶冷端补偿导线的作用。
6. 热电阻内部接线方式有哪几种？各适用于何种场合？

项目4 力的检测

【项目导读】

在日常生活、工业生产、石油和天然气、汽车、医疗保健和电子产品等领域，都存在着大量力的检测的应用场景。例如，我国是全球最大的水力发电国家，水力发电量遥遥领先其他国家。水电是目前全球占比最高的清洁能源，其占比甚至高于光伏、风电等其他清洁能源发电之和。按照国际大坝委员会的统计，于 2020 年 4 月完成登记的全球大坝，其数量总计为 58713 座，其中中国有 23841 座。对大坝水压力监测是影响大坝工程安全监测重要的监测项目之一。如图 4-1 所示为拦河大坝实景。

图 4-1 拦河大坝水压

力是物理基本量之一，对各种静态、动态力的大小进行测量十分重要。力学量可以分为几何学量、运动学量及力学量三个部分，其中几何学量是指位移、形变、尺寸等；运动学量是几何学量的时间函数，如速度、加速度等；力学量包括质量、力、力矩、压力、应力等。力传感器是将各种力学量转换为电信号的元件，是广泛使用的一种传感器。

力传感器的种类繁多，如电阻应变式传感器、半导体应变式传感器、压阻式传感器、压电式传感器、电感式压力传感器、电容式压力传感器、谐振式压力传感器及电容式加速度传感器等。不同类型的力传感器适用于不同的力学量和不同应用场景下力的检测，在实际使用时应根据需求不同而选择不同类型的力传感器。

任务 4.1 电阻应变式传感器

知识目标：

- 掌握电阻应变式压力传感器的原理、组成及功能。
- 掌握电阻应变式压力传感器的测量原理与测量电路。
- 了解应变片的结构和工作原理。
- 了解几种常用的压力传感器以及电阻应变式传感器发展方向和应用领域。

技能目标：

- 熟练使用电阻应变式压力传感器测量物理参数。
- 能够根据需求设计一个简单的压力测量电路。

素养目标：

- 在测量过程中与小组人员合作、交流，培养团队合作意识，增强沟通能力。
- 养成规范测量、合理使用测量仪器的习惯。
- 养成精益求精、孜孜不倦的钻研精神，提高专业素养。

建议课时：

4 课时。

4.1.1 电阻应变式传感器工作原理

电阻应变式传感器是通过弹性敏感元件将外部的应力转换成应变(ε)，再根据电阻应变效应，由电阻应变片将应变(ε)转换成电阻值的微小变化，通过测量电桥将电阻值的变化转换成电压或电流输出，其原理如图 4-2 所示。常见的电阻应变式传感器如图 4-3 所示。

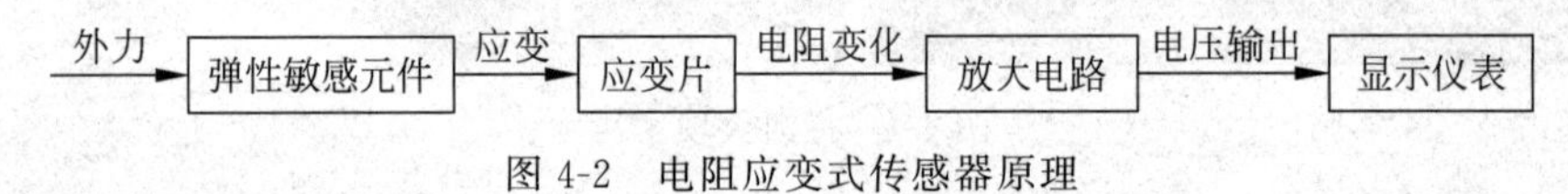

图 4-2 电阻应变式传感器原理

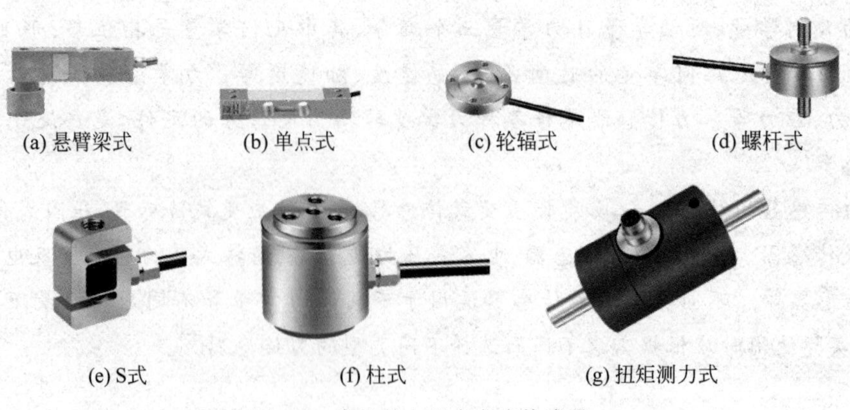

图 4-3 常见的电阻应变式传感器

电阻应变式传感器是工业实践中十分常用的传感器，广泛应用于各种工业自动控制环境，涉及水利水电、铁路运输、智能建筑、生产自动控制、航空航天、军工、石油化工、油井、电力、船舶、机床、管道等多个行业，如图 4-4 所示。

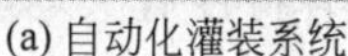
(a) 自动化灌装系统

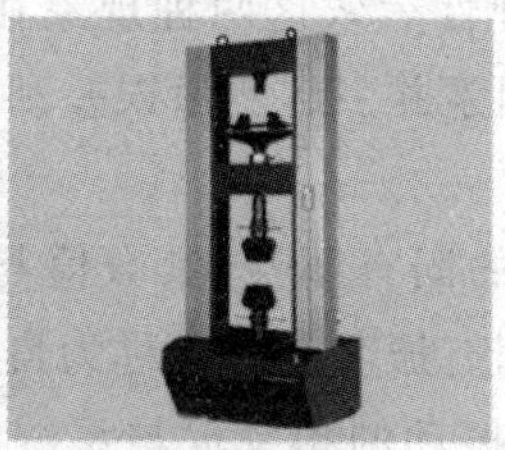
(b) 试验机吊钩秤

(c) 工业机器人

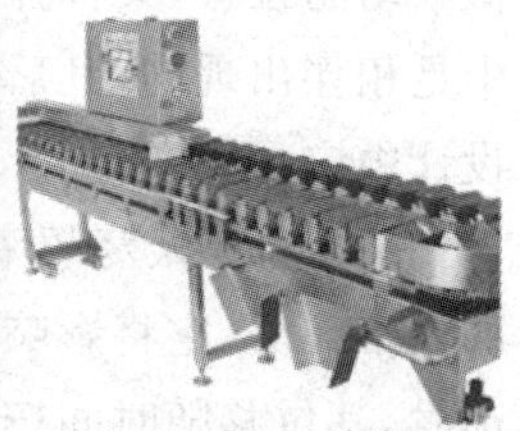
(d) 检重/分选秤

(e) 桶槽秤

(f) 反应釜

图 4-4　电阻应变式传感器应用领域

1. 弹性敏感元件

利用材料的弹性变形把测量仪表直接感受的如力、压力、力矩、振动等被测参量转换成应变量或位移量的元件，称为弹性敏感元件。

弹性敏感元件的形式可以是实心或空心的圆柱体、等截面圆环、等截面或等强度悬臂梁、扭管等，也可以是弹簧管（波登管）、膜片、膜盒、波纹管、薄壁圆筒、薄壁半球等。弹性敏感元件在传感器中占有很重要的地位，其质量的优劣直接影响传感器的测量范围、灵敏度、精确度和稳定性。在很多情况下，它甚至是传感器的核心部分。

弹性敏感元件的基本特性参数有刚度、灵敏度、弹性滞后、弹性后效和固有振荡频率。

（1）刚度是对弹性敏感元件在外力作用下变形大小的定量描述，即产生单位位移所需要的力（或压力）。

（2）灵敏度是刚度的倒数，它表示单位作用力（或压力）使弹性敏感元件产生形变的大小。

（3）弹性滞后是指弹性材料在加载、卸载的正反行程中，位移曲线是不重合的，构成一个弹性滞后环，即当载荷增加或减少至同一数值时位移之间存在一差值，如图 4-5 所示。弹性滞后的存在表明在卸载过程中没有完全释放外力所做的功，在一个加卸载的循环中所消耗的能量相当于滞后环包围的面积，这会给测量带来误差。产生

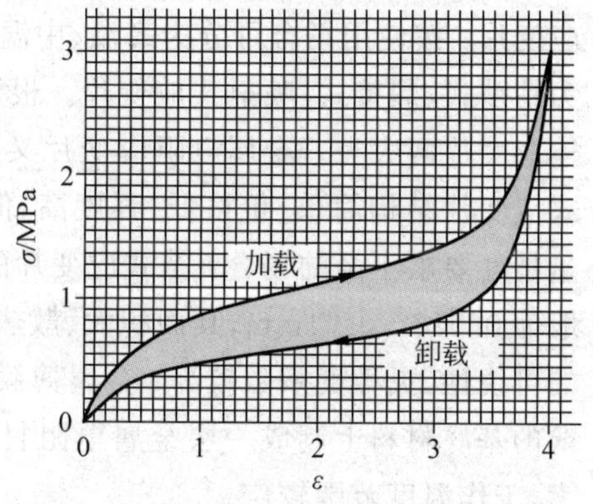

图 4-5　弹性滞后环

弹性滞后的主要原因是各个物理单元如敏感栅、基底和黏合剂在承受机械应变之后留下的残余变形所致。

(4) 弹性后效是指载荷在停止变化之后,弹性元件在一段时间之内还会继续产生类似蠕动的位移,又称弹性蠕变。弹性滞后和弹性后效这两种现象在弹性元件的工作过程中是相伴出现的,其后果是降低元件的品质因素并引起测量误差和零点漂移,在传感器的设计中应尽量避免。

(5) 固有振荡频率是弹性体或弹性系统的固有属性,其数值与初始条件和所受外力的大小无关,它将影响传感器的动态特性。固有振荡频率又称为自然频率,物体做自由振动时,其位移随时间按正弦或余弦规律变化,振动的频率仅与系统的固有特性有关(如质量、形状、材质等)。传感器的工作频率应避开弹性敏感元件的固有振荡频率。

2. 电阻应变片

电阻应变式传感器的核心部件是力敏元件,它是利用金属或半导体材料的压阻效应制成的,目前常见的力敏元件就是电阻应变片。电阻应变片是一种能将被测试验体上的应力变化转换成电阻变化的敏感元件。

电阻应变片是由直径为0.0012~0.05mm的康铜丝或镍铬丝绕成栅状(或用很薄的金属箔腐蚀成栅状)夹在两层绝缘薄片中(基底)制成。用直径为0.1~0.15mm镀银铜线与应变片丝栅连接,作为电阻片引线。电阻应变片的结构如图4-6所示。

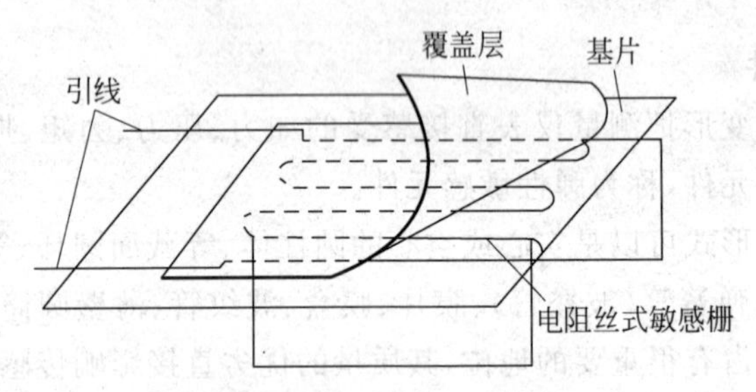

图4-6 电阻应变片的结构

电阻应变片的种类很多,分类方法也各不相同。按基底材料不同可分为纸基、胶基、金属基应变片;按敏感栅数目、形状和配置形式不同可分为单轴、多轴(应变花)、特殊性应变片;按使用场合可分为高温、中温、常温、低温和超低温应变片;按粘贴方式不同可分为粘贴式、焊接式、喷射式应变片。根据应变片的质地不同可分为金属电阻应变片和半导体应变片两大类。金属电阻应变片又分为丝式应变片、箔式应变片和薄膜式应变片。丝式应变片结构简单、价格低、强度高,但允许通过的电流较小,测量精度较低,适用于对测量精度要求不高的场合;箔式应变片的敏感栅是通过光刻、腐蚀等工艺制成,箔栅厚度一般为0.003~0.01mm,其面积大、散热性好,允许通过较大的电流,且厚度薄,故具有较好的可绕性,灵敏度系数较高;金属薄膜应变片采用真空蒸镀或溅射式阴极扩散等方法在薄的基底材料上制成一层金属电阻材料薄膜,它具有较高的灵敏度系数,允许电流密度大,工作温度范围较广。

将应变片贴在被测定物上,使其随着被测定物的应变一起伸缩,这样里面的金属箔材就随着应变伸长或缩短,金属在机械性地伸长或缩短时其电阻会随之变化。应变片就是应用这个原理,通过测量电阻的变化而对应变进行测定的。由于应变片的敏感栅常用的是铜铬合金,其电阻率为常数,与应变成正比例关系,即

$$\frac{\Delta R}{R}=K\varepsilon \tag{4-1}$$

式中,R——应变片原电阻值,Ω;

ΔR——伸长或压缩所引起的电阻变化,Ω;

K——比例常数(应变片常数);

ε——应变。

不同的金属材料有不同的比例常数 K。铜铬合金的 K 值约为 2。这样,应变的测量就通过应变片转换为对电阻变化的测量。但是由于应变是很微小的变化,所以产生的电阻变化也是极其微小的。

4.1.2　电阻应变片测量电路

要精确地测量微小的电阻变化是非常困难的,一般的电阻计无法达到要求。为了对电阻应变片因形变导致的微小电阻变化进行测量,通常需要将它和电桥电路一起使用,还需要经放大器将信号放大。电阻应变片测量电路通常连接成电桥电路,常见的有单臂电桥、双臂电桥和全桥电路三种形式。

1. 单臂电桥

单臂电桥又称为惠斯通电桥,适用于检测电阻的微小变化,应变片的电阻变化就用该电路来测量。如图 4-7 所示,单臂电桥由 4 个同等阻值的电阻组合而成。

如果

$$R_1=R_2=R_3=R_4 \quad 或 \quad \frac{R_1}{R_2}=\frac{R_4}{R_3} \tag{4-2}$$

则无论输入多大电压 E,输出电压 e 总为 0V,这种状态称为平衡状态。如果平衡被破坏,就会产生与电阻变化相对应的输出电压。

将平衡电桥中的一个桥臂串联上应变片,如图 4-8 所示,当应变片未工作(未受力形变)时,电桥保持平衡,输出电压 $e=0$V。有应变(形变)产生时,记应变片电阻的变化量为 ΔR,则输出电压的计算公式如下:

$$e=\frac{1}{4}\cdot\frac{\Delta R}{R}E \tag{4-3}$$

即

$$e=\frac{1}{4}K\varepsilon E \tag{4-4}$$

式(4-4)中除了 ε 以外其他字母均为已知量,所以只要测出电桥的输出电压就可以计算出应变的大小。

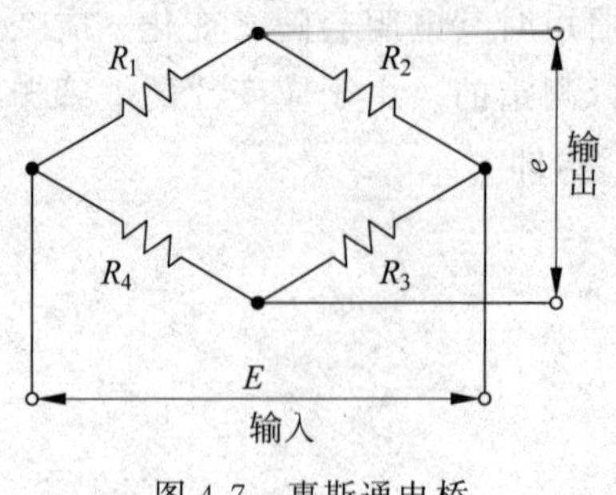

图 4-7　惠斯通电桥

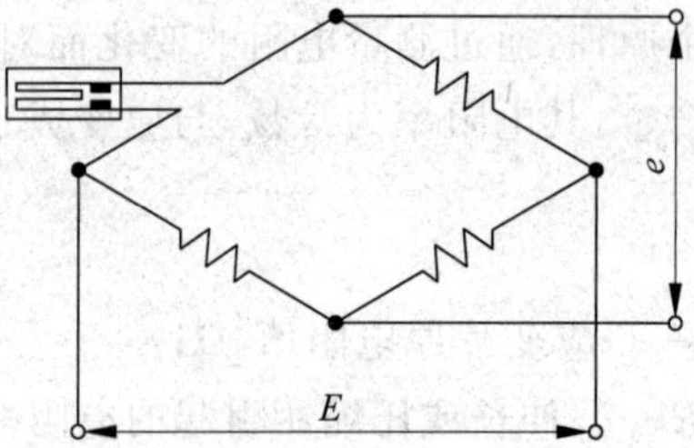

图 4-8　单臂电桥

2. 双臂电桥

双臂电桥又称为开尔文电桥，图 4-9 所示的电桥中连接了两枚应变片，共有两种连接方法。

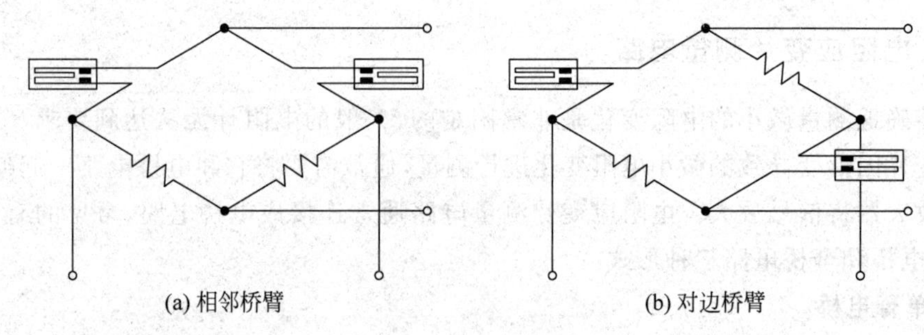

图 4-9　双臂电桥

4 个桥臂中有两个臂连接的是应变片，这两个应变片在工作时，一个受拉应变阻值增大，另一个受压应变阻值减小，可得输出电压的公式。

图 4-10(a)中两应变片为相邻桥臂，输出电压为

$$e=\frac{1}{4}\left(\frac{\Delta R_1}{R_1}-\frac{\Delta R_2}{R_2}\right)E \quad \text{或} \quad e=\frac{1}{4}K(\varepsilon_1-\varepsilon_2)E \tag{4-5}$$

图 4-10(b)中两应变片为对边桥臂，输出电压为

$$e=\frac{1}{4}\left(\frac{\Delta R_1}{R_1}+\frac{\Delta R_3}{R_3}\right)E \quad \text{或} \quad e=\frac{1}{4}K(\varepsilon_1+\varepsilon_3)E \tag{4-6}$$

3. 全桥电路

全桥电路的四边全部联入应变片，这种连接方法在电子行业的应变测量中不经常使用，但常用于桥梁、建筑中，如图 4-10 所示。

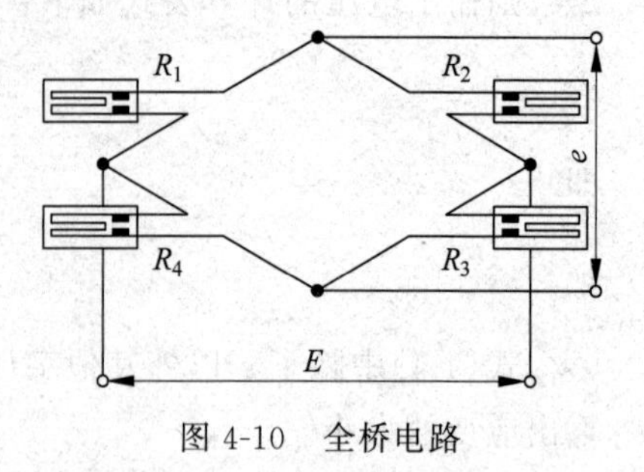

图 4-10　全桥电路

当四条边上的应变片的电阻分别引起如 $R_1+\Delta R_1$、$R_2+\Delta R_2$、$R_3+\Delta R_3$、$R_4+\Delta R_4$ 的变化时，即

$$e=\frac{1}{4}\left(\frac{\Delta R_1}{R_1}-\frac{\Delta R_2}{R_2}+\frac{\Delta R_3}{R_3}-\frac{\Delta R_4}{R_4}\right)E \tag{4-7}$$

若4枚应变片完全相同，比例常数为K，且应变分别为ε_1、ε_2、ε_3、ε_4，则式(4-7)可写成下面的形式：

$$e=\frac{1}{4}K(\varepsilon_1-\varepsilon_2+\varepsilon_3-\varepsilon_4)E \tag{4-8}$$

4.1.3 常见的压力传感器

压力传感器的类型众多，且在工业生产中是很常见的一种传感器，下面介绍几种常见的压力传感器。

1. 陶瓷压力传感器

陶瓷压力传感器主要有陶瓷压阻式压力传感器和陶瓷电容式压力传感器两种类型。

(1) 陶瓷压阻式压力传感器(见图4-11)主要由瓷环、陶瓷膜片和陶瓷盖板三部分组成。陶瓷膜片是感力弹性体，其上用厚膜工艺技术形成惠斯顿电桥作为传感器的电路，由于电阻的压阻(形变)效应，产生电压信号。陶瓷膜片采用95%的Al_2O_3瓷精加工而成，要求平整、均匀、致密，其厚度与有效半径视设计量程而定。瓷环采用热压铸工艺高温烧制成型。陶瓷膜片与瓷环之间采用高温玻璃浆料，通过厚膜印刷、热烧成技术烧制在一起，形成周边固支的感力杯状弹性体，即在陶瓷的周边固支部分形成无蠕变的刚性结构。在陶瓷膜片上表面，即瓷杯底部，用厚膜工艺技术做成传感器的电路。陶瓷盖板下部的圆形凹槽使盖板与膜片之间形成一定间隙，通过限位可防止膜片过载时因过度弯曲而破裂，形成对传感器的抗过载保护。

图4-11　陶瓷压阻式压力传感器

抗腐蚀的陶瓷压力传感器没有液体的传递，压力直接作用在陶瓷膜片的前表面，使膜片产生微小的形变，厚膜电阻印刷在陶瓷膜片的背面，连接成一个惠斯通电桥(闭桥)，由于压敏电阻的压阻效应，使电桥产生一个与压力成正比、与隔爆温度变送器的激励电压也成正比的电压信号，标准的信号根据压力量程的不同标定为2.0mV/V、3.0mV/V、3.3mV/V等不同规格，可以和应变式传感器相兼容。通过激光标定，传感器具有很高的温度稳定性和时间稳定性，传感器自带温度补偿0～70℃，并可以和绝大多数介质直接接触。

(2) 陶瓷电容式压力传感器是在陶瓷基板与隔膜镀上金属作为电极使用。两种陶瓷部件通过玻璃密封连接在一起，保持可控间隙，以便两个金属电极形成电容。如果施加压力，就会改变基板与隔膜的间隙，从而改变传感元件的电容量，通过后续的处理电路形成压力相关信号输出。

陶瓷膜片边缘固定在陶瓷基座上，周边有支撑，受力时中间形变大，边缘形变小，电容量产生非线性并使灵敏度降低。为了减少温度影响和边缘效应，设计时在陶瓷膜片上设置一个圆形的单电极作为公共电极，陶瓷盖板上设置双电极并使面积相等，构成同轴环状的双电容传感器。中心为测量电容 C_p，边缘环形为参考电容 C_r，C_r 的外侧是固支边。后续的信号调理电路处理两电容的压差，利用方波激励信号把 C_p 和 C_r 的变化量分别转换为直流电压输出，通过两输出电压的差值信号测量外加压力的大小。双电容结构大大减小了传感器系统的非线性误差，同时在环境温度变化时，由于两电容感受同一温度的变化，温度对它们产生的温度效应是一致的，从而抵消了温度变化带来的测量误差，实现温度自补偿。

2. 扩散硅压力传感器

扩散硅压力传感器的工作原理是被测介质的压力直接作用于传感器的膜片上（不锈钢或陶瓷），使膜片产生与介质压力成正比的微位移，传感器的电阻值发生变化，利用电子线路检测这一变化，并转换输出一个对应于这一压力的标准测量信号。

3. 蓝宝石压力传感器

蓝宝石压力传感器（见图 4-12）利用应变电阻式工作原理，采用硅-蓝宝石作为半导体敏感元件，具有良好的计量特性。蓝宝石是由单晶体绝缘体元素组成，不会发生滞后、疲劳和蠕变现象；蓝宝石的抗辐射特性极强；蓝宝石比硅更坚固，硬度更高，不怕形变；蓝宝石有着非常好的弹性和绝缘特性（1000℃以内）。因此，利用硅-蓝宝石制造的半导体敏感元件，对温度变化不敏感，即使在高温条件下，也有着很好的工作特性。另外，硅-蓝宝石半导体敏感元件，无防爆压力、无 P-N 漂移，所以能够从根本上简化制造工艺，提高重复性，确保高成品率。而且用硅-蓝宝石半导体敏感元件制造的压力传感器和变送器，可在最恶劣的条件下正常工作，并且可靠性高、精度好、温度误差极小、性价比高。

图 4-12 蓝宝石压力传感器

4.1.4 压力传感器的使用

现代传感器在原理与结构上千差万别，如何根据具体的测量目的、测量对象以及测量环境合理地选用传感器，是在进行测量时首先要解决的问题。当传感器确定之后，相配套的测量方法和测量设备也就可以确定了。测量结果的合理性，在很大程度上取决于传感器的选用是否合理。

根据测量对象与测量环境确定压力传感器的类型的步骤如下。

首先，考虑采用何种原理的传感器，这需要分析多方面的因素之后才能确定。因为即使是测量同一物理量，也有多种原理的传感器可供选用，选择哪一种原理的传感器更为合适，需要根据被测量的特点和传感器的使用条件综合考虑以下具体问题：量程的大小；被测位置对传感器体积的要求；测量方式为接触式还是非接触式；信号的引出方法，有线或是非接触测量；传感器的来源，国产还是进口，价格能否承受，是否自行研制。

其次，具体性能指标的选择应考虑灵敏度、频率响应特性、线性范围、稳定性以及精度等问题，具体要求参考 2.2.2 小节。

最后，选择好传感器后，要按照相关要求规范、合理地使用，其使用原则参考 2.2.3 小节。

任务 4.2　压电式传感器

知识目标：

- 掌握压电式传感器的测量原理、测量电路的组成及功能。
- 了解压电式传感器的发展方向与应用。
- 了解石英晶体、压电陶瓷、高分子压电材料的压电机理。了解压电晶片的纵向压电效应和横向压电效应。
- 掌握压电式传感器的功能及工作特点、压电元件串联和并联的特性。

技能目标：

- 熟练使用压电式传感器测量物理参数。
- 能够正确识别各种压电式传感器及其特点，了解其在整个工作系统中的作用。
- 在设计中，能够根据工作系统的特点，找出匹配的压电式传感器。
- 能够准确判断传感器的好坏，熟练掌握压电式传感器的测量方法。

素养目标：

- 形成规范测量、合理使用测量仪器的习惯。
- 能够分析数据，撰写规范的实训报告。
- 增强获取信息并利用信息的能力，不断提高自己获取、判断、利用信息和创造新信息的能力。

建议课时：

4 课时。

4.2.1　压电式传感器工作原理

压电式传感器是一种利用压电效应测量由机械力作用于压电材料而产生的电动势的仪器，根据测量到的电势判断受力的大小。具有压电效应的电介质材料（如石英晶体）在一定方向上受到外力（压力或拉力）作用发生变形时，在其表面会产生电荷。压电式传感器具有体积小、重量轻、频带宽等特点，适用于对各种动态力、机械冲击与振动的测量，广泛应用在力学、声学、医学、航空航天和消费电子等方面。例如，它可以用来测量发动机内部燃烧压力与真空度、炮弹在膛中发射的一瞬间膛压的变化和炮口的冲击力等；根据压电原理制成的微音器可以用于测量人体心音和脉搏等。

1. 压电效应

当某些电介质沿着一定方向对其施加外力而使它变形时，内部就会产生极化现象，相应地会在其两个表面产生符号相反的电荷，当外力去掉后，又重新恢复为不带电状态，这种现象称为压电效应。压电效应分为正向压电效应和逆向压电效应。当外力方向改变时，电荷的极性也随之改变，这种将机械能转换为电能的现象，称为正压电效应；相反，当在电介质极化方向施加电场，这些电介质也会产生一定的机械变形或机械应力，这种现象称为逆向压电效应，又称为电致伸缩效应。

具有压电效应的材料称为压电材料。压电材料能实现机械—电能量的相互转换，具有一定的可逆性，如图 4-13 所示。

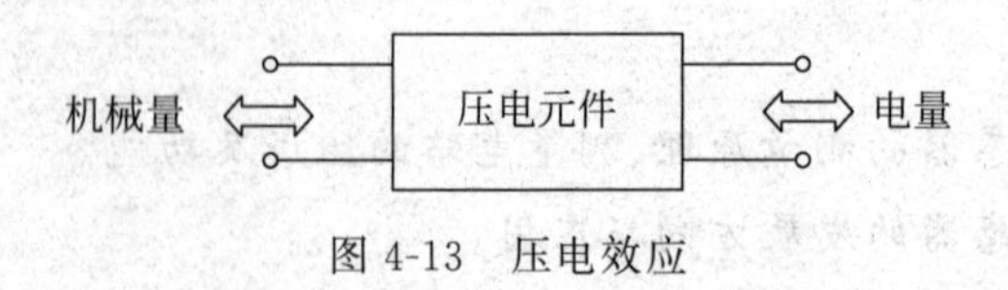

图 4-13 压电效应

1）石英晶体的压电效应

石英晶体是典型的单晶压电晶体，化学式为 SiO_2，为单晶体结构，属于六角晶系。石英晶体的压电系数为 $d_{11}=2.1℃\times10^{-12}C/N$，并且在 20～200℃内，其压电系数几乎不变。居里温度点为 573℃，可以承受 700～1000kgf/cm^2 的压力，具有很高的机械强度和稳定的机械性能。

图 4-14(a)是石英晶体的天然结构外形，它是一个正六面体。石英晶体各个方向的特性是不同的(各向异性体)，可以用三个相互垂直的轴来表示，如图 4-14(b)所示，其中纵向轴 z 称为光轴(或称为中性轴)，经过六面体棱线并垂直于光轴的 x 称为电轴，与 x 和 z 轴同时垂直的 y 轴称为机械轴。通常把沿电轴 x 方向的力作用下产生电荷的压电效应称为纵向压电效应，把沿机械轴 y 方向的力作用下产生电荷的压电效应称为横向压电效应，沿光轴 z 方向的力作用时不产生压电效应。

若从晶体上沿 y 方向切下一块如图 4-14(c)所示的晶片，当沿电轴方向施加作用力 F_x 时，则在与电轴 x 垂直的平面上将产生电荷，其大小为

$$q_x=d_{11}F_x \tag{4-9}$$

式中，d_{11}——x 方向受力的压电系数。

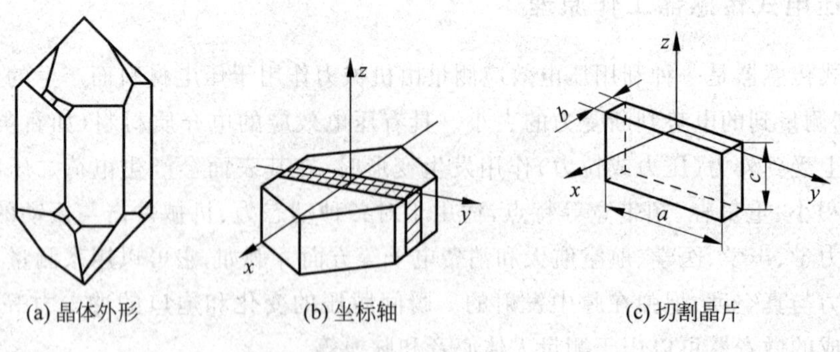

图 4-14 石英晶体

若在同一切片上，沿机械轴 y 方向施加作用力 F_y，则仍在与 x 轴垂直的平面上产生电荷 q_y，其大小为

$$q_y = d_{12}\frac{a}{b}F_y \tag{4-10}$$

式中，d_{12}——y 轴方向受力的压电系数，根据石英晶体的对称性有 $d_{12}=-d_{11}$；

a——晶体切片的长度；

b——晶体切片的厚度。

电荷 q_x 和 q_y 的符号由受压力还是受拉力决定。

石英晶体的上述特性与其内部分子结构有关。图 4-15 是一个单元组体中构成石英晶体的硅离子和氧离子，在垂直于 z 轴的 xy 平面上的投影等效为一个正六边形排列。图中"⊕"代表硅离子 Si^{4+}，"⊖"代表氧离子 O^{2-}。当石英晶体未受外力作用时，正、负离子正好分布在正六边形的顶角上，形成三个互成 120°夹角的电偶极矩 $\boldsymbol{P}_1$、$\boldsymbol{P}_2$、$\boldsymbol{P}_3$，如图 4-15(a)所示。因为 $\boldsymbol{P}=ql$，q 为电荷量，l 为正负电荷之间距离。此时正负电荷重心重合，电偶极矩的矢量和等于零，即 $\boldsymbol{P}_1+\boldsymbol{P}_2+\boldsymbol{P}_3=0$，所以晶体表面不产生电荷，即呈中性。

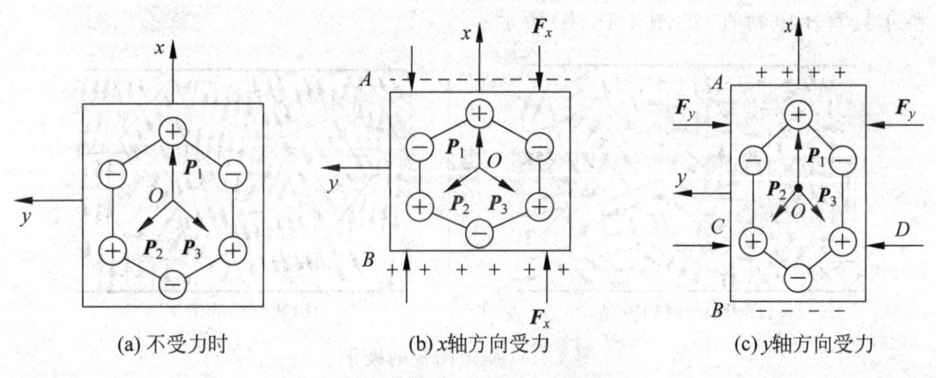

图 4-15　石英晶体压电模型

当石英晶体受到沿 x 轴方向的压力作用时，晶体沿 x 方向将产生压缩变形，正负离子的相对位置也随之变动。如图 4-15(b)所示，此时正负电荷重心不再重合，电偶极矩在 x 方向上的分量由于 $\boldsymbol{P}_1$ 的减小和 $\boldsymbol{P}_2$、$\boldsymbol{P}_3$ 的增加而不等于零。在 x 轴的正方向出现负电荷，电偶极矩在 y 方向上的分量仍为零，不出现电荷。

当晶体受到沿 y 轴方向的压力作用时，晶体的变形如图 4-15(c)所示。与图 4-15(b)情况相似，$\boldsymbol{P}_1$ 增大，$\boldsymbol{P}_2$、$\boldsymbol{P}_3$ 减小。在 x 轴上出现电荷，它的极性为 x 轴正向，为正电荷，在 y 轴方向上仍不出现电荷。

如果沿 z 轴方向施加作用力，因为晶体在 x 方向和 y 方向所产生的形变完全相同，所以正负电荷重心保持重合，电偶极矩矢量和等于零。这表明沿 z 轴方向施加作用力，晶体不会产生压电效应。

当作用力 F_x、F_y 的方向相反时，电荷的极性也随之改变。

2）石英晶体的优点

(1) 介电常数和压电常数的温度稳定性较好。

(2) 工作温度范围很宽。

(3) 机械强度高，可承受 108Pa 的压力。

(4) 在冲击作用下,漂移很小。

(5) 弹性系数较大。

(6) 可用于测量大量程的力和加速度。

2. 压电陶瓷

压电陶瓷是人工制造的多晶体压电材料。材料内部的晶粒有许多自发极化的电畴,它有一定的极化方向,从而存在电场。在无外电场作用时,电畴在晶体中是杂乱分布的,各电畴的极化效应相互抵消,压电陶瓷内极化强度为零。因此原始的压电陶瓷呈中性,不具有压电性质,如图 4-16(a)所示。

当在陶瓷上施加一定的外电场时(如 20~30kV/cm 直流电场),电畴的极化方向发生转动,趋向于按外电场方向的排列,从而使材料得到极化,产生极化后的压电陶瓷才具有压电效应。当外电场强度大到使材料的极化达到饱和时,即所有电畴极化方向都整齐地与外电场方向一致,去掉外电场,电畴的极化方向基本不变化,即剩余极化强度很大,这时的材料才具有压电特性,如图 4-16(b)所示。

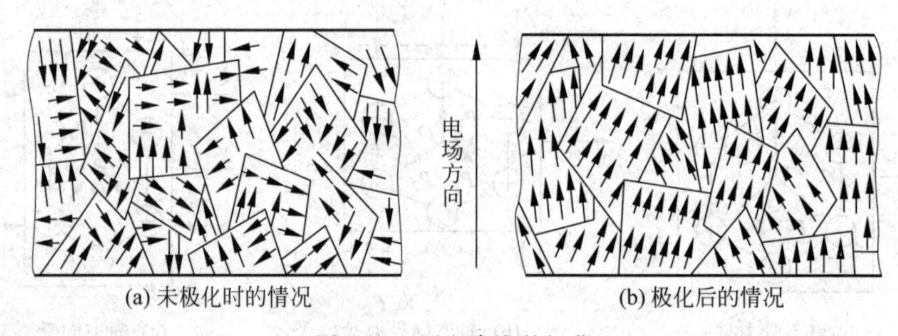

图 4-16 压电陶瓷的极化

极化处理后陶瓷材料内部存在很强的剩余极化,当陶瓷材料受到外力作用时,电畴的界限发生移动,电畴发生偏转,从而引起剩余极化强度的变化,因而在垂直于极化方向的平面上会出现极化电荷的变化。所以通常将压电陶瓷的极化方向定义为 z 轴,在垂直于 z 轴的平面上的任何直线都可以取作 x 轴或 y 轴。对于 x 轴或 y 轴,其压电效应是等效的,这是压电陶瓷与石英晶体不同之处。这种因受力而产生的由机械效应转变为电效应、将机械能转变为电能的现象就是压电陶瓷的正向压电效应。电荷量的大小与外力成正比关系,即

$$q = d_{33}F \tag{4-11}$$

式中,d_{33}——压电陶瓷的压电系数;

F——作用力。

压电陶瓷的压电系数比石英晶体大得多,所以采用压电陶瓷制作的压电式传感器的灵敏度较高。极化处理后的压电陶瓷材料的剩余极化强度和特性与温度有关,它的参数也会随时间的变化而变化,从而使其压电特性减弱。

最早使用的压电陶瓷材料是钛酸钡($BaTiO_3$)。它是由碳酸钡和二氧化钛按 1∶1 摩尔分子比例混合后烧结而成的。它的压电系数约为石英的 50 倍,但居里点温度只有 115℃,使用温度不超过 70℃,温度稳定性和机械强度都不如石英。

目前使用较多的压电陶瓷材料是锆钛酸铅(PZT)系列，它是钛酸铅($PbTiO_2$)和锆酸铅($PbZrO_3$)组成的[$Pb(ZrTi)O_3$]。居里点温度在300℃以上，性能稳定，有较高的介电常数和压电系数。

铌镁酸铅是20世纪60年代发展起来的压电陶瓷。它由铌镁酸铅[$Pb(Mg_{1/3}Nb_{2/3})O_3$]、锆酸铅($PbZrO_3$)和钛酸铅($PbTiO_3$)按不同比例配出不同性能的压电陶瓷，具有极高的压电系数和较高的工作温度，而且能承受较高的压力。

3. 高分子压电材料

某些高分子材料如聚二氟乙烯(PVDF)和聚氯乙烯(PVC)等可以作为制作压电元件的材料，这些材料不易破碎而且质地柔软，频率响应范围宽、性能稳定。

4.2.2 压电式传感器的使用

1. 受力和变形方式

压电式传感器中的压电元件，按其受力和变形方式不同，大致有厚度变形、长度变形、体积变形、面切变形和剪切变形五种形式，如图4-17所示。目前较常使用的是厚度变形的压缩式和剪切变形的剪切式两种。

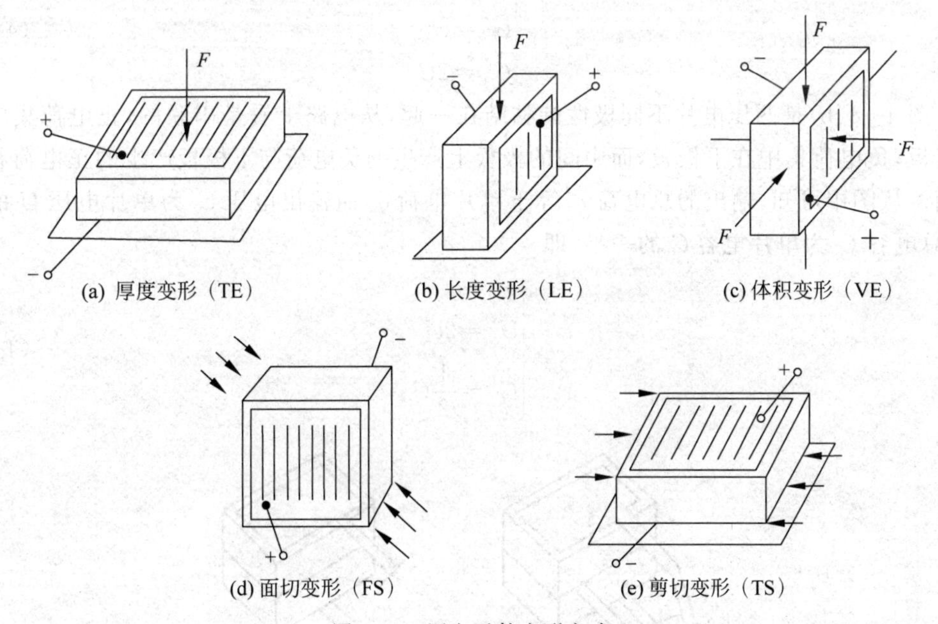

图4-17　压电元件变形方式

压电式传感器在测量低压力时线性度不好，这主要是因为传感器受力系统中力传递系数为非线性所致，即低压力下力的传递损失较大。为此，在力传递系统中加入预加力，称为预载荷。预载荷除了可消除低压力使用中的非线性，还可以消除传感器内外接触表面的间隙，提高刚度。特别强调的是，只有在加预载荷后才能用压电传感器测量拉力，拉、压交变力，剪力和扭矩。

2. 压电元件的连接方式

压电式传感器的基本原理就是利用压电材料的压电效应，即当压力作用在压电材料上时，传感器就有电荷(或电压)输出。

由于外力作用而在压电材料上产生的电荷只有在无泄漏的情况下才能保存，即需要测量回路具有无限大的输入阻抗，这实际上是不可能的，因此压电式传感器不能用于静态测量。压电材料在交变力的作用下，电荷可以不断补充，以供给测量回路一定的电流，故适用于动态测量。单片压电元件产生的电荷量非常微弱，为了提高压电传感器的输出灵敏度，在实际应用中常采用将两片(或两片以上)同型号的压电元件黏结在一起。由于压电材料的电荷是有极性的，因此接法也有并联连接和串联连接两种。

如图 4-18(a)所示，从作用力看元件是串接的，因此每片受到的作用力相同，产生的变形和电荷数量大小都与单片时相同。实际上，两个压电片的负端黏结在一起，中间插入的金属电极成为压电片的负极，正电极在两边的电极上，因此从电路上看，这是并联接法，类似两个电容的并联。并联形式，片上的负极集中在中间极上，其输出电容 C' 为单片电容 C 的两倍，但输出电压 U' 等于单片电压 U，极板上电荷量 q' 为单片电荷量 q 的两倍，即

$$\begin{cases} q' = 2q \\ U' = U \\ C' = 2C \end{cases} \tag{4-12}$$

图 4-18(b)是两压电片不同极性端黏结在一起，从电路上看是串联的，正电荷集中在上极板，负电荷集中在下极板，而中间的极板上产生的负电荷与下极板产生的正电荷相互抵消。从图中可知，输出的总电荷 q' 等于单片电荷 q，而输出电压 U' 为单片电压 U 的二倍，总电容 C' 为单片电容 C 的一半，即

$$\begin{cases} q' = q \\ U' = 2U \\ C' = \dfrac{1}{2}C \end{cases} \tag{4-13}$$

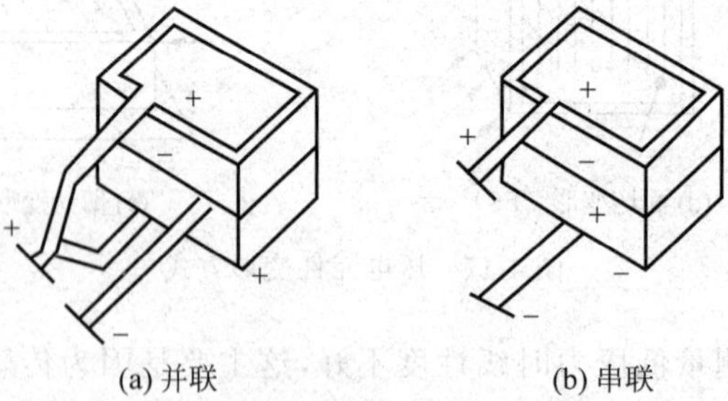

(a) 并联　　(b) 串联

图 4-18　压电元件的连接方式

在上述两种接法中，并联接法输出电荷大，本身电容大，时间常数大，适用于测量缓慢变信号并且以电荷作为输出量的场合。串联接法输出电压大，本身电容小，适用于以电压作为输出信号，并且测量电路输入阻抗较高的场合。

图 4-19 所示为两块以上压电元件连接示意图。

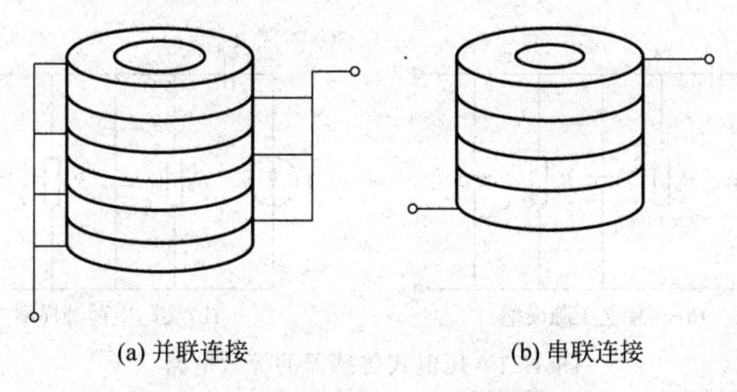

图 4-19　两块以上压电元件连接方式

3. 压电式传感器的测量电路

1）压电元件的等效电路

在外力作用下,压电晶片的两个表面产生大小相等、方向相反的电荷,相当于一个以压电材料为介质的电容器。因此,压电式传感器可以看作一个电荷发生器,同时它也是一个电容器,晶体上聚集正负电荷的两表面相当于电容器的两个极板,极板间物质等效于一种介质,其电容量为

$$C_a=\frac{\varepsilon_r\varepsilon_0 A}{d} \tag{4-14}$$

式中,A——压电片的面积;

d——压电片的厚度;

ε_r——压电材料的相对介电常数;

ε_0——真空的介电常数,$\varepsilon_0=8.85\times10^{-12}$ F/m。

因此,压电式传感器可以等效为一个与电容 C_a 串联的电压源。如图 4-20(a)所示,电容器上的电压 U_a、电荷量 q 和电容量 C_a 三者之间的关系为 $U_a=\frac{q}{C_a}$。

压电式传感器也可以等效为一个电荷源,如图 4-20(b)所示。

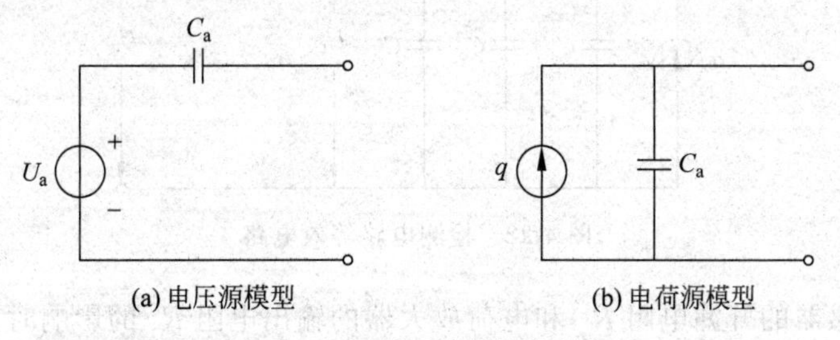

图 4-20　压电元件的等效电路

2）压电式传感器的等效电路

当压电式传感器接入测量仪器或测量电路后,必须考虑后续测量电路的输入电容 C_i,连接电缆的寄生等效电容 C_c,以及后续电路(如放大器)的输入电阻 R_i 和压电式传感器自

身的泄漏电阻 R_a。因此,实际压电式传感器在测量系统中的等效电路如图 4-21 所示。

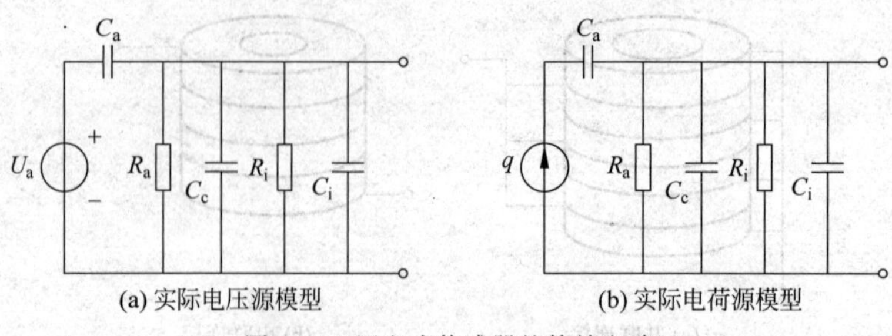

图 4-21 压电式传感器的等效电路

3）压电式传感器的测量电路

由于压电式传感器输出信号很小,本身的内阻抗很大,输出阻抗很高,因此给它的后续测量电路提出了较高的要求。为了解决这一矛盾,通常需要在传感器的输出端接入一个高输入阻抗的前置放大器。经过阻抗变换后再送入普通的放大器进行放大、减波等处理。前置放大器的作用,一方面,把传感器的高输出阻抗变换为低输出阻抗;另一方面,是放大传感器输出的微弱信号。压电式传感器的输出可以是电压信号,也可以是电荷信号,因此,前置放大器也有两种形式,即电压放大器和电荷放大器。

从实际压电式传感器在测量系统中的等效电路可以看出,如果使用电压放大器,其输出电压与电容 $C=C_a+C_i+C_c$ 密切相关,虽然 C_a 和 C_i 都很小,但 C_c 会随连接电缆的长度与形状而变化,从而给测量带来不稳定因素,影响传感器的灵敏度。因此,现在通常采用性能较稳定的电荷放大器。图 4-22 所示的是压电式传感器与电荷放大器组成的检测电路的等效电路。

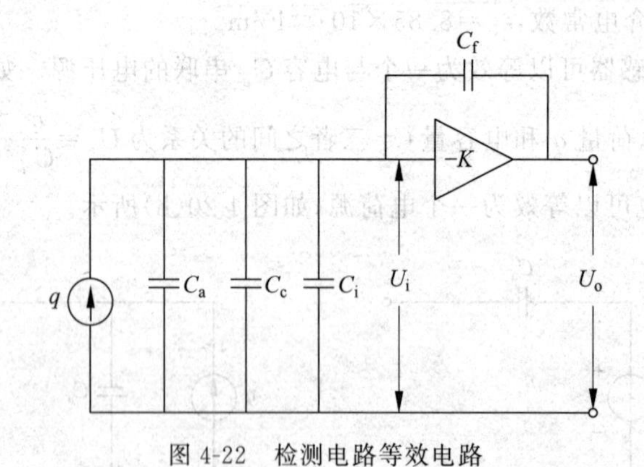

图 4-22 检测电路等效电路

当略去传感器的开漏电阻 R_a 和电荷放大器的输出电阻 R_i 的影响时,有

$$q \approx U_i(C_a+C_c+C_i)+(U_i-U_o)C_f=U_iC+(U_i-U_o)C_f \tag{4-15}$$

由运算放大器基本特性:$U_o=-KU_i$,可求出电荷放大器的输出电压为

$$U_o=\frac{-Kq}{C_a+C_c+C_i+(1+k)C_f} \tag{4-16}$$

通常 $K=10000\sim10000000$,因此,当满足 $(1+K)C_f \gg C_a+C_c+C_i$ 时,上式可简化为

$$U_o \approx -\frac{q}{C_f} \tag{4-17}$$

可见，在一定条件下，电荷放大器的输出电压 U_o 仅取决于输入电荷与反馈电容 C_f，与电缆电容 C_c 无关，且与电荷 q 成正比，这是电荷放大器的最大特点。为了得到必要的测量精度，要求反馈电容 C_f 的温度和时间稳定性都很好。在实际电路中，考虑到不同的量程等因素，C_f 的容量一般可选择，范围为 102～104pF。如果将 C_f 选择为一个高精度、高稳定性的电容，则输出电压将仅仅取决于电荷量 q 的大小。

4.2.3 压电式传感器的实际应用

图 4-23 是压电式单向测力传感器的结构图，主要由石英晶片、绝缘套、电极、上盖及基座等组成。

传感器上盖为传力元件，它的外缘壁厚为 0.1～0.5mm，当外力作用时，会产生弹性变形，将力传递到石英晶片上。石英晶片采用 xy 切型，利用其纵向压电效应，通过 d_{11} 实现力-电转换。石英晶片的尺寸为 $\phi 8 \times 1$mm。该传感器的测力范围为 0～50N，最小分辨率为 0.01N，固有频率为 50～60kHz，整个传感器重 10g。

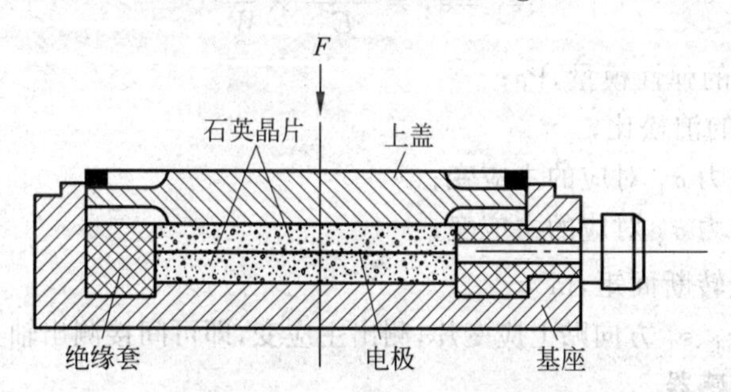

图 4-23 压力式单向测力传感器结构

4.2.4 其他测力传感器

1. 压磁式力传感器

某些铁磁物质在外界机械力的作用下，其内部会产生机械应力，从而引起磁导率的改变，这种现象称为压磁效应。相反，某些铁磁物质在外界磁场的作用下会产生变形，有些伸长，有些则压缩，这种现象称为磁致伸缩。

当某些材料受拉时，在受力方向上的磁导率增高，而在与作用力垂直的方向上磁导率降低，这种现象称为正磁致伸缩；反之称为负磁致伸缩。

铁磁材料的压磁应变灵敏度表示方法与应变灵敏度系数表示方法相似，即

$$S = \frac{\varepsilon_\mu}{\varepsilon_I} = \frac{\Delta\mu/\mu}{\Delta I/I} \tag{4-18}$$

式中，ε_μ——磁导率的相对变化，$\varepsilon_\mu = \Delta\mu/\mu$；

ε_I——在机械力的作用下铁磁物质的相对变形，$\varepsilon_I = \Delta I/I$。

压磁应力灵敏度同样定义为：单位机械应力 σ 所引起的磁导率相对变化，即

$$S_{\sigma}=\frac{\Delta\mu/\mu}{\sigma} \tag{4-19}$$

利用上述关系可以做成压磁传感器。

2. 电阻应变式扭矩传感器

使物体转动的力偶或力矩，简称转矩，因为它可使物体产生某种程度的扭转变形，所以又称为扭转力矩，简称扭矩，单位为 N·m。若转轴的尺寸、材料确定，则转轴的切应变（应力）和两端面的相对转角只与轴上所承受的扭转有关且成正比，通常扭矩测量方法正是基于这种关系。用各种传感器将转轴的切应变或两端面的相对转角变换为电量，再经测量电路进一步变换，实现对扭矩的测量。常见的扭矩测量方法分为应变式及相对转角式。

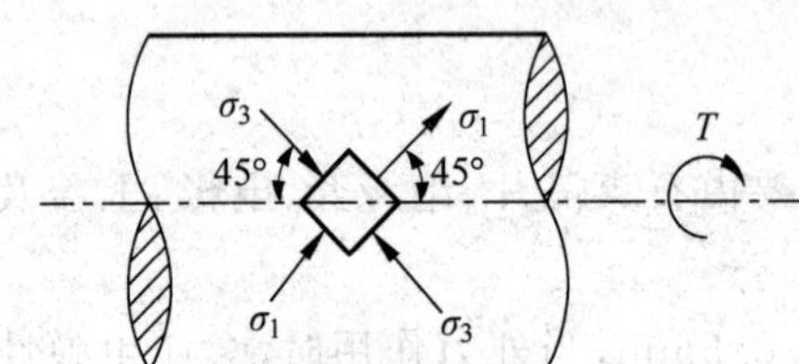

图 4-24 轴表面应力应变

由材料力学理论分析可知，轴体在扭矩 T 作用下，表面沿着与轴成 45°和 135°斜角方向产生主应力，如图 4-24 所示，主应力所对应的主应变分别为

$$\varepsilon_1=\varepsilon_3=\frac{1-\mu}{E}\times\frac{T}{W} \tag{4-20}$$

式中，E——轴材料的弹性模量，Pa；

μ——轴材料的泊松比；

ε_1——与主应力 σ_1 对应的主应变；

ε_3——与主应力 σ_3 对应的主应变；

W——轴的扭转断面矩，m^3。

如果在主应变 ε_1、ε_3 方向贴上应变片，测出主应变，即可间接测出轴上所受的扭矩 T。

3. 霍尔微压传感器

工程中液体、气体等介质垂直作用于单位面积上的力称为压力，用 P 表示，其计算公式如下：

$$P=\frac{F}{S} \tag{4-21}$$

式中，F——垂直作用在面积 S 上的力，N。

把作用在单位面积上的全部压力称为绝对压力 $P_{绝}$，把测量仪表指示的压力称为表压力 P，当绝对压力高于大气压力 P_0 时称为正压力，绝对压力低于大气压力 P_0 时称为负压或真空度 P_f，它们之间的关系为

$$\begin{cases}P_{绝}=P_0+P\\P=P_{绝}-P_0(P_{绝}>P_0)\\P_f=P_0-P_{绝}(P_0>P_{绝})\end{cases} \tag{4-22}$$

在 ISO 国际单位制中，压力单位为帕（Pa，$1Pa=1N/m^2$）。

霍尔式压力传感器的结构原理如图 4-25 所示。波登管在压力的作用下其末端产生位移带动了霍尔元件在均匀梯度的磁场中运动，当霍尔元件通过恒定电流时，产生与被测压力成正比的霍尔电动势，完成压力至电量的变换。

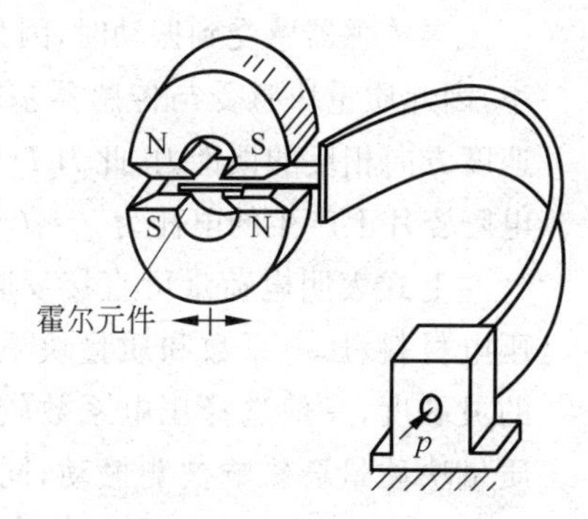

图 4-25　霍尔式压力传感器的结构原理

4. 电感式压力传感器

电感式压力传感器(见图 4-26)是将压力转换成电感变化,通过测量电路再将电感变化转换成电量实现压力测量。

5. 压电式流量计

利用超声波在顺流方向和逆流方向的传播速度进行测量。其测量装置是在管外设置两个相隔一定距离的收发两用压电超声换能器,每隔一段时间(如 0.01s),发射和接收互换一次,如图 4-27 所示。在顺流和逆流的情况下,发射和接收的相位差与流速成正比。根据这个关系可精确测定流速。流速与管道横截面积的乘积等于流量。此流量计可测量各种液体的流速,中压和低压气体的流速,不受该流体的导电率、黏度、密度、腐蚀性及成分的影响,其准确度可达 0.5%,有的可达到 0.01%。

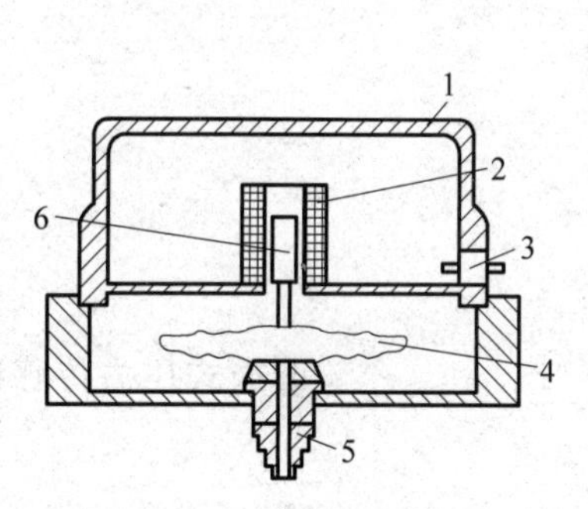

图 4-26　电感式压力传感器

1—罩壳;2—差动变压器;3—插座;4—膜盒;5—接头;6—衔铁

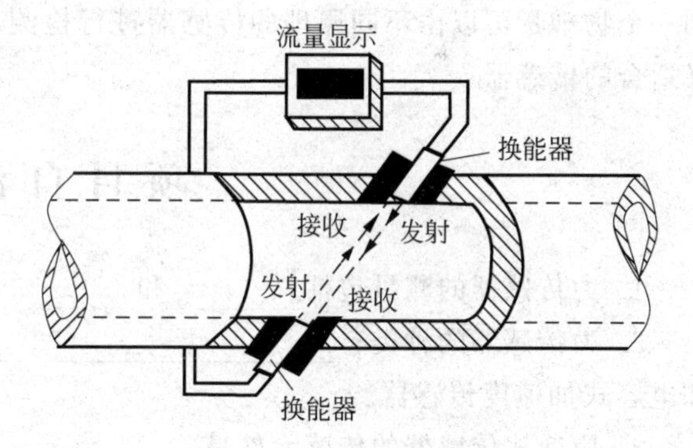

图 4-27　压电式流量计

6. 压电式加速度传感器

压电式加速度传感器的结构一般有纵向效应型、横向效应型和剪切效应型三种。纵向效应是最常见的,如图 4-28 所示。压电陶瓷 4 和质量块 2 为环形,通过螺母 3 对质量块预先加载,使之压紧在压电陶瓷上。测量时将传感器基座 5 与被测对象牢牢地紧固在一起。输出信号由电极 1 引出。

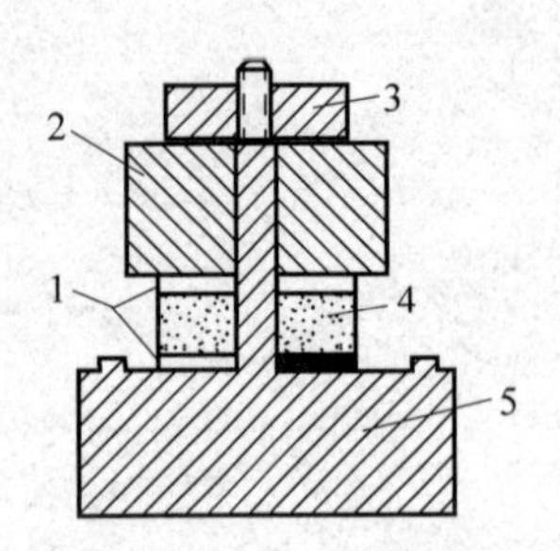

图 4-28　压电式加速度传感器截面

1—电极；2—质量块；3—螺母；4—压电陶瓷；5—传感器基座

当传感器感受到振动时，因为质量块相对被测体质量较小，因此质量块感受与传感器基座相同的振动，并受到与加速度方向相反的惯性力，此力 $F=ma$，同时惯性力作用在压电陶瓷片上产生的电荷为 $q=d_{33}F=d_{33}ma$。

上式表明电荷量可直接反映加速度大小，其灵敏度与压电材料、压电系数和质量块质量有关。为了提高传感器的灵敏度，一般选择压电系数较大的压电陶瓷片。若增加质量块质量会影响被测振动，同时会降低振动系统的固有频率，因此一般不用增加质量的方法提高传感器的灵敏度。此外用增加压电片数目和采用合理的连接方法也可提高传感器的灵敏度。

项目总结

只要能使物体的运动状态或物体所具有的动量发生改变而获得加速度或者使物体发生变形的作用，都称为力。按照力产生原因的不同，可以把力分为重力、弹性力、惯性力、膨胀力、摩擦力、浮力、电磁力等。本项目对电阻应变式传感器和压电式传感器的工作原理进行了详细介绍，分析了几个力的测量电路的优缺点。除本项目介绍的两类力传感器以外，还有一些力传感器，例如，电感式压力传感器、压磁式压力传感器、霍尔微压式压力传感器等，这些传感器在项目中也简要提及，其工作原理将在相应章节中进行详细介绍。同一个物理量可以由不同原理的传感器进行检测，应根据使用需求和应用场景的不同选择适合的传感器。

项目自测

1. 力传感器的测量包括________和________。

2. 力传感器的种类有________、________、________、________、谐振式压力传感器和电容式加速度传感器。

3. 应变式传感器的传感元件是________。

4. 应变效应是指受外力发生机械形变导致其________变化。

5. 电阻应变片应用最多的是________、________。

6. 金属电阻应变片内部由________、________、________等组成。

7. 在传感器中，弹性元件的作用是什么？应用在哪里？

8. 为什么应变式传感器大多采用不平衡电桥作为测量电路？简述单臂、双臂和全测量电路的异同点。

9. 为什么压电式传感器只适用于动态测量而不能用于静态测量？

10. 压电式传感器测量电路的作用是什么？

项目5 位移的测量

【项目导读】

位移可分为线位移和角位移两种，测量位移常用的方法有机械法、光测法、电测法。本项目主要介绍电测法常用的传感器。

电测法是利用各种传感器将位移量转化成电量或电参数，经后接测量仪器进一步变换完成对位移检测的一种方法。位移测试系统与其他电测系统一样，由传感器、变换器、显示器装置(或记录仪器)三部分组成。测量位移常用的传感器有电阻式、电容式、涡流式、压电式、感应同步器式、磁栅式、光电式等。

任务5.1 参量型位移传感器

知识目标：

- 掌握位移测量传感器的特点、组成及功能。
- 掌握位移测量传感器的测量原理。

技能目标：

- 掌握参量型位移传感器的工作原理、使用方法，能根据要求选用和使用常用的检测仪表与参量型传感器。
- 掌握参量型传感器的特点、组成及功能。
- 掌握参量型传感器的测量原理。
- 熟练使用传感器测量物理参数。
- 理解传感器基本测量电路。

素养目标：

- 在测量过程中与小组人员合作、交流，培养团队合作意识，增强沟通能力。
- 养成规范测量，合理使用测量仪器的习惯。
- 能够分析数据，撰写规范的实训报告。

建议课时：

12学时。

5.1.1 认识参量型位移传感器

参量型位移传感器的工作原理是将被测物理量转化为电参数，即电阻、电容、电感等。

1. 电阻式位移传感器

电阻式位移传感器的测量原理：被测的非电量→ΔR→电量输出。

设有一根长度为 L，截面积为 A，电阻率为 ρ 的金属丝，则它的电阻值 R 为

$$R = \rho \frac{L}{A} \tag{5-1}$$

如果 L、A、ρ 发生变化，则 R 也随之发生变化，从而构成不同的电阻传感器，具体如下。

(1) 长度 L 发生变化：电位器式位移传感器。

(2) 截面积 A、长度 L 发生变化：电阻应变式位移传感器。

(3) 电阻率 ρ 发生变化：热敏电阻、光导性检测器等。

下面详细介绍电位器式位移传感器和电阻应变式位移传感器。

1) 电位器式位移传感器

电位器式位移传感器通过滑动触点把位移转换为电阻丝的长度变化，从而改变电阻值的大小，进而再将这种变化值转换成电压或电流的变化值。

电位器式位移传感器分为直线位移型、角位移型和非线性位移型等，如图 5-1 所示。

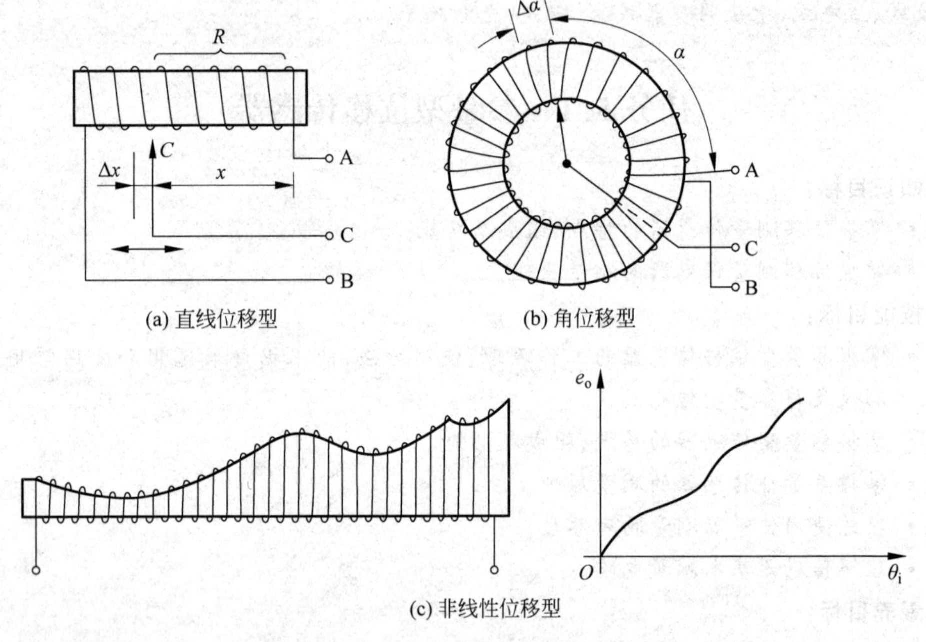

图 5-1 电位器式位移传感器类型

2) 电阻应变式位移传感器

电阻应变式位移传感器将被测位移引起的应变元件产生的应变经后续电路变换成电信号输出，从而测出被测位移。电阻应变式位移传感器如图 5-2 所示。

当被测物体产生位移时，悬臂梁随之产生相应的挠度，因此悬臂梁上粘贴的应变片随之发生改变。在小挠度的情况下，挠度与应变成正比。将应变片接入桥路，输出与位移量成正比的电压或电流信号。

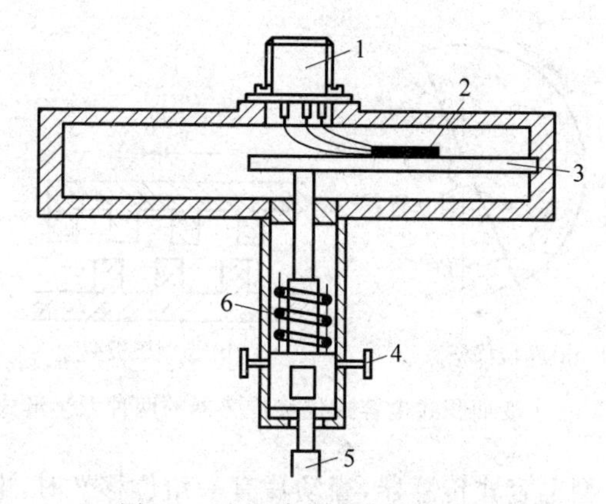

图 5-2　电阻应变式位移传感器

1—引出导线插头座；2—应变片；3—等宽悬臂梁；4—调整螺钉；5—触点；6—弹簧

2. 电容式位移传感器

电容式位移传感器是被测量位移转换为电容量变化的一种传感器，如图 5-3 所示。其工作原理是：设两极板相互覆盖的有效面积为 A，两极板间的距离为 d，极板间介质的介电常数为 ε，在忽略极板边缘影响的情况下，平板电容器的电容 C 为

$$C=\frac{\varepsilon A}{d} \tag{5-2}$$

下面介绍三种电容式位移传感器。

1）变面积式电容式位移传感器

图 5-4 所示为变面积式电容式位移传感器。

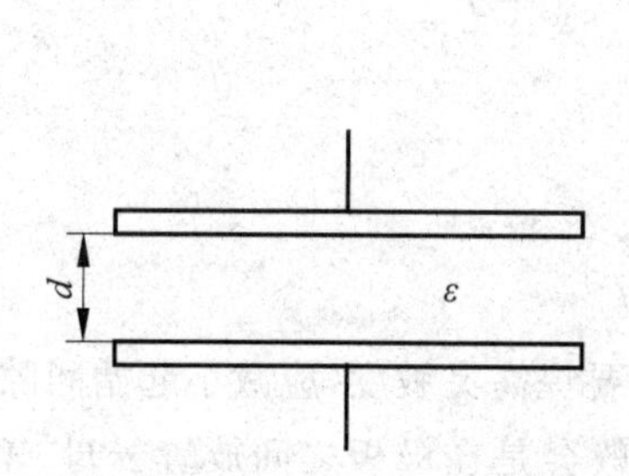

图 5-3　电容式位移传感器简图

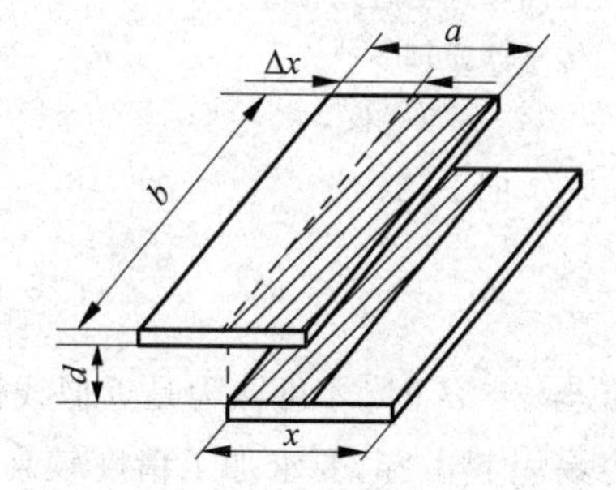

图 5-4　变面积式电容式位移传感器

当动极板移动 Δx 后，覆盖面积发生了变化，电容也随之发生了变化，其值为

$$C=\frac{\varepsilon b(a-\Delta x)}{d}=C_0-\frac{\varepsilon b}{d}\Delta x \tag{5-3}$$

$$\Delta C=C-C_0=-\frac{\varepsilon b}{d}\Delta x=-C_0\ \frac{\Delta x}{a} \tag{5-4}$$

$$K=\frac{\Delta C}{\Delta X}=-\frac{\varepsilon b}{d} \tag{5-5}$$

图 5-5 是变面积式电容式位移传感器的两种派生形式。

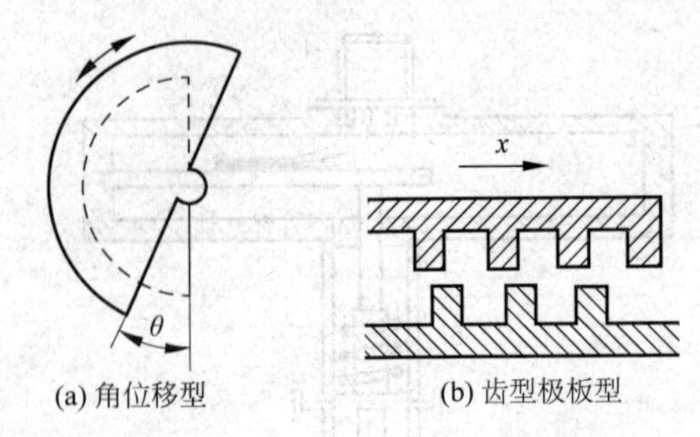

图 5-5　变面积式电容式位移传感器的两种派生形式

图 5-5(a)是角位移型电容式传感器，当动片有一角位移 θ 时，电容为

$$C_\theta = \frac{\varepsilon A\left(1-\frac{\theta}{\pi}\right)}{d} = C_0 - C_0\,\frac{\theta}{\pi} \tag{5-6}$$

图 5-5(b)极板采用了齿形板，其目的是增加覆盖面积，提高灵敏度。

2）变间隙式电容式位移传感器

图 5-6 所示为变间隙式电容式位移传感器的原理图。

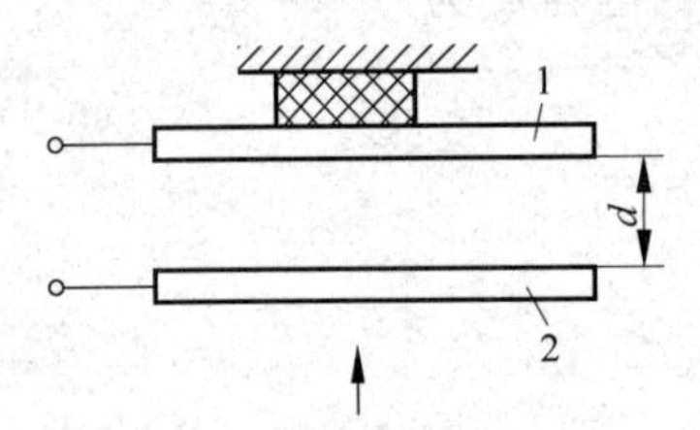

图 5-6　变间隙式电容式位移传感器原理

1,2—活动极板

当活动极板 1 和 2 因被测参数的改变而引起移动时，两极板间的距离 d 发生变化，从而改变两极板之间的电容 C。设极板面积为 A，其静态电容为 $C_0=\varepsilon A/d$，当活动极板移动 x 时，其电容量为

$$C = \frac{\varepsilon A}{d-x} = C_0\,\frac{1+\frac{x}{d}}{1-\frac{x^2}{d^2}} \tag{5-7}$$

当 $x \ll d$ 时，

$$C = C_0\left(1+\frac{x}{d}\right) \tag{5-8}$$

只有当 $x \ll d$ 时，才可认为是近似线性关系。要提高灵敏度，应减小起始间隙 d，但 d 过小又容易引起击穿，要求加工精度较高，所以一般会是在极板之间放置云母、塑料膜等介电常数较高的物质。

3）变介电常数式电容式位移传感器

当电容式位移传感器中的电介质发生改变时，其介电常数也会变化，从而引起电容量发生变化，图 5-7 为介质面积变化的电容式位移传感器。常见的结构形式有平板形和圆柱形。

由图 5-7 可知，此时传感器电容量为

$$C = C_A + C_B \tag{5-9}$$

式中，$C_A = \dfrac{bx}{\dfrac{d_1}{\varepsilon_1}+\dfrac{d_2}{\varepsilon_2}}$、$C_B = \dfrac{b(l-x)}{\dfrac{d_1+d_2}{\varepsilon_1}}$，其中 b 为极板的宽度。

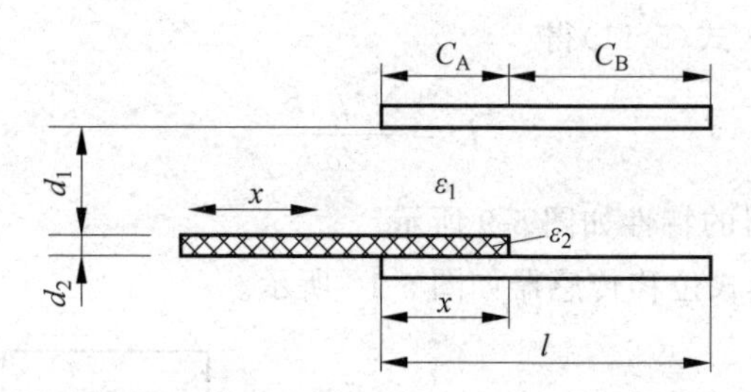

图 5-7 介质面积变化的电容式位移传感器

设极板间无介电常数为 ε_2 的介质时，电容为 $C_0=\dfrac{\varepsilon_1 bl}{d_1+d_2}$，当介电常数为 ε_2 的介质插入两极板时有

$$C=C_A+C_B=C_0+C_0\frac{x}{l}\times\frac{1-\dfrac{\varepsilon_1}{\varepsilon_2}}{\dfrac{d_1}{d_2}+\dfrac{\varepsilon_1}{\varepsilon_2}} \tag{5-10}$$

3. 电感式位移传感器

电感式位移传感器是利用线圈自感或互感的变化实现测量的一种装置。

电感式位移传感器的核心部分是可变自感或可变互感。在将被测量变化转换成线圈自感或线圈互感的变化时，一般要利用磁场作为媒介或利用铁磁体的某些现象。这类位移传感器的主要特征是具有电感绕组。

电感式位移传感器具有以下优点：结构简单可靠、输出功率大、输出阻抗小、抗干扰能力强、对工作环境要求不高、分辨率较高（如在测量长度时一般可达 0.01μm）、示值误差一般为示值范围的 0.1%～0.5%、稳定性好。它的缺点是频率响应低，不宜用于快速测量。

1）自感式电感式位移传感器

自感式电感式位移传感器的工作原理如图 5-8 所示。

设线圈的匝数为 N，通入线圈中的电流为 I，每匝线圈产生的磁通为 Φ，由电感定义有

$$L=\frac{N\Phi}{I} \tag{5-11}$$

设磁路总磁阻为 R_M，磁通为

$$\Phi=\frac{NI}{R_M} \tag{5-12}$$

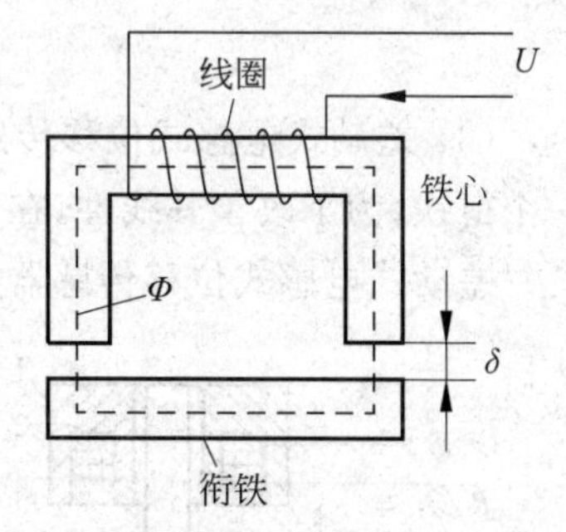

图 5-8 自感式电感式位移传感器的工作原理

由图 5-8 可知，磁路的总磁阻 R_M 是由铁心磁阻 R_f 和空气隙磁阻 R_δ 组成的，即有

$$R_M=R_\delta+R_f=\frac{2\delta}{\mu_0 S}+\sum_{i=1}^{n}\frac{l_i}{\mu_i S_i} \tag{5-13}$$

因为一般导磁体的磁阻与空气隙的磁阻相比是很小的，计算时可以忽略不计，将

式(5-12)、式(5-13)代入式(5 11)得

$$L=\frac{N^2\mu_0 S}{2\delta} \tag{5-14}$$

电感式位移传感器的特性如图 5-9 所示。

(1) 变面积型电感式位移传感器如图 5-10 所示。

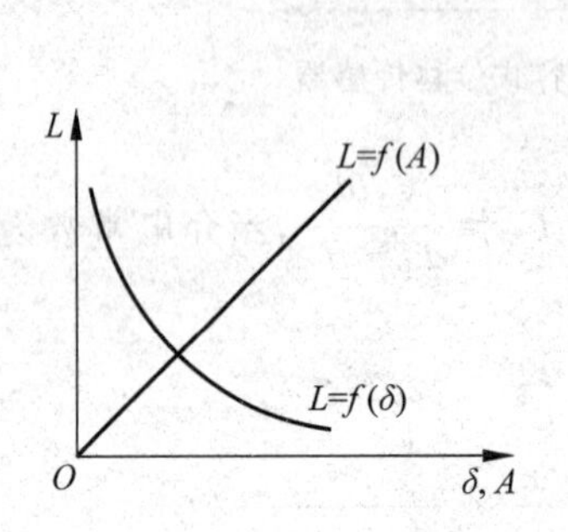

图 5-9 电感式位移传感器特性

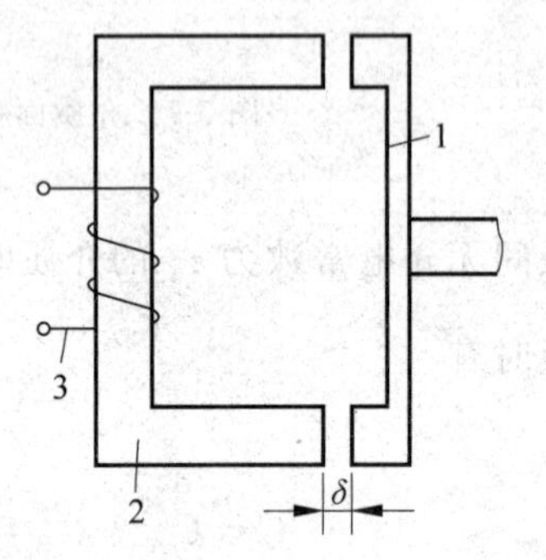

图 5-10 变面积型电感式位移传感器

1—衔铁；2— 铁心；3—线圈

(2) 螺管型电感式位移传感器如图 5-11 所示。

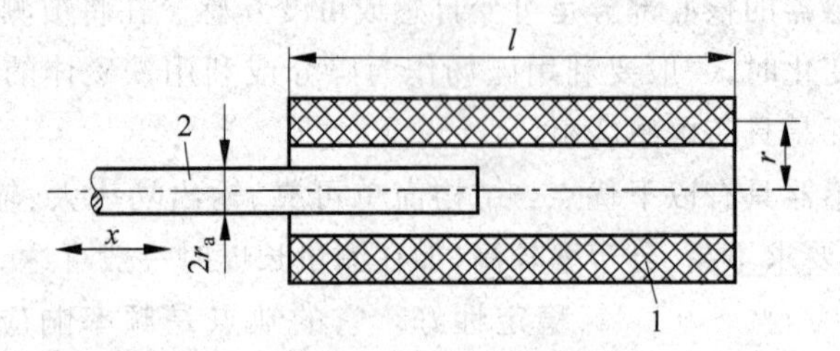

图 5-11 螺管型电感式位移传感器

1—线圈；2—衔铁

(3) 差动式电感式位移传感器。差动式电感式位移传感器的特点是两个线圈共用同一个衔铁，为了改善其线性，在实际中大都采用差动式。

差动式电感式位移传感器类型如图 5-12 所示。

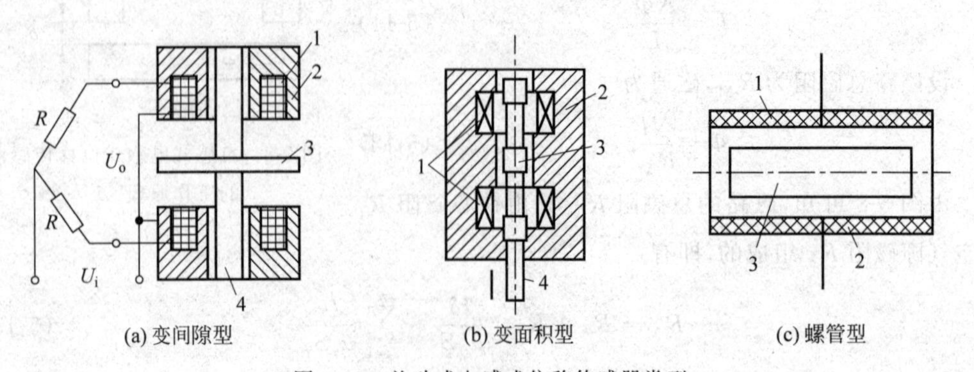

图 5-12 差动式电感式位移传感器类型

1—线圈；2—铁心；3—衔铁；4—导杆

差动式位移传感器与单线圈位移传感器相比具有以下优点。

① 线性好。

② 灵敏度提高一倍，即衔铁位移相同时，输出信号大一倍。

③ 可以使温度变化、电源波动、外界干扰等对传感器的影响相互抵消。

④ 电磁吸力对测力变化的影响由于各因素能够相互抵消而减小。

2）互感式电感式位移传感器（差动变压器式位移传感器）

互感式电感式位移传感器的结构及等效电路如图 5-13 所示。

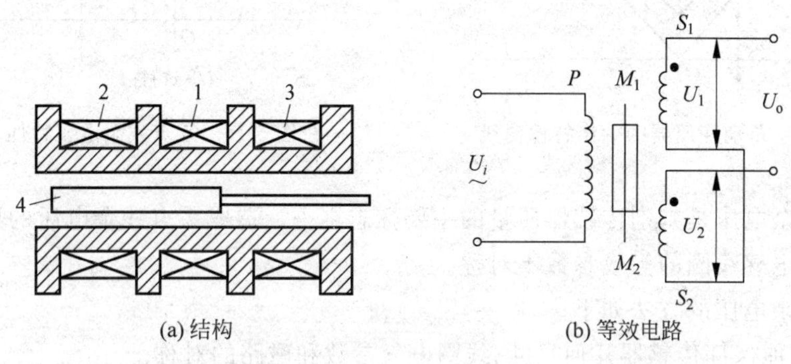

(a) 结构　　(b) 等效电路

图 5-13　互感式电感式位移传感器的结构及等效电路图

1—初级线圈；2,3—次级线圈；4—衔铁

互感式传感器本身是互感系数可变的变压器，当一次侧线圈接入激励电压后，二次侧线圈将产生感应电压输出，互感变化时，输出电压将作相应变化。一般情况下，这种传感器的二次侧线圈有两个，接线方式又是差动的，故常称为差动变压器式传感器。

差动变压器的等效电路如图 5-14 所示。

其电压与电流的关系为

$$\dot{I}=\frac{\dot{U}}{R_1+j\bar{\omega}L_1} \tag{5-15}$$

二次绕组的电流为

$$E_{21}=-j\bar{\omega}M_1\dot{I}_1$$

$$E_{21}=j\bar{\omega}M_2\dot{I}_1 \tag{5-16}$$

二次绕组反向串接后总的输出电动势为

$$E=-j\bar{\omega}(M_1-M_2)\frac{\dot{U}}{R_1+j\bar{\omega}L_1} \tag{5-17}$$

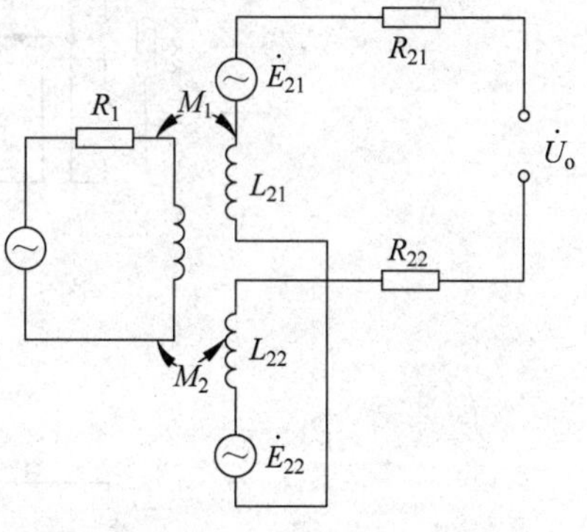

图 5-14　差动变压器的等效电路

其有效值为

$$E_2=\frac{\bar{\omega}(M_1-M_2)U}{\sqrt{R_1^2+(\bar{\omega}L_1)^2}} \tag{5-18}$$

差动变压器的输出特性曲线如图 5-15 所示。

零点残余电压 U_o 的特性如图 5-16 所示，其表达式为

$$U_o = \frac{\bar{\omega}(M_2 - M_1)U}{\sqrt{R_1^2 + (\bar{\omega}L_1)^2}} \tag{5-19}$$

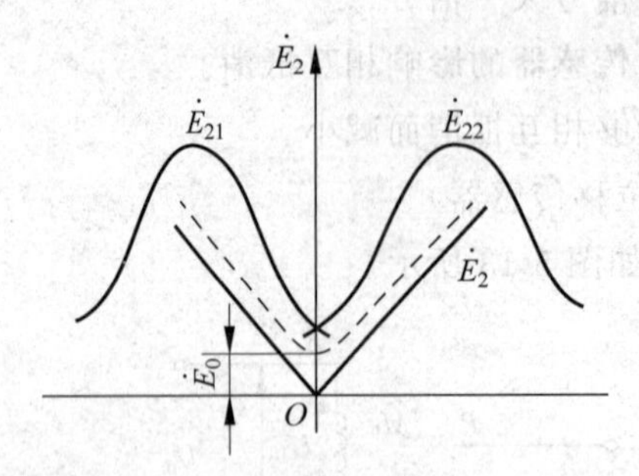

图 5-15 差动变压器的输出特性曲线

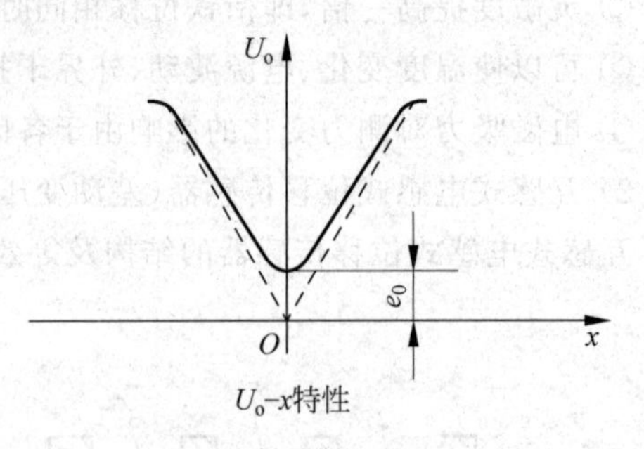

图 5-16 零点残余电压特性

零点残余电压是判别传感器质量的主要标志之一。造成零点残余电压的原因总的来说是因为两电感线圈的等效参数不对称。

减小残余电压的方法如下。

① 尽可能保证传感器几何尺寸、线圈电气参数和磁路的对称。

② 选用合适的测量电路。

③ 采用补偿线路减小零点残余电压。

减小零位输出的补偿电路如图 5-17 和图 5-18 所示。

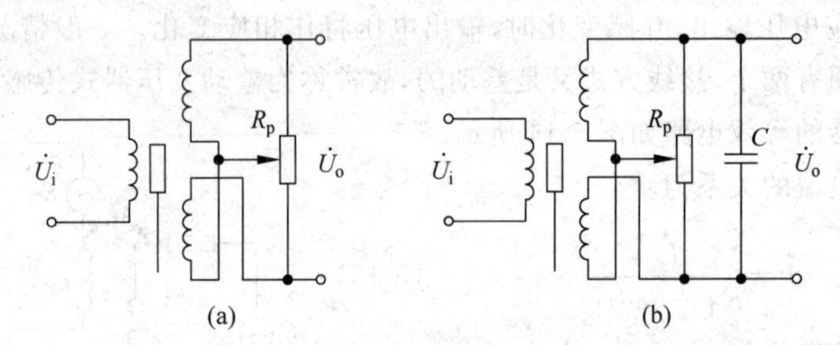

图 5-17 减小零位输出的补偿电路 1

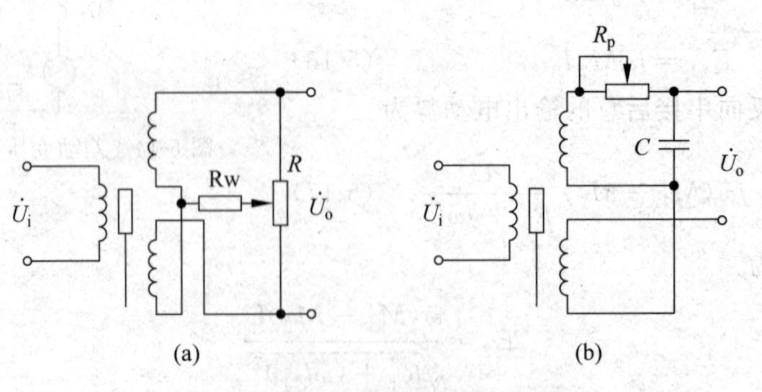

图 5-18 减小零位输出的补偿电路 2

差动变压器的结构类型如图 5-19 所示。

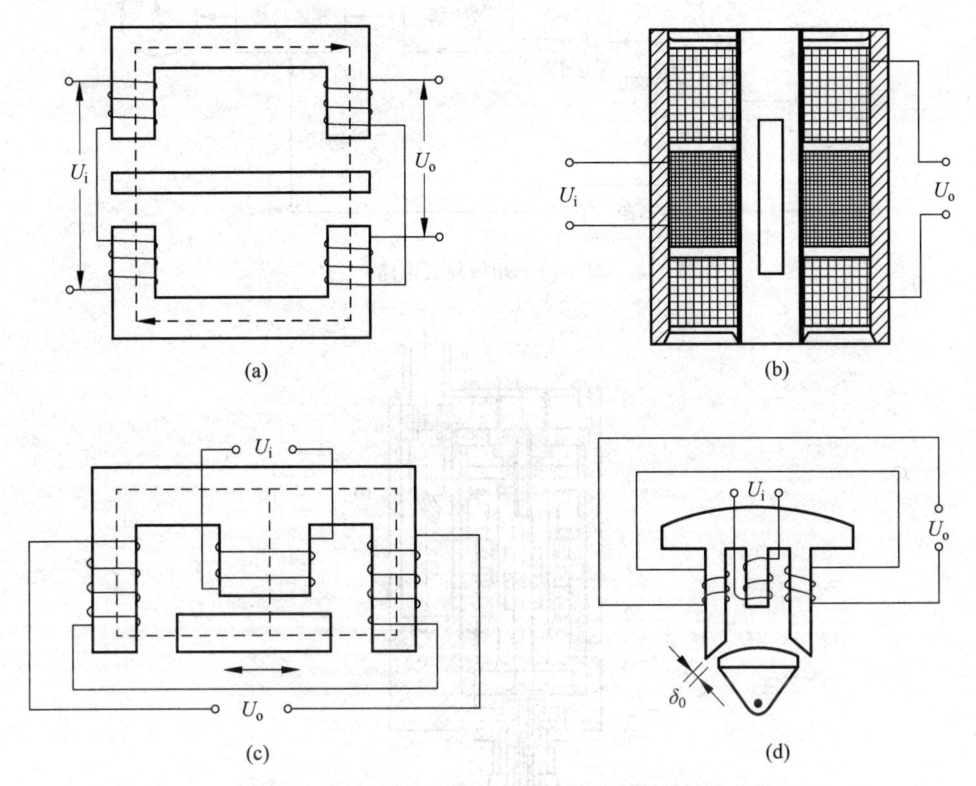

图 5-19 差动变压器的结构类型

差动变压器优缺点如下。

① 优点：不存在机械过载，对温度变化不敏感，适合在现场使用。

② 缺点：不适宜高频动态测量。

差动变压器的测量电路分差动整流电路（见图 5-20）和相敏检波电路（见图 5-21）两类。

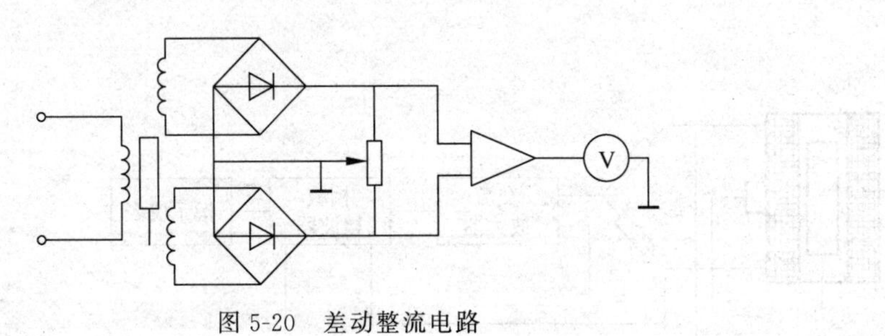

图 5-20 差动整流电路

小位移用差动变压器式传感器结构图如图 5-22 所示。

电感测微仪的原理框图如图 5-23 所示。

3）电涡流式电感式位移传感器

电涡流式电感式位移传感器工作原理：当金属导体置于变化着的磁场中，导体内就会

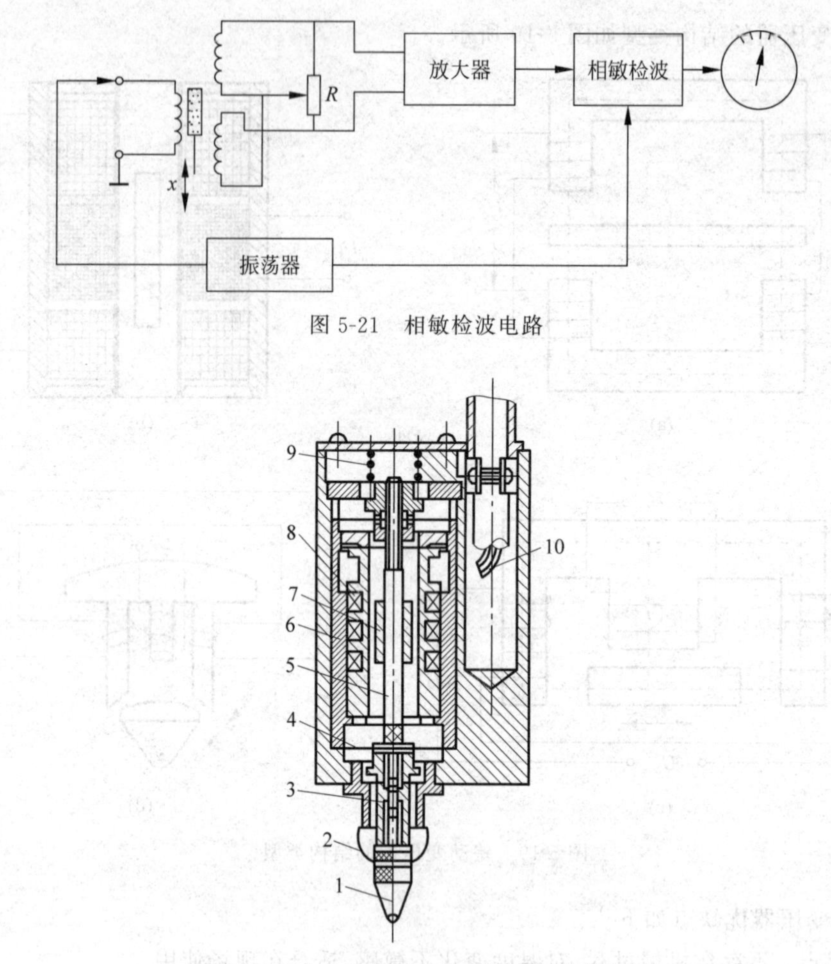

图 5-21 相敏检波电路

图 5-22 小位移用差动变压器式传感器结构

1—测头；2—防尘罩；3—轴套；4—圆片弹簧；5—测杆；6—磁筒；7—活动衔铁；8—线圈架；9—弹簧；10—导线

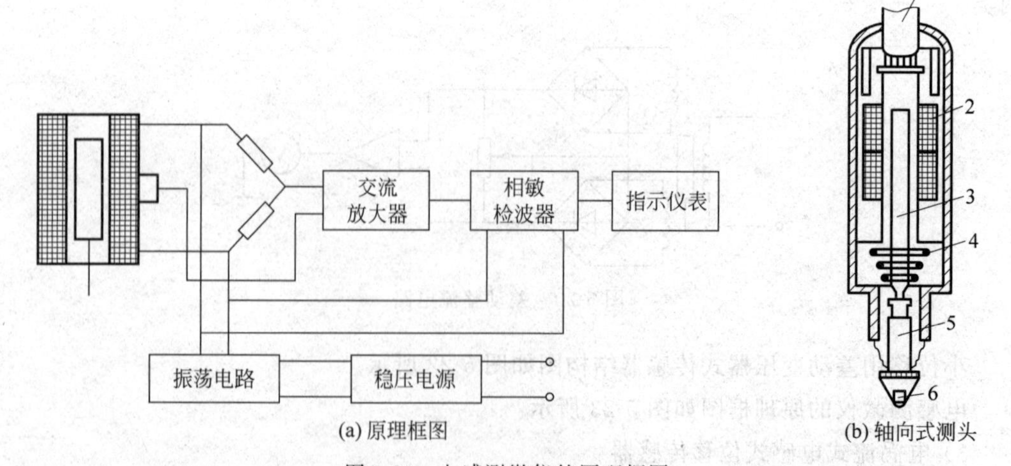

(a) 原理框图　(b) 轴向式测头

图 5-23 电感测微仪的原理框图

1—引线；2—线圈；3—衔铁；4—测力弹簧；5—导杆；6—测端

产生感应电流，这种电流像水中旋涡那样在导体内转圈，因此称为电涡流或涡流，这种现象就称为涡流效应。电涡流式电感式位移传感器就是在这种涡流效应的原理上建立起来的。

要形成涡流必须具备以下两个条件。

① 存在交变磁场。

② 导电体处于交变磁场中。

电涡流式电感式位移传感器主要由产生交变磁场的通电线圈和置于线圈附近因而处于交变磁场中的金属导体两部分组成。

涡流作用原理如图 5-24 所示。

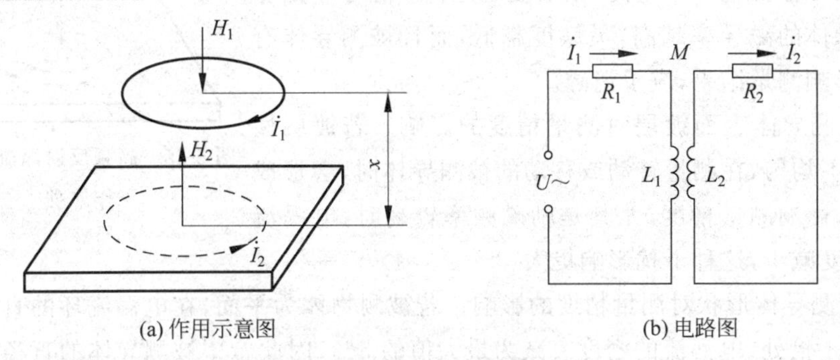

图 5-24 涡流作用原理

电涡流式电感式位移传感器的应用大致有以下四个方面。

① 利用位移 x 作为变换量，可以做成测量位移、厚度、振幅、振摆、转速等的传感器，也可做成接近开关、计数器等。

② 利用材料电阻率 ρ 作为变换量，可以做成测量温度、材质判别等的传感器。

③ 利用磁导率 μ 作为变换量，可以做成测量应力、硬度等的传感器。

④ 利用变换量 x、ρ、μ 等的综合影响，可以做成探伤装置等。

电涡流式电感式位移传感器可以对振动、位移、厚度、转速、温度和硬度等参数实现非接触式测量，还可以进行无损探伤，具有结构简单、频率响应宽、灵敏度高、测量线性范围大、体积小等优点。

电涡流式传感器在金属导体上产生的涡流，其渗透深度与传感器线圈的励磁电流的频率有关。电涡流式传感器主要分为高频反射和低频透射两类，本书主要介绍前者。

(1) 高频反射涡流传感器工作原理。高频反射涡流传感器的工作原理如图 5-25 所示。

如图 5-25 所示，一个通有正弦交变电流的传感器线圈，由于电流的变化在线圈周围产生一个正弦交变磁场 H_1。当被测导体置于该磁场内时，被测导体内产生电涡流，电涡流也将产生交变磁场 H_2，H_2 的方向与 H_1 的方向相反。由于磁场 H_2 的反作用抵消了部分原磁场，从而导致线圈的电感量、阻抗和品质因数发生变化。

根据电磁场的理论，涡流的大小与导体的电阻率、磁导率、导体厚度、线圈与导体之间的距离、线圈的激磁频率等参数有关。如果只有上述中的一个参数改变，其余皆不变，就可以构成测量该参数的传感器。改变线圈和导体之间的距离，可以做成测量位移、厚度、振动的传感器；改变导体的电阻率，可以做成测量表面温度、检测材质的传感器；改变导体的磁导率,可以做成测量应力、硬度的传感器;同时改变电阻率和磁导率,可以对导体进行探伤。

(2) 高频反射式涡流传感器的结构特点。电涡流式传感器是利用线圈与被测导体之间的电磁耦合进行工作的,因此被测导体作为“实际传感器”的一部分,其材料的物理性质、尺寸与形状都与传感器特性密切相关。

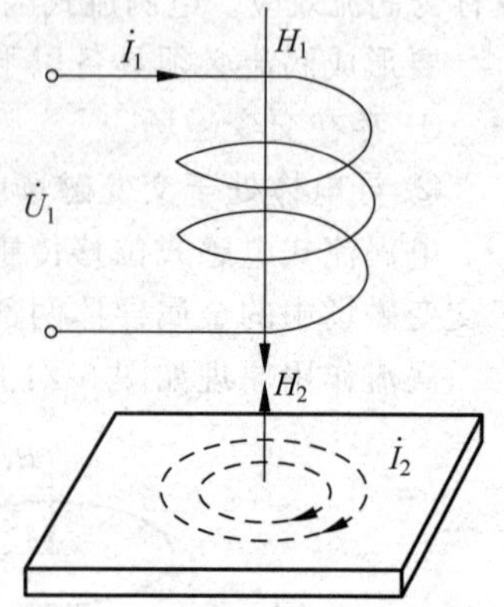

图 5-25 高频反射涡流传感器的工作原理

① 被测导体的电导率、磁导率对传感器的影响。一般来说,被测导体的电导率越高,灵敏度也越高;磁导率则相反,被测导体的磁导率越高,灵敏度越低,而且被测导体有剩磁,会影响测量结果,应予消磁。

② 被测导体表面镀层对测量精度的影响。若镀层性质和厚度不均匀,在测量转动或移动的被测导体时,会形成干扰信号,影响测量精度,尤其是励磁频率较高时,电涡流的贯穿深度减小,这种干扰影响更大。

③ 被测导体形状对测量精度的影响。若被测物体为平面,在电涡流环的直径为线圈直径的 1.8 倍处,电涡流的密度衰减为最大值的 5%,因此希望被测导体的直径不小于线圈直径的 1.8 倍。当被测导体的直径为线圈直径的一半时,灵敏度将减小一半,被测物体直径更小时,灵敏度则显著下降。

被测导体为圆柱体时,当它的直径为传感器线圈直径的 3.5 倍以上时,不影响测量精度,二者相等时,灵敏度降低至 70%。

被测导体的厚度大于 0.2mm 才可保证测量结果准确。当然厚度的选择也应与励磁频率有关。

常见的 CZF1 型电涡流传感器如图 5-26 所示。

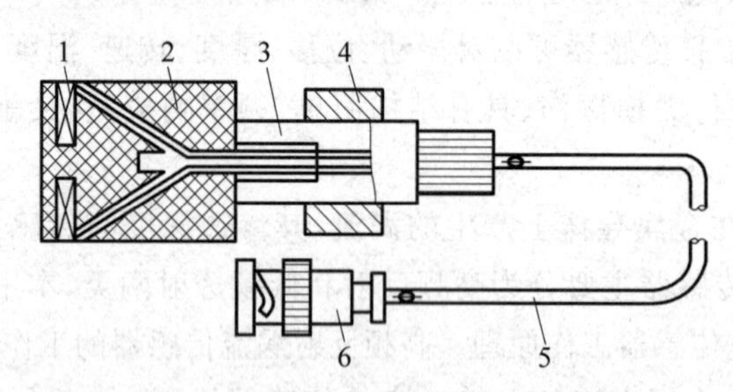

图 5-26 CZF1 型电涡流式传感器

1—线圈;2—框架;3—框架衬套;4—支架;5—电缆;6—插头

(3) 电涡流式传感器的转换电路。当被测对象变化时可引起电涡流式传感器线圈的阻抗、电感 L 和品质因数 Q 发生变化。通过传感器测量就可求出被测量参数的变化。转换电路的作用就是将阻抗、电感 L 或品质因数 Q 的变化转换为电压或电流的变化。阻抗的转换电路一般用电桥,电感的转换电路一般用谐振电路,谐振电路可以通过调幅法或调频法两种找到谐振点,并据此计算出电感值。

① 电桥。电涡流式传感器电桥的结构图如图 5-27 所示。

四个桥臂的阻抗分别为：$Z_1=L_1/\!/C_1$、$Z_2=L_2/\!/C_2$、R_1 和 R_2。初始状态下电桥是平衡的，即 $Z_1R_2=Z_2R_1$，$U_o=0$。当被测物体与线圈耦合时，Z_1、Z_2 发生变化，$U_o\neq0$，由 U_o 的值可求出被测参数的变化量。

② 谐振调幅电路。谐振调幅法的测量原理如图 5-28 所示，它由石英晶体振荡器给并联谐振回路供电，L 是电涡流式传感器线圈。

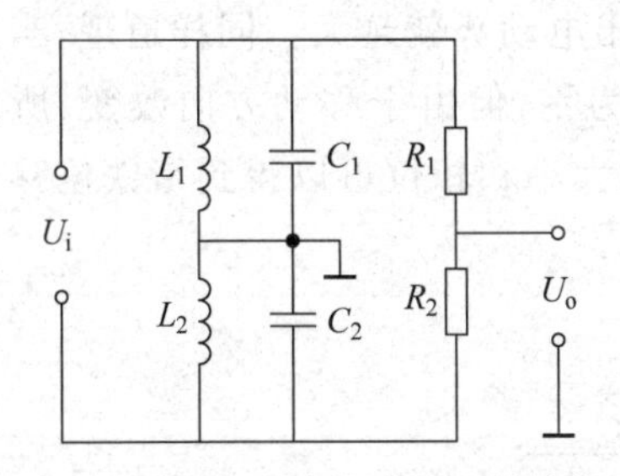

图 5-27 电涡流式传感器电桥结构

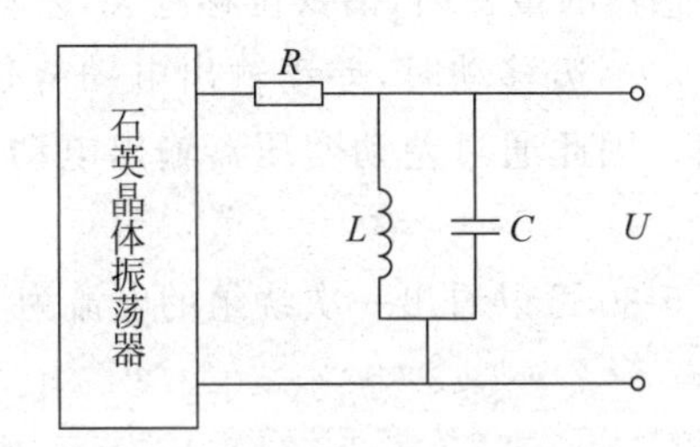

图 5-28 谐振调幅法测量原理

5.1.2 差动变压器的性能实验

1. 实验目的

了解差动变压器的工作原理和特性。

2. 实验介绍

差动变压器的工作原理为电磁互感原理。差动变压器的结构如图 5-29 所示，由一个一次绕组 1 和两个二次绕组 2、3 及一个衔铁 4 组成。差动变压器一、二次绕组间的耦合能随衔铁的移动而变化，即绕组间的互感随被测位移改变而变化。因为把两个二次绕组反向串接(同名端相接)以差动电势输出，所以把这种传感器称为差动变压器式电感传感器，通常简称为差动变压器。

当差动变压器工作在理想情况下(忽略涡流损耗、磁滞损耗和分布电容等影响)，它的等效电路如图 5-30 所示。

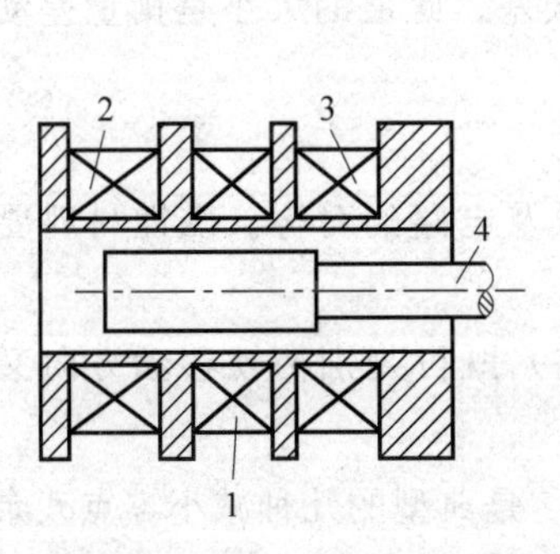

图 5-29 差动变压器的结构

1—一次绕组；2，3—二次绕组；4—衔铁

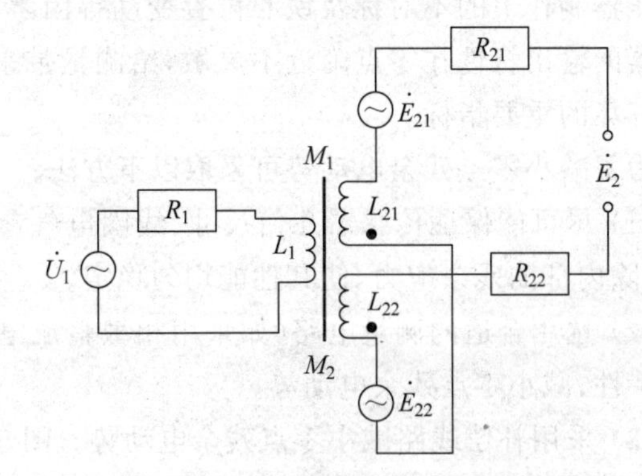

图 5-30 差动变压器的等效电路

图 5-30 中,U_1 为一次绕组励磁电压,M_1、M_2 分别为一次绕组与两个二次绕组间的互感,L_1、R_1 分别为一次绕组的电感和有效电阻,L_{21}、L_{22} 分别为两个二次绕组的电感。R_{21}、R_{22} 分别为两个二次绕组的有效电阻。对于差动变压器,当衔铁处于中间位置时,两个二次绕组互感相同,因此由一次侧励磁引起的感应电动势相同。由于两个二次绕组反向串接,所以差动输出电动势为零。当衔铁移向二次绕组 L_{21} 时,互感 M_1 大,M_2 小,因此二次绕组 L_{21} 内感应电动势大于二次绕组 L_{22} 内感应电动势时,差动输出电动势不为零。在传感器的量程内,衔铁位移越大,差动输出电动势就越大。同样道理,当衔铁向二次绕组 L_{22} 一边移动时,差动输出电动势仍不为零,但由于移动方向改变,所以输出电动势反相。因此通过差动变压器输出电动势的大小和相位可以得到衔铁位移量的大小和方向。

由图 5-30 可以看出一次绕组的电流为

$$\dot{I}_1 = \frac{\dot{U}_1}{R_1 + j\omega L_1} \tag{5-20}$$

二次绕组的感应动势为

$$\dot{E}_{21} = -j\omega M_1 \dot{I}_1, \quad \dot{E}_{22} = -j\omega M_2 \dot{I}_1 \tag{5-21}$$

由于二次绕组反向串接,所以输出总电动势为

$$\dot{E}_2 = -j\omega (M_1 - M_2) \frac{\dot{U}_1}{R_1 + j\omega L_1} \tag{5-22}$$

其有效值为

$$\dot{E}_2 = \frac{\omega (M_1 - M_2) U_1}{\sqrt{R_1^2 + (\omega L_1)^2}} \tag{5-23}$$

差动变压器的输出特性曲线如图 5-31 所示,图中 $\dot{E}_{21}$、$\dot{E}_{22}$ 分别为两个二次绕组的输出感应电动势,$\dot{E}_2$ 为差动输出电动势,x 表示衔铁偏离中心位置的距离。其中 $\dot{E}_2$ 的实线表示理想的输出特性,虚线表示实际的输出特性。$\dot{E}_0$ 为零点残余电动势,这是由于差动变压器制作上的不对称及铁心位置变动等因素所造成的。零点残余电动势的存在,使传感器的输出特性在零点附近不灵敏,给测量带来误差。此值的大小是衡量差动变压器性能好坏的重要指标。

为了减小零点残余电动势可采取以下方法。

(1) 尽可能保证传感器几何尺寸、线圈电气参数及电路的对称。磁性材料要经过处理,消除内部的残余应力,使其性能均匀稳定。

(2) 选用合适的测量电路(如采用相敏整流电路),既可判别衔铁移动方向又可改善输出特性,减小零点残余电动势。

(3) 采用补偿线路减小零点残余电动势。图 5-32 是典型的几种减小零点残余电动势的补偿电路。在差动变压器的线圈中串联、并联适当数值的电阻、电容元件,当调整 W_1、W_2 时,可使零点残余电动势减小。

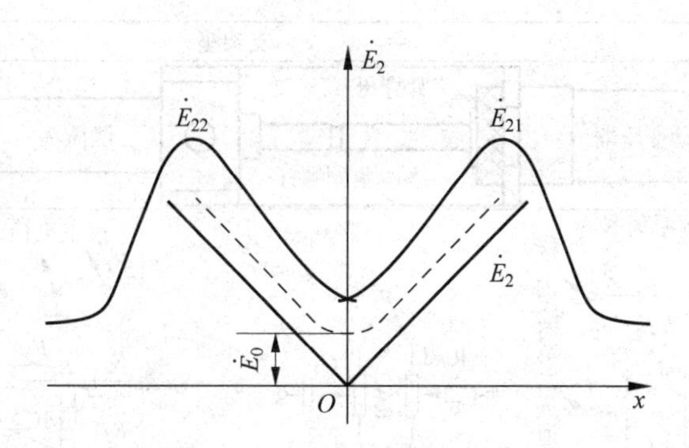

图 5-31　差动变压器的输出特性曲线

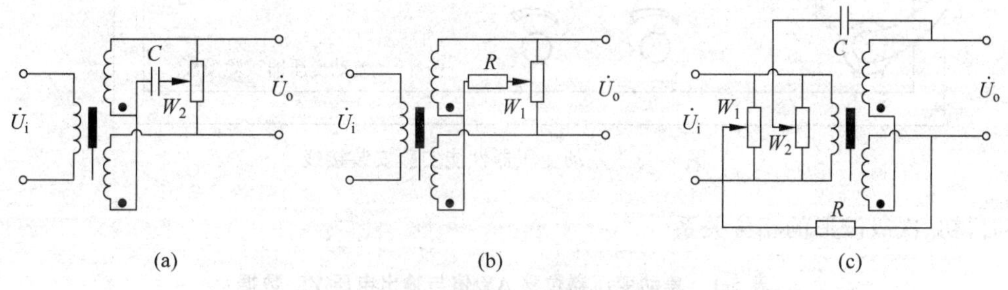

图 5-32　减小零点残余电动势的补偿电路

3. 需用元件与单元

实验使用的元件与单元包括差动变压器实验模块、测微头、紧固螺钉、双踪示波器、差动变压器及连接线、音频振荡器、直流稳压电源(±15V)、频率表。

4. 实验步骤

(1) 根据图 5-33,将差动变压器和测微头装在差动变压器实验模块上,调节测微头位置使差动变压器动杆大致处于可移动范围的中间位置。

(2) 在模块上按照图 5-33 接线,音频振荡器信号必须从主控箱中的 LV 端输出,调节音频振荡器的频率,输出频率为 5～10kHz(可用主控箱的频率表来监测,实验中可调节频率使波形不失真)。调节幅度使输出幅度为峰-峰值 $V_{pp}=2$V(可用示波器监测：x 轴为 0.2ms/div、y 轴 CH_1 为 1V/div、CH_2 为 0.2V/div)。判别初级线圈及次级线圈同名端方法如下：设任一线圈为初级线圈(1 和 2 实验插孔作为初级线圈),并设另外两个线圈的任一端为同名端,按图 5-33 接线。当铁心左、右移动时,观察示波器中显示的初级线圈和次级线圈的波形,当次级波形输出幅值变化很大,基本上能过零点(即 3 和 4 实验插孔),而且相位与初级线圈波形(LV 音频信号 $V_{pp}=2$V)比较能同相和反相变化,说明已连接的初、次级线圈及同名端正确,否则继续改变连接直到正确为止。

(3) 检测无误后开启主电源,旋动测微头,使示波器第二通道显示的波形峰-峰值 V_{pp} 为最小。这时可以左右位移,假设其中一个方向为正位移,则另一个方向位移为负。从 V_{pp} 最小处向左或右开始旋动测微头,每隔 0.5mm 从示波器上读出若干输出电压 V_{pp} 的值填入表 5-1,再旋动测微头回到 V_{pp} 最小处后反向位移做实验。在实验过程中,注意左、右位

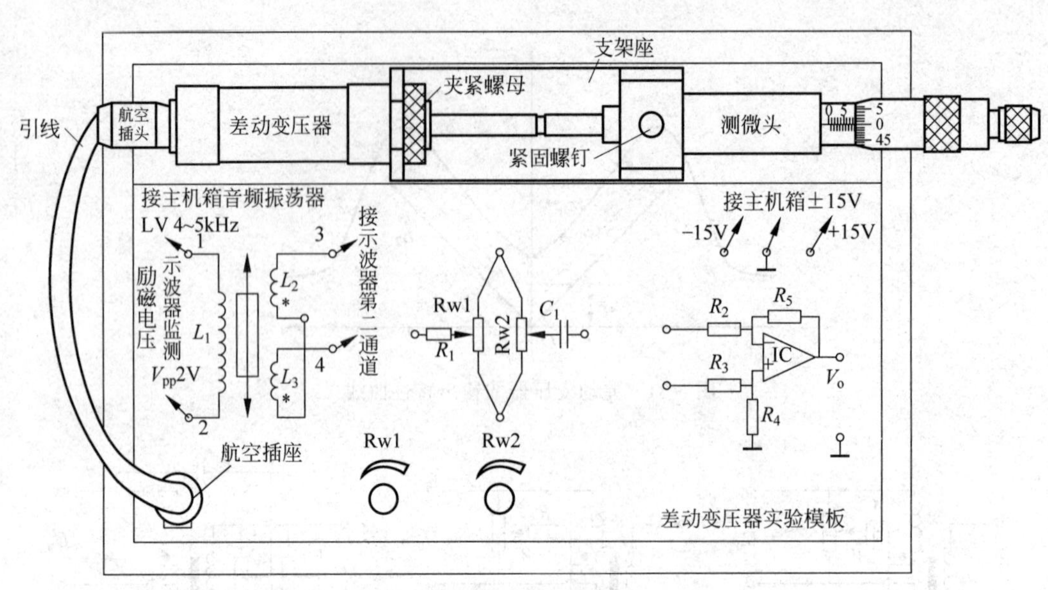

图 5-33 差动变压器性能实验安装接线

移时，初、次级波形的相位关系。

表 5-1 差动变压器位移 ΔX 值与输出电压 V_{pp} 数据

X/mm					−←	0mm	→+					
V/mV						V_{pp}						

（4）实验过程中注意，差动变压器输出的最小值即为差动变压器的零点残余电压值。根据表 5-1 画出 V_{pp}-X 曲线，作出量程为±4mm、±6mm 灵敏度和非线性误差。

（5）实验完毕，关闭主电源。

5. 测微头的组成与使用

测微头组成和读数如图 5-34 所示。

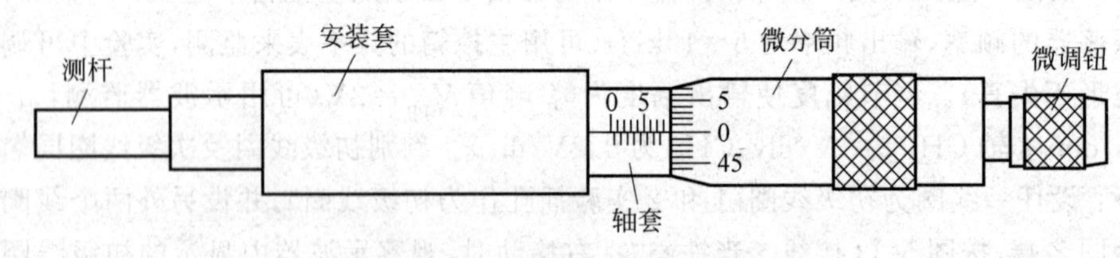

图 5-34 测微头组成和读数

（1）测微头组成。测微头由不可动部分中的安装套、轴套和可动部分中的测杆、微分筒、微调钮组成。

（2）测微头读数与使用。测微头的安装套便于在支架座上固定安装。轴套上的主尺有两排刻度线，标有数字的是整毫米刻线（1mm/格），另一排是半毫米刻线（0.5mm/格）；微分筒前部圆周表面上刻有 50 等分的刻线（0.01mm/格）。

用手旋转微分筒或微调钮时，测杆沿轴线方向进退。微分筒每转过 1 格，测杆沿轴方向移动微小位移 0.01mm，此操作也称为测微头的分度值。

测微头的读数方法是先读轴套主尺上露出的刻度数值(注意半毫米刻线)，再读与主尺横线对齐的微分筒上的数值(可以估读 1/10 分度)，如图 5-35(a)读数为 3.680mm，不是 3.178mm。遇到微分筒边缘前端与主尺上某条刻线重合时，应看微分筒的示值是否过零，如图 5-35(b)已过零则读 2.514mm。如图 5-35(c)未过零，则不应读为 2mm，读数应为 1.981mm。

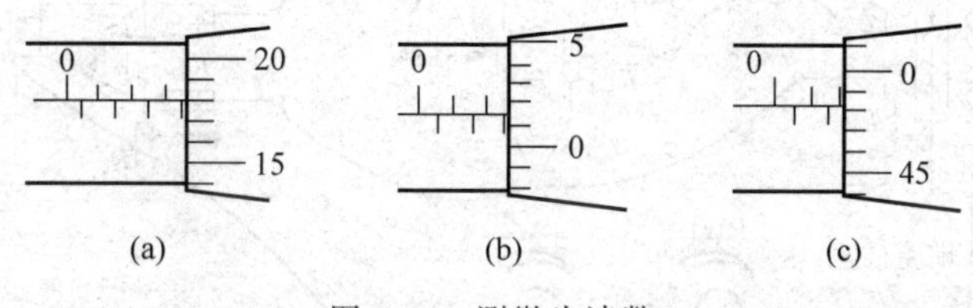

图 5-35 测微头读数

(3) 测微头使用。测微头在实验中是用来产生位移并指出位移量的工具。一般测微头在使用前，首先转动微分筒到 10mm 处(为了保留测杆轴向前、后位移的余量)，再将测微头轴套上的主尺横线面向自己安装到专用支架座上，移动测微头的安装套(测微头整体移动)使测杆与被测体连接并使被测体处于合适位置(视具体实验而定)，再拧紧支架座上的紧固螺钉。当转动测微头的微分筒时，被测体就会随测杆而位移。

5.1.3 差动变压器测位移实验

1. 实验目的

了解差动变压器测位移的应用方法。

2. 实验介绍

差动变压器的工作原理参阅 5.1.2 小节。差动变压器在应用时需要消除零点残余电动势和死区，可选用合适的测量电路，如采用相敏检波电路，既可判别衔铁移动方向又可改善输出特性，消除测量范围内的死区。

3. 需用元件与单元

实验使用元件与单元包括音频振荡器、差动变压器实验模块、移相器/相敏检波器/低通滤波器模块、低频振荡器、双踪示波器、直流稳压电源(±15V)、振动源模块、差动变压器及连接线、电压表、测微头、紧固螺钉。

4. 实验步骤

(1) 根据图 5-36 接线，检查无误后合上主控箱电源开关，调节音频输出 $f=5\text{kHz}$，$V_{pp}=5\text{V}$，调节相敏检波器的电位器使相敏检波器输出幅值相等、相位相反的两个波形，保持相敏调节电位器位置不动。

(2) 调节音频输出 $V_{pp}=2\text{V}$，顺着差动变压器衔铁的位移方向移动测微头，使差动变压器衔铁明显偏离 L_1 初级线圈(中间线圈)的中点位置；调节移相电位器使相敏检波输出为全波整流波形；缓慢移动测微头使相敏检波器输出波形幅值尽量为最小(尽量使衔铁处在 L_1 初级线圈的中点位置)；拧紧螺钉固定测微头位置。

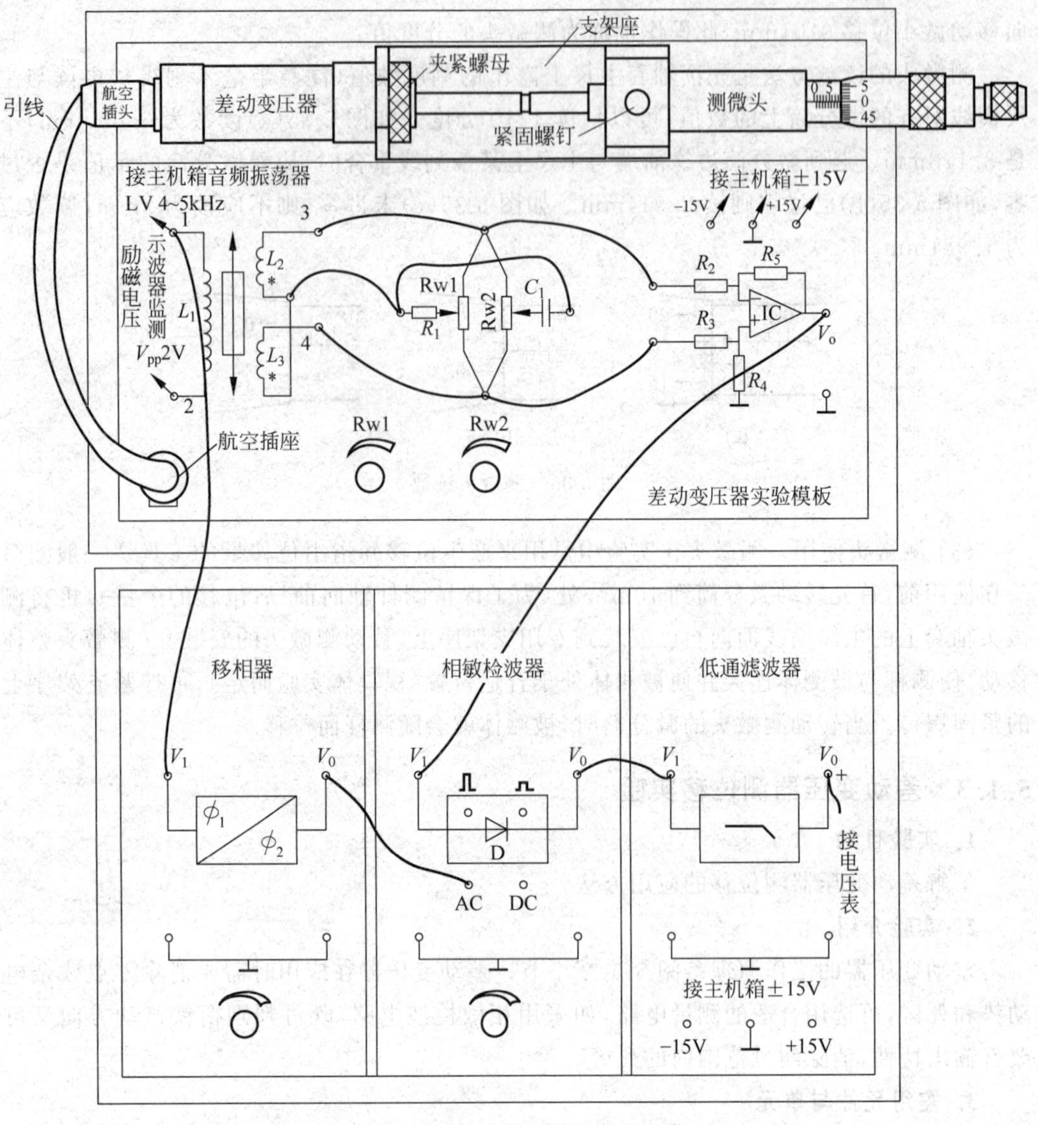

图 5-36 差动变压器测位移接线

(3) 交替调节差动变压器模块上的 Rw1、Rw2 使相敏检波输出趋于水平线且电压表显示趋于 0V。

(4) 调节测微头,每隔 0.2mm 从电压表上读取低通滤波器输出的电压值填入表 5-2。

表 5-2 差动变压器测位移实验数据

X/mm												
V/mV												

(5) 根据表 5-2 数据作出实验曲线并截取线性较好的线段计算灵敏度 $S=\Delta V/\Delta X$、线性度及测量范围。

(6) 实验完毕,关闭主电源。

5.1.4 电涡流式传感器位移特性实验

1. 实验目的

了解电涡流式传感器测量位移的工作原理和特性。

2. 实验介绍

电涡流式传感器是一种建立在涡流效应原理上的传感器。电涡流式传感器由传感器线圈和被测体(导电体-金属涡流片)组成,如图 5-37(a)所示。根据电磁感应原理,当传感器线圈通以交变电流(频率较高,一般为 1~2MHz)I_1 时,线圈周围会产生交变磁场 H_1,当线圈平面靠近某一导体面时,由于线圈磁通链穿过导体,使导体的表面层感应出呈旋涡状自行闭合的电流 I_2,而 I_2 所形成的磁通链又穿过传感器线圈,这样线圈与涡流线圈形成了有一定耦合的互感,最终原线圈反馈一个等效电感,导致传感器线圈的阻抗 Z 发生变化。我们可以把被测导体上形成的电涡流等效成一个短路环,这样就可以得到图 5-37(b)所示的等效电路。

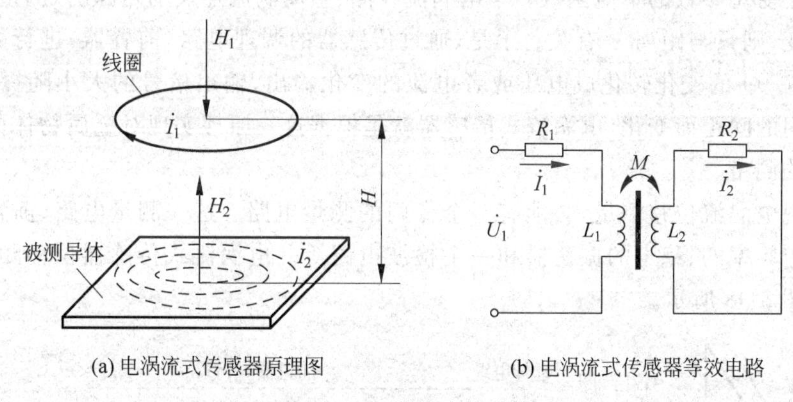

(a) 电涡流式传感器原理图　　(b) 电涡流式传感器等效电路

图 5-37 电涡流式传感器

图 5-37 中,R_1、L_1 为传感器线圈的电阻和电感。短路环可以认为是一匝短路线圈,其电阻为 R_2,电感为 L_2。线圈与导体间存在一个互感 M,它随线圈与导体间距的减小而增大。

根据等效电路可列出电路方程组

$$\begin{cases} R_2\dot{I}_2 + j\omega L_2\dot{I}_2 - j\omega M\dot{I}_1 = 0 \\ R_1\dot{I}_1 + j\omega L_1\dot{I}_1 - j\omega M\dot{I}_2 = \dot{U}_1 \end{cases} \tag{5-24}$$

通过解方程组,可得 $\dot{I}_1$、$\dot{I}_2$。因此传感器线圈的复阻抗为

$$Z = \frac{\dot{U}}{\dot{I}} = R_1 + \frac{\omega^2 M^2}{R_2^2 + (\omega L_2)^2}R_2 + j\left[\omega L_1 - \frac{\omega^2 M^2}{R_2^2 + (\omega L_2)^2}\omega L_2\right] \tag{5-25}$$

线圈的等效电感为

$$L = L_1 - L_2\frac{\omega^2 M^2}{R_2^2 + (\omega L_2)^2} \tag{5-26}$$

线圈的等效 Q 值为

$$Q=Q_0\frac{1-\dfrac{L_2\omega^2M^2}{L_1Z_2^2}}{1+\dfrac{R_2\omega^2M^2}{R_1Z_2^2}} \tag{5-27}$$

式中，Q_0——无电涡流影响下线圈的 Q 值，$Q_0=\omega L_1/R_1$；

Z_2^2——金属导体中产生电涡流部分的阻抗，$Z_2^2=R_2^2+\omega^2L_2^2$。

由式(5-27)可看出，线圈与金属导体系统的阻抗 Z、电感 L、品质因数 Q 值都是该系统互感系数平方的函数，从麦克斯韦互感系数的基本公式出发，可知互感系数是线圈与金属导体间距离 $x(H)$ 非线性函数，因此 Z、L、Q 均是 x 的非线性函数。虽然整个函数都是非线性的，其函数特征为 S 形曲线，但可以选取近似为线性的一段。其实 Z、L、Q 的变化与导体间的距离有关，如果只让上述参数中的一个参数发生改变，而其他参数不变，则阻抗就是这个变化参数的单值函数。当电涡流线圈、金属涡流片及励磁源确定后，并保持环境温度不变，则只与距离 x 有关。于是，通过传感器的调理电路（前置器）进行处理，将线圈阻抗 Z、L、Q 的变化转化成电压或者电流的变化输出，输出信号的大小随探头到被测体表面之间的间距而变化，电涡流式传感器就是根据这一原理实现对金属物体的位移、振动等参数的测量。

为实现电涡流位移测量，必须有一个专门的测量电路。这一测量电路（前置器）应包括具有一定频率的、稳定的振荡器和一个检波电路等。电涡流式传感器位移测量实验原理框图如图 5-38 所示。

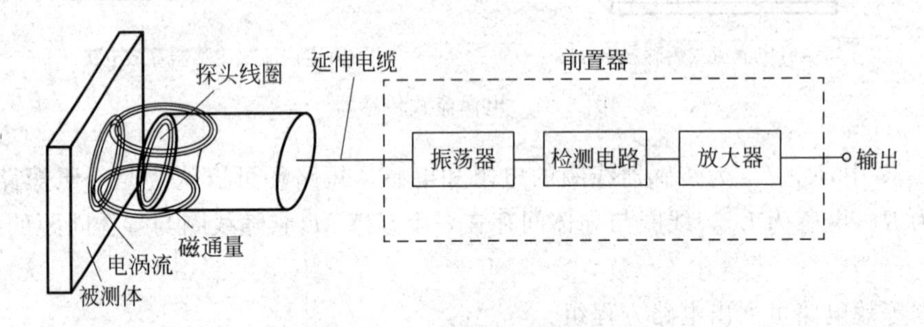

图 5-38 电涡流式传感器位移测量实验原理框图

根据电涡流式传感器的基本原理，将传感器与被测体之间的距离变换为传感器的 Q 值、等效阻抗 Z 和等效电感 L 三个参数，用相应的测量电路进行测量。

本实验为变频调幅式电涡流变换器，测量电路原理如图 5-39 所示。

电路组成如下。

(1) Q_1、C_1、C_2、C_3 组成电容三点式振荡器，产生频率为 1MHz 左右的正弦载波信号。电涡流式传感器接在振荡回路中，传感器线圈是振荡回路中的一个电感元件。振荡器的作用是将位移变化引起的振荡回路的 Q 值变化转换成高频载波信号的幅值变化。

(2) D_1、C_5、L_2、C_6 组成由二极管和 LC 形成的 π 形滤波检波器。检波器的作用是

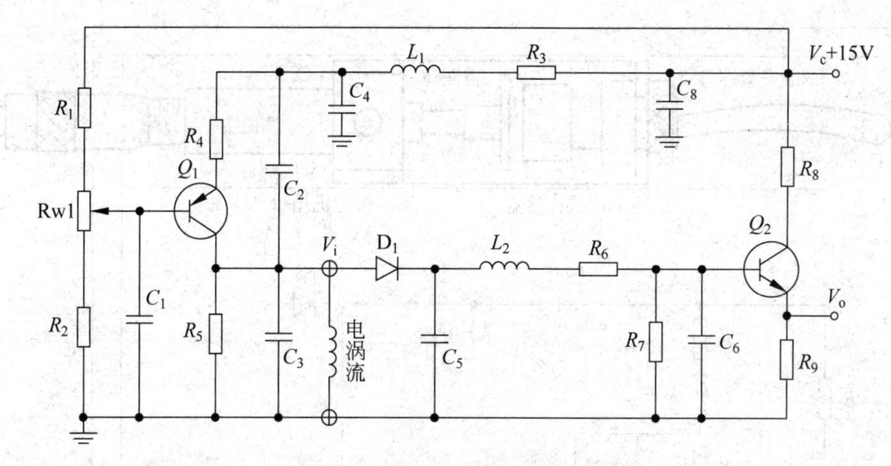

图 5-39　电涡流变换器测量电路原理

将高频调幅信号中传感器检测到的低频信号取出来。

(3) Q_2 组成射极跟随器。射极跟随器的作用是输入、输出匹配以获得尽可能大的不失真输出的幅度值。

电涡流式传感器通过传感器端部线圈与被测物体间的间隙变化测量物体的相对位移量和静位移，它与被测物之间没有直接的机械接触，具有很宽的使用频率范围(0～10Hz)。当无被测导体时，振荡器回路谐振于频率 f_0，传感器端部线圈 Q_0 为定值且最高，对应的检波输出电压 V_o 最大。当被测导体接近传感器线圈时，线圈 Q 值发生变化，振荡器的谐振频率随之变化，谐振曲线变得平坦，检测出的幅值 V_o 变小。V_o 变化反映了位移 x 的变化。电涡流式传感器在位移、振动、转速、探伤、厚度的测量上得到广泛应用。

3. 需用元件与单元

实验使用的元件与单元包括电涡流式传感器实验模块、电涡流式传感器、直流稳压电源+15V、电压表、测微头、紧固螺钉、铁圆片、螺丝刀。

4. 实验步骤

(1) 观察传感器结构——一个扁平绕线圈。

(2) 根据图 5-40 安装电涡流式传感器、测微头、铁圆片及连线。将电涡流式传感器输出线接入标有 Ti 的插孔中作为振荡器的一个元件；在测微头端部装上铁质金属圆片，作为电涡流式传感器的被测体。

(3) 将实验模块输出端 V_o 与电压表输入端 V_i 相接。电压表量程选择 20V 挡。用连接导线从主控台接入+15V 直流电源到模块上标有+15V 的插孔中，同时主控台的“地”与实验模块的“地”相连。

(4) 调节测微头使之与传感器线圈端部有机玻璃平面刚好水平接触。开启主控箱电源开关，此时电压表读数应为零。向右旋动测微头使铁圆片慢慢远离传感器，然后每隔 0.2mm 记录电压表读数，直到输出几乎不变为止(在传感器两端可接示波器观察振荡波形)，将结果填入表 5-3。

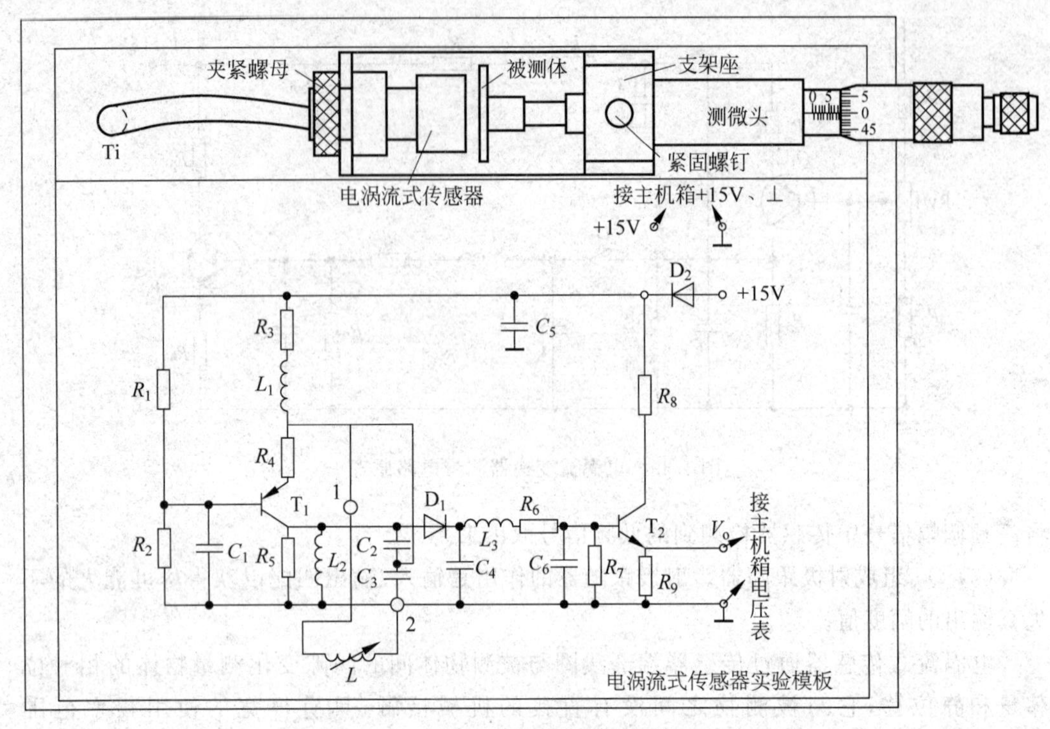

图 5-40　电涡流式传感器安装接线示意图

表 5-3　电涡流式传感器位移 X 与输出电压数据

X/mm								
V/V								

(5) 根据表 5-3 数据，画出 V-X 曲线，根据曲线找出线性区域及进行正、负位移测量的最佳工作点。试计算量程为 1mm、3mm、5mm 时的灵敏度和线性度(可以用端基法或其他拟合直线)。

(6) 实验完毕，关闭主电源。

任务 5.2　大位移传感器

知识目标：

- 掌握大位移传感器的工作原理、使用和选用方法。
- 能够根据要求选用和使用常用的检测仪表与传感器。

技能目标：

- 掌握大位移传感器的特点、组成及功能。
- 掌握大位移传感器的测量原理。
- 熟练使用传感器测量物理参数。

• 理解传感器基本测量电路。

素养目标：

• 在测量过程中与小组人员合作、交流，培养团队合作意识，增强沟通能力。

• 养成规范测量，合理使用测量仪器的习惯。

• 能够分析数据，撰写规范的实训报告。

建议课时：

4 学时。

5.2.1 认识大位移传感器

1. 磁栅式位移传感器

1）磁栅式位移传感器的组成

磁栅式位移传感器主要由磁栅、磁头和检测电路组成。

2）磁栅式位移传感器的测量原理

磁栅上录有等间距的磁信号，它是利用磁带录音的原理将等间距的、周期变化的电信号（正弦波或矩形波）用录磁的方法记录在磁性尺子或圆盘上制成的。

装有磁栅传感器的仪器或装置工作时，磁头和磁栅存在一定的位置关系，在工作过程中，磁头把磁栅上的磁信号读出来，从而把被测位置或位移转换成为电信号。

(1) 磁栅。磁栅结构如图 5-41 所示。磁栅基体 1 是用不导磁材料做成的，上面镀一层均匀的磁性薄膜 2，经过录磁，其磁信号排列情况如图 5-41 所示。磁栅要求录磁信号幅度均匀，幅度变化应小于 10%，节距均匀。目前长磁栅常用的磁信号节距一般为 0.05mm 和 0.02mm 两种，圆磁栅的角节距一般为几分至几十分。

具体使用时对磁栅还有以下要求。

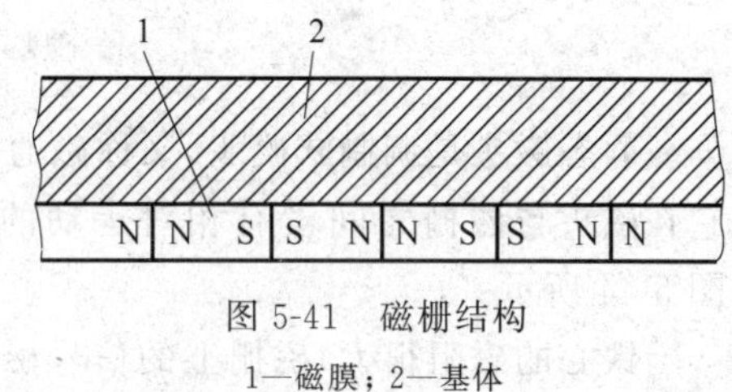

图 5-41 磁栅结构

1—磁膜；2—基体

① 磁栅的基尺（磁尺）要求不导磁，线膨胀系数应与仪器或机床的相应部分近似。由于在基尺上要镀一层磁性薄膜，所以要求基尺有良好的加工和电镀性能。

② 为了使磁尺上录的磁信号能长期保存，并希望产生较大的输出信号，要求磁性薄膜剩余磁化强度要大，矫顽力要高，电镀要均匀，目前常用 Ni-Co-P 合金。

③ 对磁尺表面要求长磁栅平直度为 0.005～0.01mm/m，圆磁栅的不圆度为 0.005～0.01mm，表面粗糙度要小。

④ 要求所录磁信号幅度均匀，幅度变化小于 10%，节距均匀，满足一定精度要求。

几种常见磁栅的结构如图 5-42 所示。

(2) 磁头。磁栅上的磁信号由读取磁头读出，按读取信号方式的不同，磁头可分为动态磁头和静态磁头两种。

动态磁头为非调制式磁头，又称速度响应式磁头。它只有一组线圈，静止时没有信号输出，因此不适合用于长度测量。动态磁头的工作原理如图 5-43 所示。

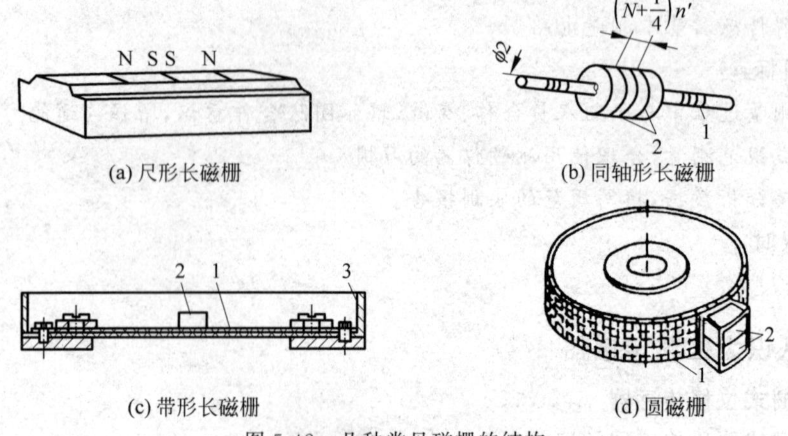

图 5-42 几种常见磁栅的结构

1—磁头；2—磁栅；3—屏蔽罩

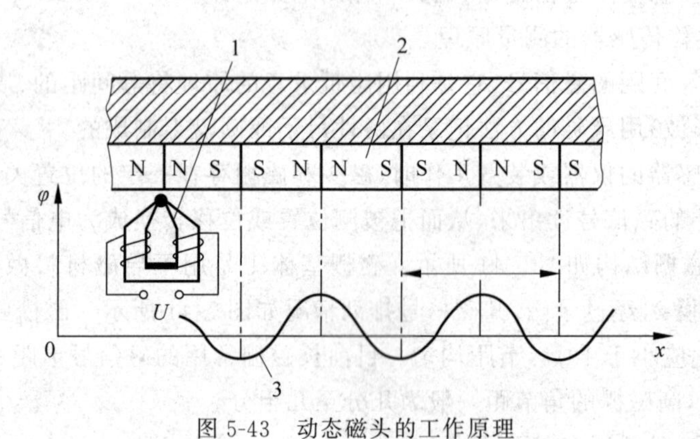

图 5-43 动态磁头的工作原理

1—磁头；2—磁栅；3—输出波形

静态磁头是调制式磁头，又称磁通响应式磁头。它与动态磁头的根本不同之处在于它在磁头与磁栅之间没有相对运动的情况下也有信号输出。静态磁头的工作原理如图 5-44 所示。

铁心的磁阻很大，磁栅上的信号磁通不能通过磁头，因此输出绕组无感应电动势输出。只有当励磁信号两次过零时，铁心不饱和，磁栅上的信号磁通才能通过输出绕组的铁心而产生感应电动势。

静态磁头的工作原理是：静态磁头的磁栅利用它的漏磁通变化产生感应电动势。静态磁头输出信号的频率为励磁电源频率的两倍，其幅值与磁栅与磁头之间的相对位移成正弦(或余弦)关系

$$U_o = U_m \sin\frac{2\pi x}{W}\sin 2\omega t \tag{5-28}$$

式中，ω——励磁信号的角频率；

U_m——幅值系数；

W——磁栅的节距；

x——磁头与磁栅的相对位移。

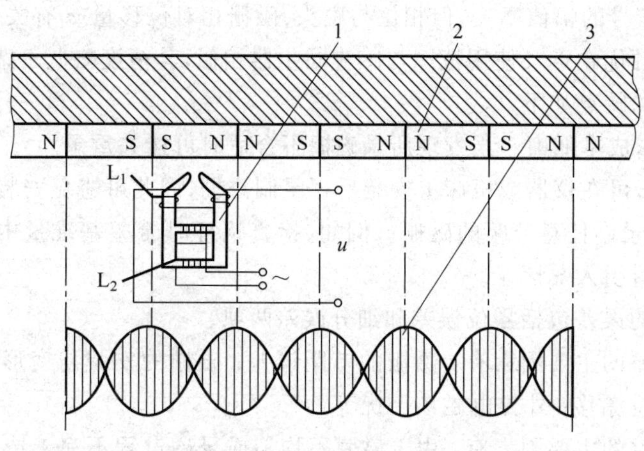

图 5-44　静态磁头的工作原理

1—磁头；2—磁栅；3—输出波形

(3) 磁栅传感器的数字测量原理。根据磁栅和磁头相对移动读出磁栅上的信号的不同,所采用的信号处理方式也不同。

动态磁头只有一组绕组,其输出信号为正弦波,信号的处理方法也比较简单,只要将输出信号放大整形,然后由计数器记录脉冲数 n,就可以测量出位移量的大小 $s=nW$。但这种方法测量精度较低,而且不能判别移动方向。

静态磁头一般有两个磁头,两个磁头间距为 $n\pm W/4$,其中 n 为正整数,W 为磁信号节距,也就是两个磁头的相位差为 90°。其信号处理方式可分为鉴幅法和鉴相法两种。

① 鉴幅法：若在两磁头的励磁绕组施加同相的正弦励磁信号,则两磁头的输出信号为

$$U_1=U_{\mathrm{m}}\sin\frac{2\pi x}{W}\sin 2\omega t \tag{5-29}$$

$$U_2=U_{\mathrm{m}}\cos\frac{2\pi x}{W}\sin 2\omega t \tag{5-30}$$

经滤除高频载波后,得到与位移量成比例的信号为

$$U'_1=U_{\mathrm{m}}\sin\frac{2\pi x}{W} \tag{5-31}$$

$$U'_2=U_{\mathrm{m}}\cos\frac{2\pi x}{W} \tag{5-32}$$

② 鉴相法：若在两磁头的励磁绕组上施加相位差为 $\pi/4$ 的正弦励磁信号,或将输出信号移相 $\pi/2$,则两磁头输出信号变为

$$U_1=U_{\mathrm{m}}\sin\frac{2\pi x}{W}\cos 2\omega t \tag{5-33}$$

$$U_2=U_{\mathrm{m}}\cos\frac{2\pi x}{W}\sin 2\omega t \tag{5-34}$$

将两个磁头的输出用求和电路相加,获得总输出为

$$U=U_1+U_2=U_{\mathrm{m}}\sin\left(\frac{2\pi x}{W}+2\omega t\right) \tag{5-35}$$

结论：输出信号的幅值不变，但相位与磁头、磁栅相对位移量 x 有关。

磁栅传感器的优缺点及使用范围与感应同步器相似，其精度略低于感应同步器。

磁栅传感器的特点如下。

① 录制方便，成本低廉。当发现所录磁栅不合适时可抹去重录。

② 使用方便，可在仪器或机床上安装后再录制磁栅，因此可避免安装误差。

③ 可方便地录制任意节距的磁栅。例如，检查蜗杆时希望基准量中含有 π 因子，则可以在计算节距时引入 π 因子。

磁栅传感器的误差包括零位误差和细分误差两项。

影响零位误差的主要因素有：磁栅的节距误差；磁栅的安装与变形误差；磁栅剩磁变化所引起的零位漂移；外界电磁场干扰等。

影响细分误差的主要因素有：由于磁膜不均匀或录磁过程不完善造成磁栅上信号幅度不相等；两个磁头间距偏离 1/4 节距较远；两个磁头参数不对称；磁场高次谐波分量和感应电动势高次谐波分量的影响。

3）磁栅式传感器应用

鉴相型磁栅数字式位移显示装置（简称磁栅数显表）如图 5-45 所示。

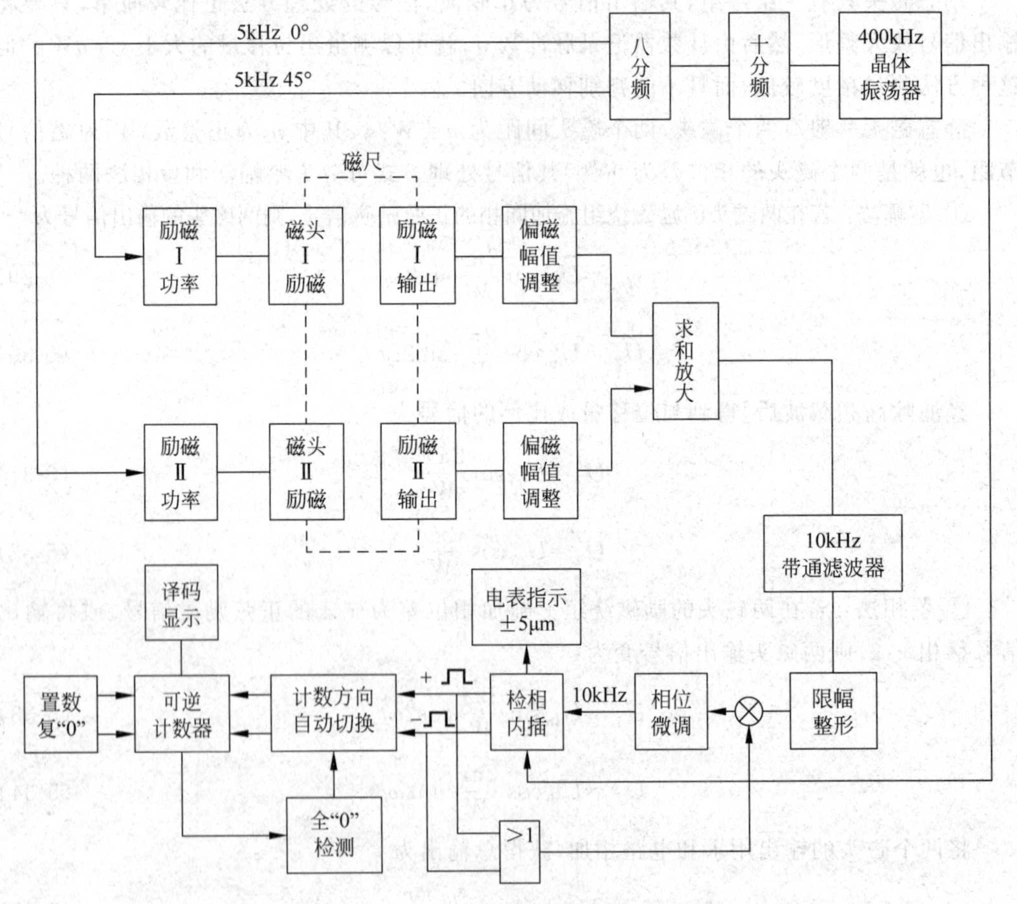

图 5-45 鉴相型磁栅数字式位移显示装置

2. 光栅位移传感器

光栅是指在玻璃尺或玻璃盘上类似于刻线标尺或度盘,进行长刻线(一般为10～12mm)的密集刻划,得到如图5-45所示的黑白相间、间隔相同的细小条纹,没有刻划的白的地方透光,刻划的地方发黑,不透光。按形状和用途,光栅可分为长光栅和圆光栅两种,如图5-46所示。

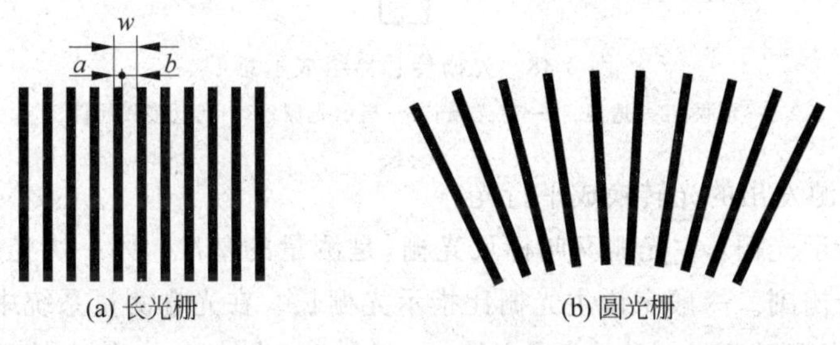

图5-46 光栅分类

如图5-46中w为栅距,a为线宽,b为缝宽,一般情况下取$a=b=w/2$。

光栅用于精密测量,那么,它是如何测量微小位移呢?下面介绍光栅的测量原理——莫尔条纹。

将栅距相同的两块光栅的刻线面重叠在一起,并且使二者栅线有很小的交角,这样就可以看到在近似垂直栅线方向上出现明暗相间的条纹,此条纹称为莫尔条纹,如图5-47所示。莫尔条纹是基于光的干涉效应产生的。

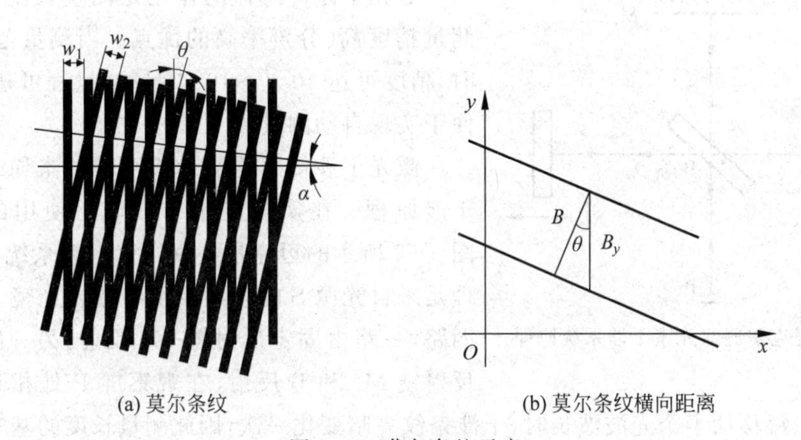

图5-47 莫尔条纹示意

莫尔条纹的性质:当光栅副中任一光栅沿垂直于刻线方向移动时,莫尔条纹就会沿近似垂直于光栅移动的方向运动。当光栅移动一个栅距时,莫尔条纹就移动一个条纹间隔B;当光栅改变运动方向时,莫尔条纹也随之改变运动方向,两者具有相对应的关系。据此可以通过测量莫尔条纹的运动判别光栅的运动。

通常光栅传感器是由光源、透镜、主光栅、指示光栅和光电接收元件组成,如图5-48所示。

光源:供给光栅传感器工作时所需的光能。

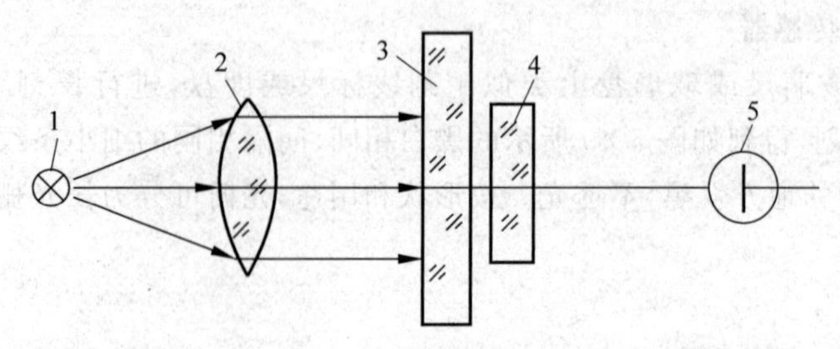

图 5-48 光栅传感器组成示意

1—光源；2—透镜；3—主光栅；4—指示光栅；5—光电接收元件

透镜：将光源发出的光转换成平行光。

主光栅和指示光栅：主光栅又叫标尺光栅，是测量的基准；另一块光栅为指示光栅，两块光栅合称光栅副。一般来说主光栅比指示光栅长。在光栅测量系统中的指示光栅一般固定不动，主光栅随测量工作台(或主轴)一起移动(或转动)。但在使用长光栅尺的数控机床中，主光栅往往固定在床身上不动，而指示光栅随拖板一起移动。主光栅的尺寸常由测量范围确定，指示光栅则为一小块，只要能满足测量所需的莫尔条纹数量即可。

光栅副是光栅传感器的主要部分，整个测量装置的精度主要由主光栅的精度来决定。

光电接收元件：将光栅副形成的莫尔条纹的明暗强弱变化转换为电量输出。

3. 激光干涉传感器

麦克尔逊双光束干涉系统原理如图 5-49 所示。

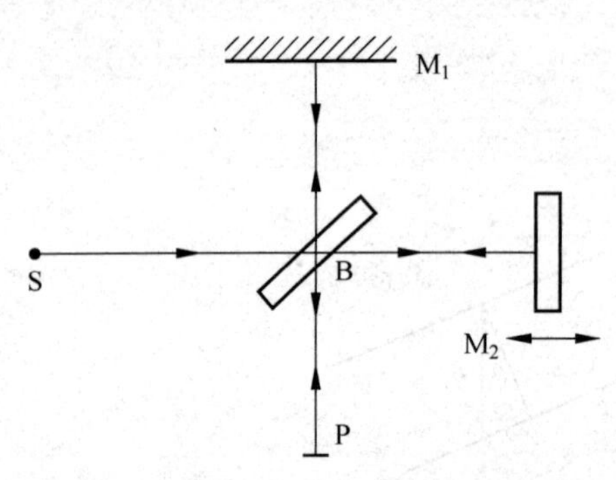

图 5-49 麦克尔逊双光束干涉系统原理

激光干涉传感器的作用是测量长度。它具有测量精度高、分辨率高的优点。当测量范围为 1m 时，精度可达 10^{-7}～10^{-8} 量级，量程可达几十米，便于实现自动测量。

激光干涉传感器测量长度的基本原理是光的干涉原理。在实际应用中最广泛使用的就是如图 5-52 所示的迈克尔逊双光束干涉系统。测量原理是来自光源 S 的光经半反半透分光镜 B 后分成两路，一路由固定反射镜 M_1 反射，另一路由可动反射镜 M_2 和 B 反射，在观察屏 P 处相遇产生干涉。当 M_2 每移动半个光波波长时，干涉条纹亮暗变化一次，因此测量长度的基本公式为

$$x=\frac{N\lambda_0}{2n} \tag{5-36}$$

式中，x——被测长度；

N——干涉条纹明暗变化次数；

λ_0——真空中光波波长；

n——空气折射率。

5.2.2　光纤传感器的位移特性实验

1. 实验目的

了解光纤传感器的工作原理和性能。

2. 实验介绍

光纤传感器是利用光纤的特性研制而成的传感器。光纤具有很多优异的性能，如抗电磁干扰和原子辐射的性能，径细、质软、重量轻的机械性能，绝缘、无感应的电气性能，耐水、耐高温、耐腐蚀的化学性能等。

光纤传感器主要分为功能型光纤传感器和非功能型光纤传感器（又称物性型和结构型）。功能型光纤传感器利用具有敏感特性和检测功能的光纤，构成“传”和“感”一体的传感器。这里光纤不仅起到传光的作用，还起感应作用。工作时利用检测量改变描述光束的一些基本参数，如光的强度、相位、偏振、频率等，它们的改变反映了被测量值的变化。由于对光信号的检测通常使用光电二极管等光电元件，所以光的参数的变化最终都会被光接收器接收并被转换成光强度及相位的变化。这些变化经信号处理后，即可得到被测的物理量。应用光纤传感器这种特性可以实现对力、压力、温度等物理参数的测量。非功能型光纤传感器主要是利用光纤对光的传输作用，由其他敏感元件与光纤信号传输回路组成测试系统，光纤在此仅起到传输作用。

本实验采用的是导光型多模光纤，它由两束光纤混合组成 Y 形光纤，探头为半圆分布，一束光纤端部与光源相接发射光束，另一束端部与光电转换器相接接收光束。两光束混合后的端部是工作端，即探头，它与被测体相距 x，由光源发出的光通过光纤传到端部射出后再经被测体反射回来，由另一束光纤接收反射光信号再由光电转换器将其转换成电压量。光电转换器转换的电压量与间距 x 有关，因此可用于测量位移。Y 形光纤及其测位移原理如图 5-50 所示。

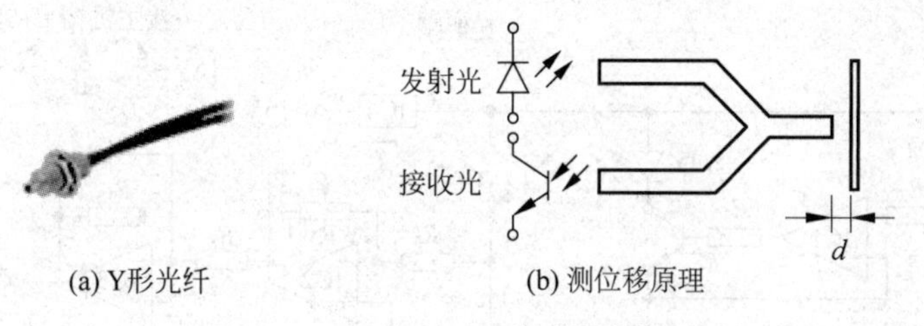

图 5-50　Y 形光纤及其测位移原理

当光纤传感器的光纤探头与被测物接触或零间隙时，全部传输光量直接被反射至传输光纤，没有提供光给接收端光纤，输出信号为“零”；当探头与被测物之间的距离增加时，接收端光纤接收的光量越多，输出信号越大；当探头与被测物间的距离增加到一定值时，接收端光纤全部被照亮，此时称为“光峰值”。达到“光峰值”后，探针与被测物的距离继续增加时，将造成反射光扩散或超过接收端接受视野，使输出信号与测量距离成反比例关系。如图 5-51 所示为光纤位移特性曲线，一般选用线性范围较好的前坡为测试区域。

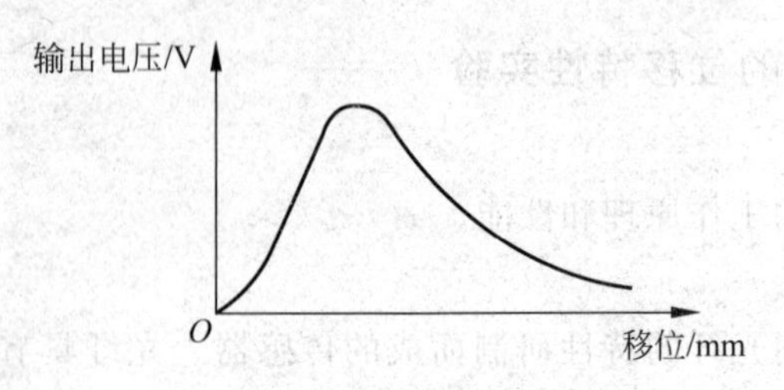

图 5-51 光纤位移特性曲线

3. 需用元件与单元

实验使用的元件与单元包括光纤传感器、光纤传感器实验模块、电压表、测微头、紧固螺钉、直流稳压电源±15V、铁圆片。

4. 实验步骤

(1) 观察光纤结构。结构为两根多模光纤组成的 Y 形位移传感器。用自然光照射两根光纤尾部端面,观察探头端面现象,当其中一根光纤尾部断面被手遮住时,探头端面为半圆双 D 形结构。

(2) 根据图 5-52 安装光纤位移传感器。将光纤传感器有分叉的两束插入实验板上的光电变换座孔中,其内部已和发光管 D 及光电转换管 T 相接。安装光纤时,用手抓捏两根光纤尾部的包铁部分轻轻插入光电座中,不要过分用力以免损坏光纤座中的光电管及光纤线。

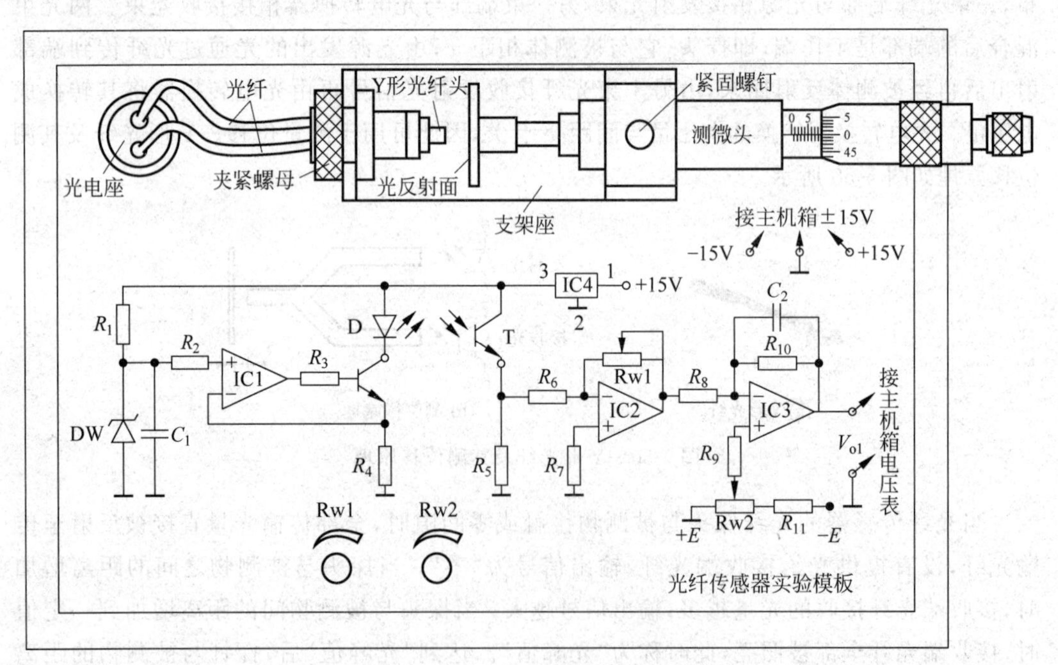

图 5-52 光纤传感器安装示意

(3) 将光纤实验模块输出端 V_{o1} 与电压表(电压量程选择 20V 挡)相连。

(4) 调节测微头,使探头与反射平板刚好水平接触。

(5) 实验模块接入±15V 电源,检查无误后合上主控箱电源开关,调节 Rw1 到中间位置,调 Rw2 使电压表显示为零。

(6) 旋转测微头,使被测体离开探头,每隔 0.1mm(或 0.2mm)读取电压表示数,将其填入表 5-4 中。

表 5-4　光纤位移传感器输出电压与位移数据

X/mm								
V/V								

(7) 根据表 5-4 中的数据,分析光纤位移传感器的位移特性,计算在量程 1mm 时的灵敏度和非线性误差。

(8) 实验完毕,关闭主电源。

项目总结

本项目介绍了常见的位移的检测方法。电感式位移传感器通常有自感式、差动变压器式和电涡流式三种。自感式一般用于微小位移的测量;差动变压器式具有更高的灵敏度;电涡流式传感器基于涡流效应,可以实现非接触式测量,一般对被测对象的材质有要求。

磁栅式位移传感器具有较高的精度,可检测微小位移,输出信号形式为数字式,可以与 PLC、微处理器直接连接,非常方便。但是使用不当会造成机械性磨损。

项目自测

1. 简述电阻式位移传感器的工作原理。
2. 简述电容式位移传感器的工作原理。
3. 简述差动变压器式电感传感器的工作原理和优缺点。
4. 电涡流式传感器的应用有哪四个方面?
5. 简述磁栅式传感器的测量原理。

项目6　物位传感器

【项目导读】

物位传感器是一种能感受物位(液位、料位)并转换成可用输出信号的传感器。物位是指容器中液体介质的液位、固体的料位、颗粒物的料位和两种不同液体介质分界面的总称。液位是指容器中的液体介质的高低；料位是指容器中固体或颗粒状物质的堆积高度。

物位检测的作用有以下三点。

(1) 确定容器中的储料数量,以保证连续生产的需要或进行经济核算的需要。

(2) 用于监视或控制容器的物位,使它保持在规定的范围内。

(3) 对它的上、下极限位置进行报警,以保证生产安全、正常地进行。

物位检测的方法有三种。

(1) 应用浮力原理检测物位,利用漂浮于液面上的浮标或浸没于液体中的浮筒对液位进行测量。当液位发生变化时,浮标产生相应的位移且受到的浮力维持不变,浮筒则发生浮力的变化。因此,只要检测出浮标的位移或浮筒受到的浮力的变化,就可以知道液位的高低。

(2) 应用静压原理检测物位,通过液柱静压的方法对液位进行测量。

(3) 应用超声波反射检测物位,根据超声波从发射到接收反射回波的时间间隔与被测介质高度成比例关系的原理,实现对液位的测量。

物位传感器可分为两类：一类是连续测量物位变化的连续式物位传感器；另一类是以点测为目的的开关式物位传感器即物位开关。连续式物位传感器主要用于连续控制和仓库管理等方面,有时也可用于多点报警系统；开关式物位传感器主要用于过程自动控制的门限、溢流和空转防止等。

任务6.1　电容式物位传感器

知识目标：

- 掌握电容式物位传感器的特点、组成及功能。
- 掌握电容式物位传感器的工作原理。

技能目标：

- 能够正确识别各种电容式物位传感器,了解其特点和其在整个工作系统中的作用。
- 能够根据工作系统的特点,找出匹配的电容式物位传感器。

- 能够设计一个简单的测量电路。

素养目标：

- 在测量过程中与小组人员合作、交流，培养团队合作意识，增强沟通能力。
- 养成规范测量，合理使用测量仪器的习惯。
- 能够分析数据，撰写规范的实训报告。

建议课时：

2课时。

6.1.1 认识电容式物位传感器

1. 电容式物位传感器的特点、组成和功能

电容式物位传感器有两个导体电极（通常把容器壁作为一个电极），由于电极间是气体、流体或固体不同的介质导致静电容发生变化，因此可以敏感测量物位。它的敏感元件有棒状、线状和板状三种形式，其工作温度、压力主要受绝缘材料的限制。电容式物位传感器可以采用微机控制实现自动调整灵敏度，具有自诊断的功能，同时能够检测敏感元件的破损、绝缘性的降低、电缆和电路的故障等，并可以自动报警，实现高可靠性的信息传递。电容式物位传感器无机械可动部分且敏感元件简单，形状和结构的自由度大，操作方便，因此，它是应用最广泛的一种物位传感器。

2. 电容式物位传感器的测量原理

在电容器的极板之间充以不同介质时，电容量的大小也会有所不同。因此，可通过测量电容量的变化来检测液位、料位和两种不同液体分界面的变化。

在如图6-1所示的在两个同轴圆柱极板组成的电容器之间，充以介电系数为ε的介质时，两圆筒间的电容量表达式为

$$C=\frac{2\pi\varepsilon L}{\ln\frac{D}{d}} \tag{6-1}$$

式中，L——两极板相互遮盖部分的长度；

d、D——圆筒形内电极的外径和外电极的内径；

ε——中间介质的介电常数。

将电容传感器（探头）插入被测物料中，电极浸入物料中的深度随物位高低变化，必然引起其电容量的变化，从而可检测出物位。

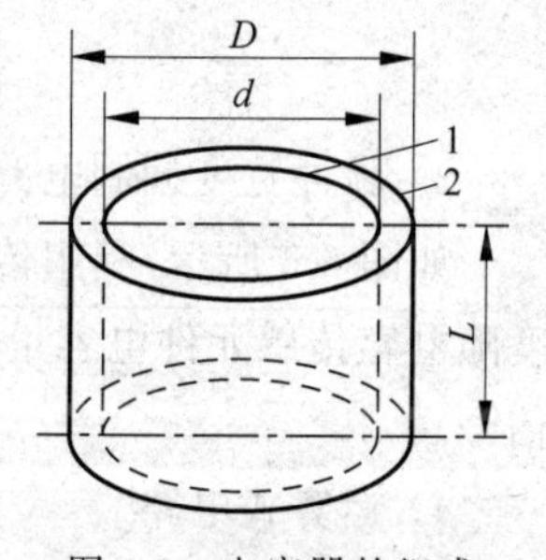

图6-1 电容器的组成

电容式物位传感器的测量电路有以下几种。

1）交流电桥电路

（1）交流单臂桥式电路如图6-2所示。电容C_1、C_2、C_3、C_x构成交流单臂桥式电路。由高频电源经变压器接到电容桥的一条对角线上，另一条对角线上接有交流电压表。

（2）交流差分桥式电路如图6-3所示。电容C_{x1}和C_{x2}为差分式电容式传感元件。由高频电源经变压器副边接到差分式电容式传感元件上。输出电压端接有交流电压表。

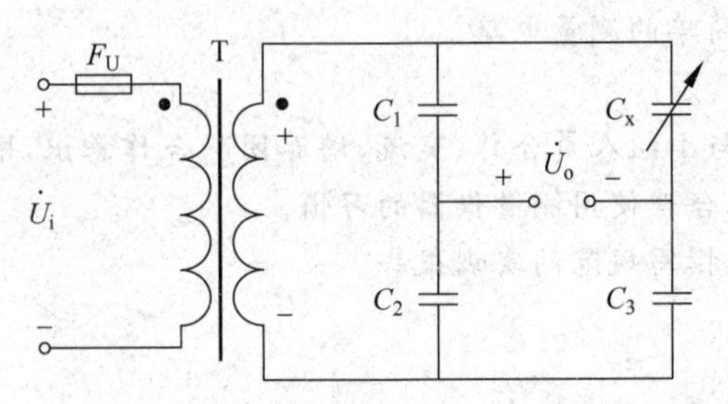

图 6-2 交流单臂桥式电路

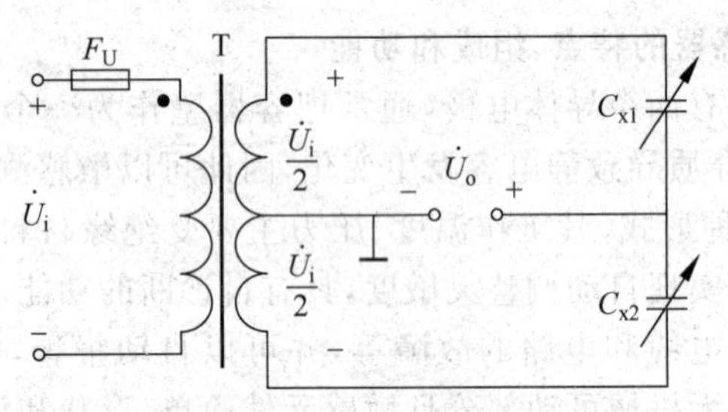

图 6-3 交流差分桥式电路

2）调频电路

如图 6-4 所示，电容式传感元件作为 LC 振荡器谐振回路的一部分，当电容传感器工作时，电容 C_x 发生变化，使振荡器的频率 f 发生相应的变化。调频振荡器的频率为

$$f=\frac{1}{2\pi\sqrt{LC}} \tag{6-2}$$

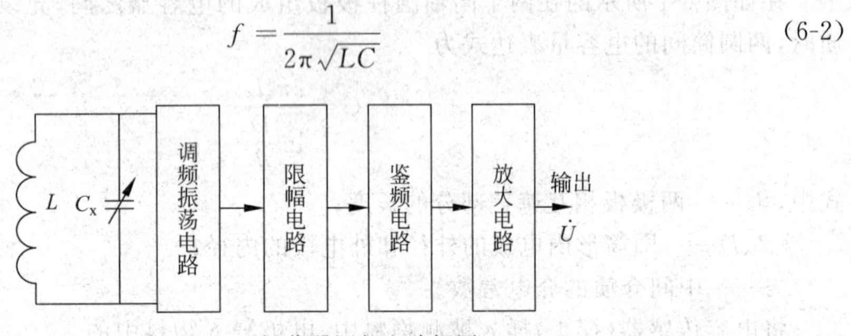

图 6-4 LC 振荡器调频电路框图

3）脉冲宽度调制电路

如图 6-5 所示，利用传感元件电容 C_1、C_2 的慢充电和快放电的过程，使输出脉冲的宽度随电容传感元件电容量的变化而改变，通过低通滤波器得到对应于被测量变化的直流信号。

4）运算式电路

如图 6-6 所示，当放大器的开环增益 A_v 和输入阻抗 Z_i 足够大时，输出电压与传感元件的电容变化呈线性关系，即

$$\dot{U}_o=-\frac{C_x}{C_0}\dot{U}_i \tag{6-3}$$

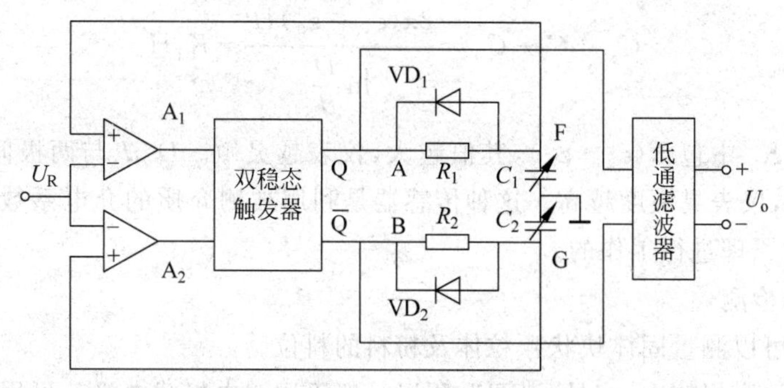

图 6-5　脉冲宽度调制测量电路

6.1.2　电容式物位传感器的应用

1. 液位检测

对非导电介质液位测量的电容式液位传感器原理如图 6-7 所示。

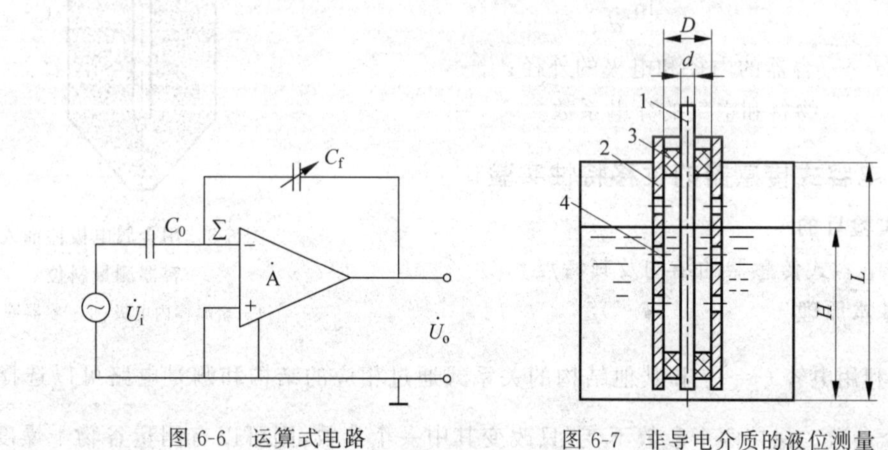

图 6-6　运算式电路

图 6-7　非导电介质的液位测量

1—内电极；2—外电极；3—绝缘套；4—流通小孔

当液位值为 0 时，调整仪表零点，其零点电容为

$$C_0 = \frac{2\pi\varepsilon_0 L}{\ln\dfrac{D}{d}} \tag{6-4}$$

式中，ε_0——空气介电系数；

D、d——外电极内径及内电极外径。

当液位上升为 H 时，电容量为

$$C = \frac{2\pi\varepsilon_0 H}{\ln\dfrac{D}{d}} + \frac{2\pi\varepsilon_x(L-H)}{\ln\dfrac{D}{d}} \tag{6-5}$$

电容量的变化为

$$C_x = C - C_0 = \frac{2\pi(\varepsilon_x - \varepsilon_0)H}{\ln\frac{D}{d}} = K_i H \tag{6-6}$$

比例系数 K_i 中包含 $(\varepsilon_x - \varepsilon_0)$，其值越大，仪表越灵敏。$D/d$ 与两极间的距离有关，D 与 d 越接近，仪表灵敏度越高。这种传感器是利用被测介质的介电系数 ε 与空气介电系数 ε_0 不等的原理进行工作的。

2. 料位的检测

用电容法可以测量固体块状颗粒体及粉料的料位。

由于固体间磨损较大，容易"滞留"，所以一般不用双电极式电极。可用电极棒及容器壁组成电容器的两极来测量非导电固体料位。

图 6-8 所示为用金属电极棒插入容器测量料位的示意图。

电容量变换与料位升降的变换关系为

$$C_x = \frac{2\pi(\varepsilon - \varepsilon_0)H}{\ln\frac{D}{d}} \tag{6-7}$$

式中，D、d——容器的内径和电极的外径；

ε、ε_0——物料和空气的介电系数。

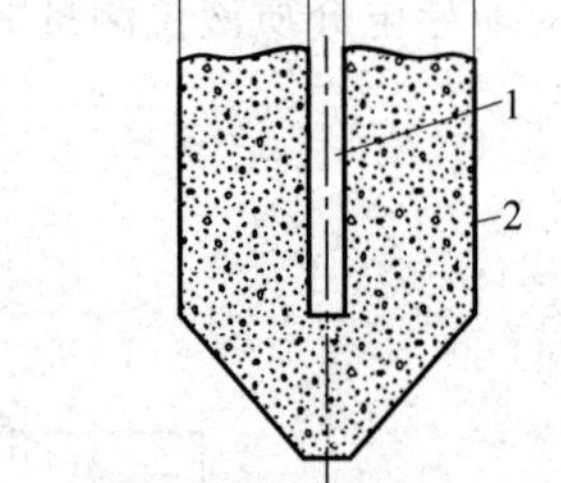

图 6-8 用金属电极棒插入容器测量料位

1—金属棒内电极；2—容器壁

6.1.3 电容式传感器的位移特性实验

1. 实验目的

了解电容式传感器的结构及其特点。

2. 基本原理

(1) 利用电容 $C=\frac{\varepsilon A}{d}$ 和其他结构的关系式通过相应的结构和测量电路可以选择 ε、A、d 三个参数。保持两个参数不变，只改变其中一个参数，则可以有测量谷物干燥度（ε 变）、测量位移（d 变）和测量液位（A 变）等多种电容式传感器。

本实验采用的传感器为圆筒式变面积差动结构的电容式位移传感器。如图 6-9 所示是由两个圆筒和一个圆柱组成的。设圆筒的半径为 R，圆柱的半径为 r，圆柱的长为 X，则电容量为 $C=\frac{2\pi\varepsilon X}{\ln(R/r)}$。图 6-9 中 C_1、C_2 是差动连接，当图中的圆柱产生 ΔX 位移时，电容量的变化量为

$$\Delta C = C_1 - C_2 = \frac{2\pi\varepsilon 2\Delta X}{\ln(R/r)} \tag{6-8}$$

式中，$2\pi\varepsilon$、$\ln(R/r)$ 为常数，说明 ΔC 与位移 ΔX 成正比。

(2) 测量电路核心部分是图 6-10 所示的二极管环路充放电电路。

图 6-10 中，环形充放电电路由二极管 VD_3、VD_4、VD_5、VD_6、电容 C_4、电感 L_1 和 C_{x1}、C_{x2}（差动式电容传感器）组成。

当高频励磁电压（$f>100$kHz）输入到 a 点，由低电平 E_1 阶跃到高电平 E_2 时，电容

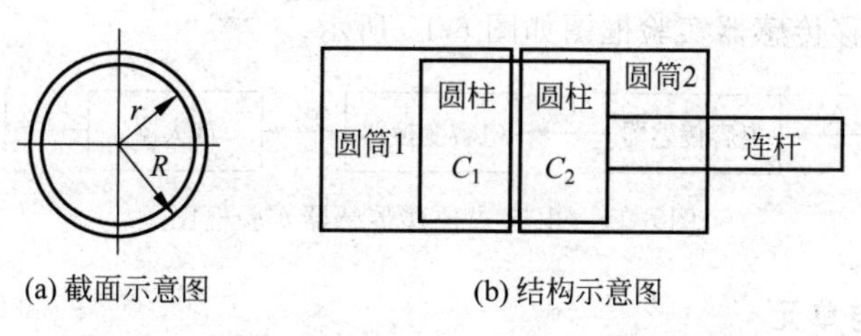

图 6-9 圆筒式变面积差动结构的电容式传感器

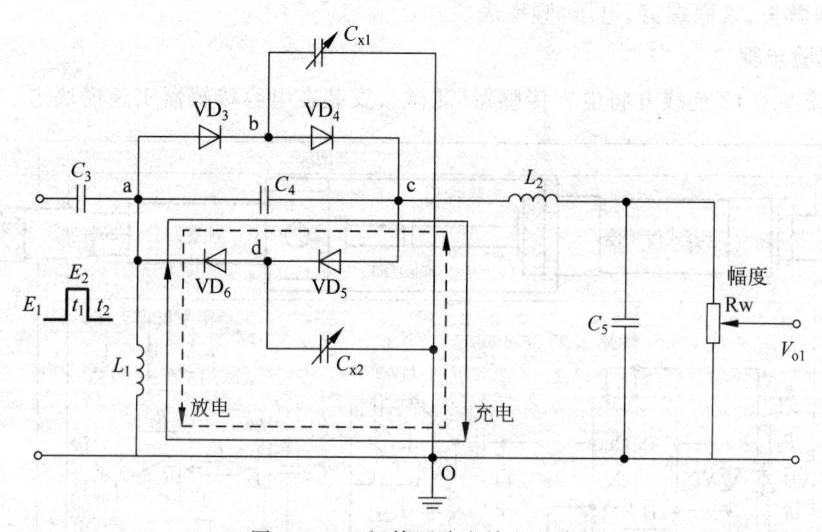

图 6-10 二极管环路充放电电路

C_{x1}、C_{x2} 两端电压均由 E_1 充到 E_2。充电电荷一路由 a 点经 VD_3 到 b 点，再对 C_{x1} 充电到 O 点（地）；另一路由 a 点经 C_4 到 c 点，再经 VD_5 到 d 点对 C_{x2} 充电到 O 点，此时，VD_4 和 VD_6 由于反偏置而截止。在 t_1 充电时间内，由 a 点到 c 点的电荷量为 $Q_1=C_{x2}(E_2-E_1)$。

当高频励磁电压由高电平 E_2 返回低电平 E_1 时，电容 C_{x1}、C_{x2} 均放电。C_{x1} 经 b 点、VD_4、c 点、C_4、a 点、L_1 放电到 O 点；C_{x2} 经 d 点、VD_6、L_1 放电到 O 点。在 t_2 时间内由 c 点到 a 点的电荷量为 $Q_2=C_{x1}(E_2-E_1)$。

当然，Q_1、Q_2 是在 C_4 的电容值远远大于传感器 C_{x1}、C_{x2} 的前提下得到的结果。电容 C_4 的充放电回路由图 6-10 中实线、虚线箭头所示。在一个充放电周期内（$T=t_1+t_2$），由 c 点到 a 点的电荷量为

$$Q=Q_2-Q_1=(C_{x1}-C_{x2})(E_2-E_1)=\Delta C_x \Delta E \tag{6-9}$$

式中，ΔE——励磁电压幅值；

ΔC_x——传感器的电容变化量。

由此可以看出，f、ΔE 一定时，输出平均电流 i 经电路中的电感 L_2、电容 C_5 滤波变为直流 I 输出，再经过 Rw 转换成电压输出 $V_{o1}=I\text{Rw}$。由传感器原理已知 ΔC 与 ΔX 位移成正比，所以通过测量电路的输出电压 V_{o1} 就可知 ΔX 位移量。

(3) 电容式位移传感器实验框图如图 6-11 所示。

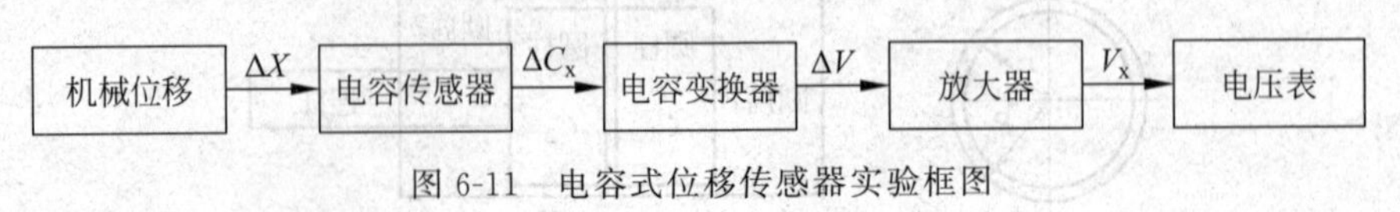

图 6-11 电容式位移传感器实验框图

3. 需用元件与单元

实验使用的元件与单元包括直流稳压电源±15V、电容传感器及连线、电容传感器实验模板、测微头、紧固螺钉、电压/频率表。

4. 实验步骤

(1) 按图 6-12 连线并将电容传感器、测微头安装在电容传感器实验模块上。

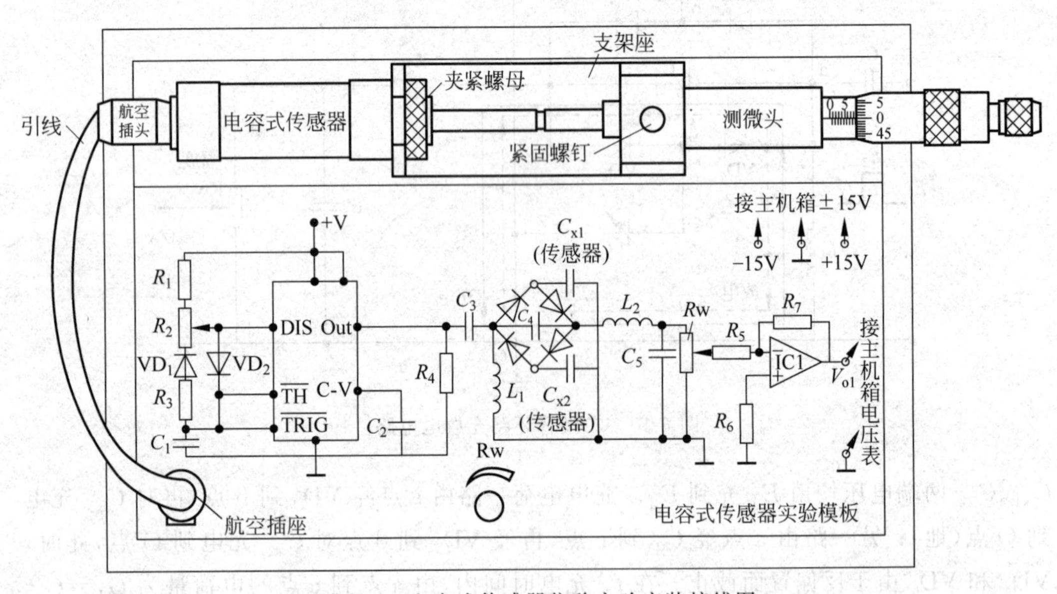

图 6-12 电容式传感器位移实验安装接线图

(2) 检查无误后开启主控箱电源,调节测微头位置使电容传感器动杆大致处于可移动范围的中间位置后,拧紧螺钉固定;电压/频率表量程选择 20V 档;旋动测微头改变电容传感器动极板位置,使电压表显示 0V;同一方向转动测微头至电压显示绝对值最大处,记录此时的测微头读数和电压表示数为实验起点;反方向转动测微头,每隔 0.5mm 记下位移 X 与输出电压值(这样单行程位移方向做实验可以消除测微头的回差),填入表 6-1 中。

表 6-1 电容式传感器位移与输出电压值

X/mm									
V/mV									

(3) 根据表 6-1 中的数据计算电容式传感器的系统灵敏度 S 和非线性误差 δ_f。

(4) 实验完毕,关闭主电源。

任务 6.2 超声波物位传感器

知识目标：

- 能够对常规超声波物位传感器的工作原理进行分析。
- 掌握超声波物位传感器测量电路的工作原理。

技能目标：

- 掌握超声波物位传感器常见的测量方法，并能够对测量数据进行分析。
- 熟练掌握超声波物位传感器的结构特点。
- 能够分析判断各种自动控制系统与传感器有关的故障。

素养目标：

- 在测量过程中与小组人员合作、交流，培养团队合作意识，增强沟通能力。
- 能够熟练使用、更换相关的传感器及配套电路。
- 能够利用网络、数据手册、厂商名录等获取和查阅传感器技术资料。

建议课时：

2课时。

6.2.1 认识超声波物位传感器

1. 超声波物位传感器的特点和功能

振动在弹性介质内的传播称为波动，简称波。高于20kHz的机械波称为超声波。当超声波由一种介质射入另一种介质时，由于在两种介质中传播的速度不同，其在介质面上会产生反射、折射和波形转换等现象。

超声波物位传感器的工作原理：传感器工作时向液面或粉体表面发射一束超声波，被其反射后，传感器再接收此反射波。假定声速一定，根据超声波往返的时间就可以计算出传感器到液面（粉体表面）的距离，即测量出液面（粉体表面）位置。其敏感元件有两种，一种由线圈、磁铁和膜构成；另一种由压电式磁致伸缩材料构成。前者产生的是10kHz的超声波，后者产生的是20～40kHz的超声波。超声波的频率越低，随着距离的缩短越小，但是反射效率也越小。因此，应根据测量范围、物位表面状况和周围环境条件决定所使用的超声波传感器。高性能的超声波物位传感器由微机控制，以紧凑的硬件进行特性调整和功能检测。它可以准确地区别信号波和噪声，因此，可以在搅拌器工作的情况下测量物位。此外，它在高温或吹风时也可检测物位，特别是可以检测高黏度液体和粉状体的物位。

超声波物位传感器是利用超声波在两种介质的分界面上的反射特性而制成的。如果从发射超声脉冲开始到接收换能器接收到反射波为止的这个时间为已知，就可以求出分界面的位置，利用这种方法可以对物位进行测量。根据发射和接收换能器的功能，传感器又可分为单换能器和双换能器。单换能器的传感器发射和接收超声波均使用一个换能器，而双换能器的传感器发射和接收各使用一个换能器，如图6-13所示。

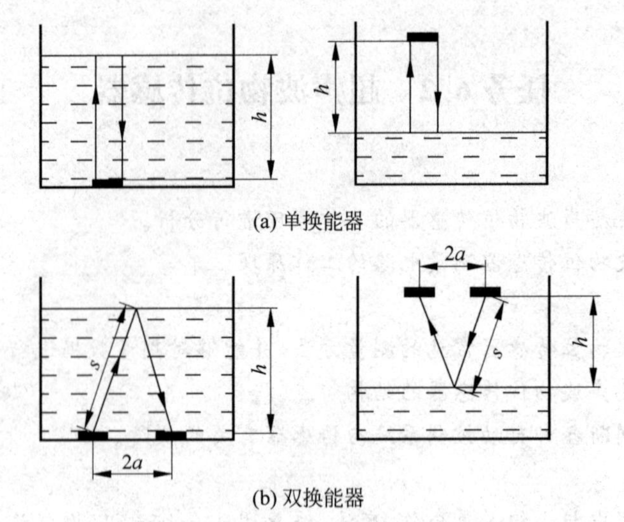

图 6-13 两种超声波物位传感器的结构原理示意图

2．测量原理

几种超声波物位测量的结构原理如图 6-14 所示。超声波发射和接收换能器可设置在水中，让超声波在液体中传播。由于超声波在液体中的衰减比较小，所以即使发出的超声波脉冲幅度较小也可以传播。超声波发射和接收换能器也可以安装在液面的上方，让超声波在空气中进行传播，这种方式虽然便于安装和维修，但由于超声波在空气中衰减幅度比较大，因此用于液位变化比较大的场合时，必须采取相应措施。

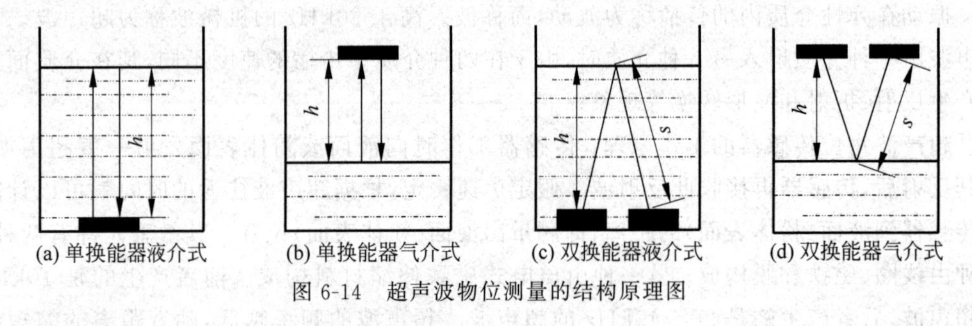

图 6-14 超声波物位测量的结构原理图

采用单探头时，探头与液面的距离为

$$h=\frac{vt}{2} \tag{6-10}$$

采用双探头时，探头与液面的距离为

$$h=\sqrt{s^2-a^2}=\sqrt{\left(\frac{vt}{2}\right)^2-a^2} \tag{6-11}$$

式中，h——探头与液面的距离；

t——超声波从发射到接收的间隔时间；

v——超声波在介质中的传播速度；

a——两换能器间距的一半；

s——超声波反射点到换能器的距离。

6.2.2 超声波物位传感器的使用

超声波物位传感器由超声波探头、超声波信号发射电路、超声波信号接收电路和控制电路组成。超声波物位传感器系统的构成如图 6-15 所示。

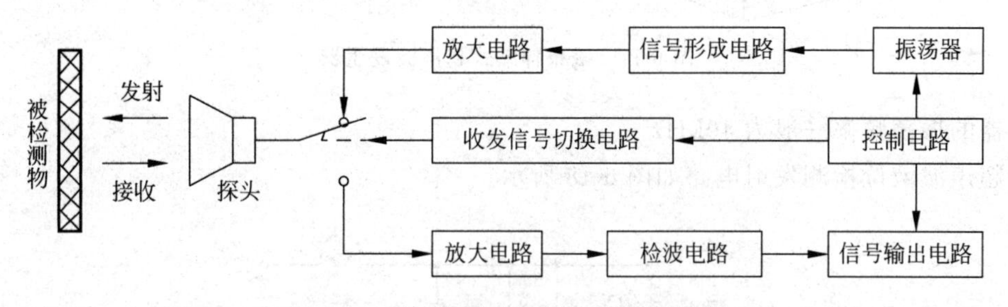

图 6-15 超声波物位传感器系统的构成

1. 超声波探头

超声波探头按其工作原理可分为压电式、磁致伸缩式、电磁式等，而以压电式最为常用。压电式超声波探头常用的材料是压电晶体和压电陶瓷，如图 6-16 所示，它是利用压电材料的压电效应进行工作的。逆压电效应将高频电振动转换成高频机械振动，从而产生超声波，可将其作为发射探头；利用正压电效应，将超声振动波转换成电信号，可将其作为接收探头。

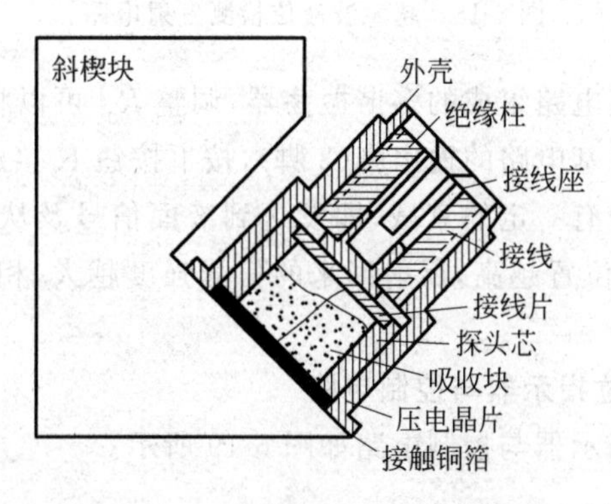

图 6-16 压电式超声波传感器结构

如图 6-17 所示，磁致伸缩式超声波传感器是利用铁磁材料的磁致伸缩效应原理进行工作的。如图 6-17 所示，磁致伸缩式超声波发生器是把铁磁材料置于交变磁场中，使它产生机械尺寸的交替变化即机械振动，从而产生超声波。磁致伸缩式超声波接收器的原理是：当超声波作用在磁致伸缩材料上时，引起材料伸缩，从而导致它的内部磁场（即导磁特性）发生改变，根据电磁感应，磁致伸缩材料上所绕的线圈便获得感应电动势，将此电动势送到测量电路，最后记录或显示出来。

2. 超声波液位检测发射电路

超声波液位检测发射电路主要由超声波振荡器、信号形成电路和放大驱动电路组成。

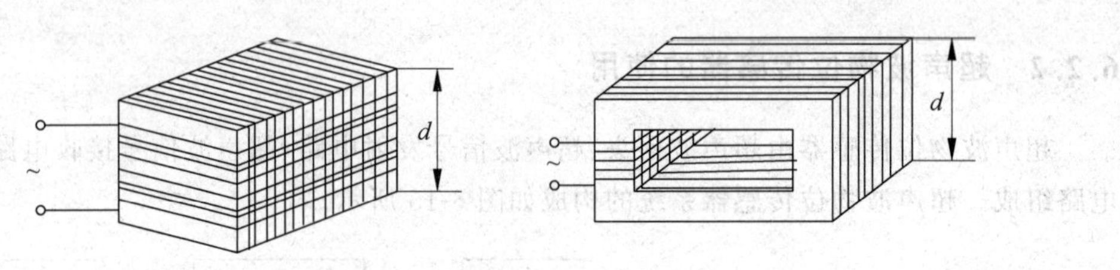

图 6-17　磁致伸缩式超声波发生器

振荡器的振荡频率一般为 40kHz。

超声波液位检测发射电路如图 6-18 所示。

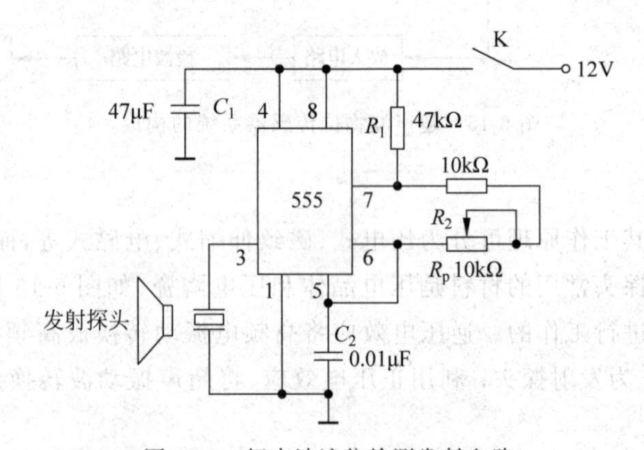

图 6-18　超声波液位检测发射电路

该电路是由 555 时基电路组成的多谐振荡器，调整 R_p 可以将频率调整到 40kHz，超声波发射探头接至 555 时基电路的输出脚(3 脚)，按下按钮 K 接通电源，发射出超声波信号。由于超声波在空气中有一定的衰减，即发送到液面信号及从液面反射回来的信号大小与液面位置有关，液面位置越高，反射回来的信号强度越大，相反，液面位置越低，反射回来的信号强度越小。

3. 超声波接收及液位指示器与控制电路

超声波接收及液位指示器与控制电路如图 6-19 所示。

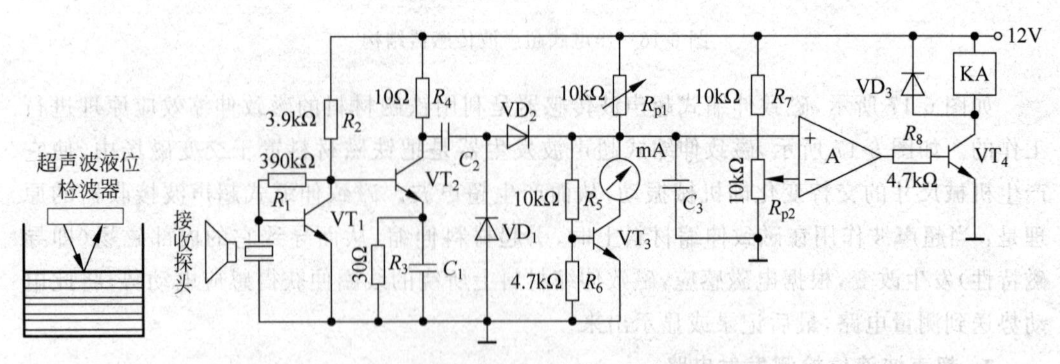

图 6-19　超声波接收及液位指示器与控制电路

电路中接收到的信号由 VT_1、VT_2 放大，经 VD_1、VD_2 检波变换成直流电压，当 R_6 上的电压高于 VD_3 导通电压时，VD_3 导通，其集电极有电流通过，电流表有指示，电流的大小与液面位置的高度有关。当液位低于设定值时，比较器输出低电平，VD_4 截止，如果液面位置高于设定值时，比较器输出高电平，VD_4 导通，继电器 K_4 通电，其常开触点闭合，通过电磁阀将输液开关关闭，以达到控制液面位置的目的。

6.2.3 压电式传感器测量振动实验

1. 实验目的

了解压电式传感器测量振动的原理和方法。

2. 基本原理

压电式传感器是一种典型的发电型传感器，其传感元件是压电材料，它以压电材料的压电效应为转换机理实现从力到电量的转换。压电式传感器可以对各种动态力、机械冲击和振动进行测量，在声学、医学、力学、导航方面都得到广泛的应用。

1）压电效应

具有压电效应的材料称为压电材料，常见的压电材料有两类：压电单晶体，如石英、酒石酸钾钠等；人工多晶体压电陶瓷，如钛酸钡、锆钛酸铅等。

压电材料受到外力作用时，在发生变形的同时内部产生极化现象，它表面会产生符号相反的电荷。当外力消失时，会重新恢复到原来不带电状态，当作用力的方向改变后电荷的极性也随之改变。图 6-20 所示的现象称为压电效应。

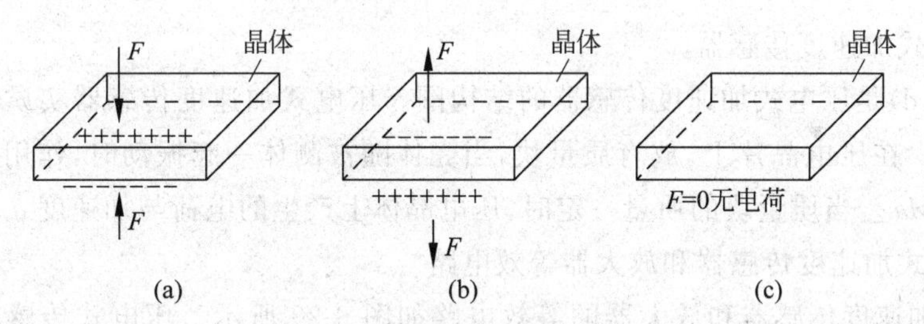

图 6-20 压电效应原理示意

2）压电晶片及其等效电路

多晶体压电陶瓷的灵敏度比压电单晶体要高很多，压电式传感器的压电元件是在两个工作面上蒸镀有金属膜的压电晶片，金属膜构成两个电极，如图 6-21(a)所示。当压电晶片受到力的作用时，便有电荷聚集在两极上，一面为正电荷，一面为等量的负电荷。这种情况和电容器十分相似，所不同的是晶片表面上的电荷会随着时间的推移逐渐消失。压电晶片材料的绝缘电阻虽然很大，但毕竟不是无穷大，从信号变换角度来看，压电元件相当于一个电容发生器，从结构上来看，它又是一个电容器。因此，通常将压电元件等效为一个电荷源与电容并联的电路，如图 6-21(b)所示。其中 $e_a=Q/C_a$，式中 e_a 为压电晶片受力后所呈现的电压，也称为极板上的开路电压；Q 为压电晶片表面的电荷；C_a 为压电晶片的电容。

实际的压电式传感器中，往往用两片或两片以上的压电晶片进行并联或串联。如图 6-21(c)所示，压电晶片并联时两晶片正电极在中间极板上，负电极在两侧的电极板上，因而电容量大，输出电荷量大，时间常数大，宜于测量缓变信号并以电荷量作为输出。

压电式传感器的输出，理论上应当是压电晶片表面的电荷 Q。根据图 6-21(b)可知，测试中也可取等效电容 C_a 上的电压值作为压电传感器的输出。因此，压电式传感器就有电荷和电压两种输出形式。

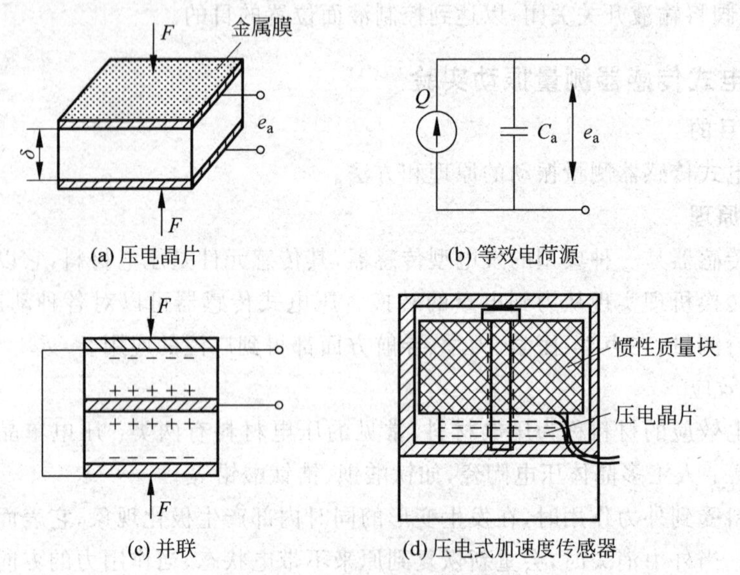

图 6-21　压电晶片及等效电路

3）压电式加速度传感器

图 6-21(d)是压电式加速度传感器的结构图。压电式加速度传感器实质上是一个惯性力传感器。在压电晶片上，放有质量块，当壳体随被测体一起振动时，作用在压电晶体上的力 $F=Ma$。当质量块的质量一定时，压电晶体上产生的电荷与加速度 a 成正比。

4）压电式加速度传感器和放大器等效电路

压电式加速度传感器和放大器的等效电路如图 6-22 所示。压电式传感器的输出信号很弱，必须进行放大，压电式传感器所配的放大器有两种结构形式：一种是带电阻反馈的电压放大器，其输出电压与输入电压（即传感器的输出电压）成正比；另一种是带电容反馈的电荷放大器，其输出电压与输入电荷量成正比。

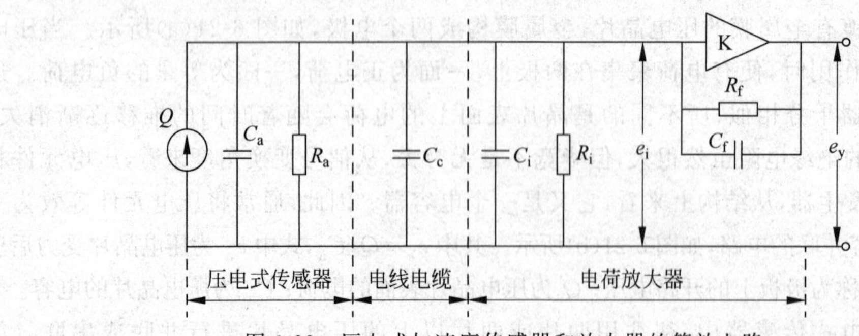

图 6-22　压电式加速度传感器和放大器的等效电路

电压放大器测量系统的输出电压对电缆电容 C_c 敏感。当电缆长度变化时，C_c 就会变化，使得放大器输入电压 e_i 变化，系统的电压灵敏度也将发生变化，这就增加了测量的困难。电荷放大器则克服了上述电压放大器的缺点。它是一个高增益带电容反馈的运算放大器。当略去传感器的漏电阻 R_a 和电荷放大器的输入电阻 R_i 影响时，有

$$Q = e_i(C_a + C_c + C_i) + (e_1 - e_y)C_f \tag{6-12}$$

式中，e_i——放大器的输入端电压；

e_y——放大器输出端电压，$e_y = -Ke_1$，K 为电荷放大器开环放大倍数；

C_f——电荷放大器反馈电容。

设 $C = C_a + C_c + C_i$，将 $e_y = -Ke_i$ 代入式(6-11)中，可得到放大器输出端电压 e_y 与传感器电荷 Q 的关系式，即

$$e_y = -KQ/[(C + C_f) + KC_f] \tag{6-13}$$

当放大器的开环增益足够大时，则有 $KC_f \gg C + C_f$，式(6-12)简化成

$$e_y = -Q/C_f \tag{6-14}$$

式(6-13)表明在一定条件下，电荷放大器的输出电压与传感器的电荷量成正比，而与电缆分布电容无关，输出灵敏度取决于反馈电容 C_f。所以，电荷放大器的灵敏度调节都是采用切换运算放大器反馈电容 C_f 的办法。采用电荷放大器时，即使连接电缆长度达百米以上，其灵敏度也无明显变化，这是电荷放大器的主要优点。

5) 压电加速度传感器实验原理

压电加速度传感器实验原理、电荷放大器如图 6-23 和图 6-24 所示。

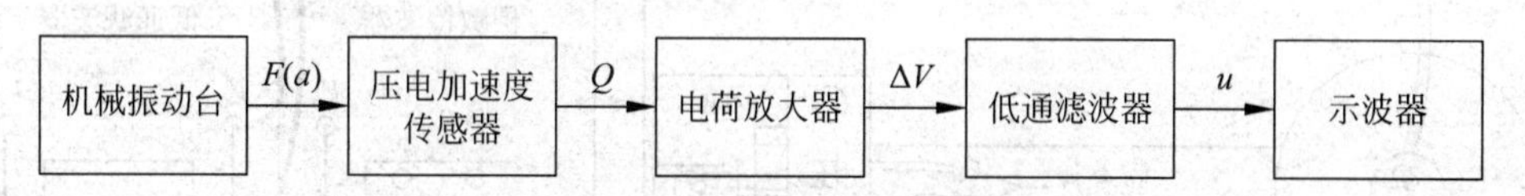

图 6-23　压电加速度传感器实验原理框图

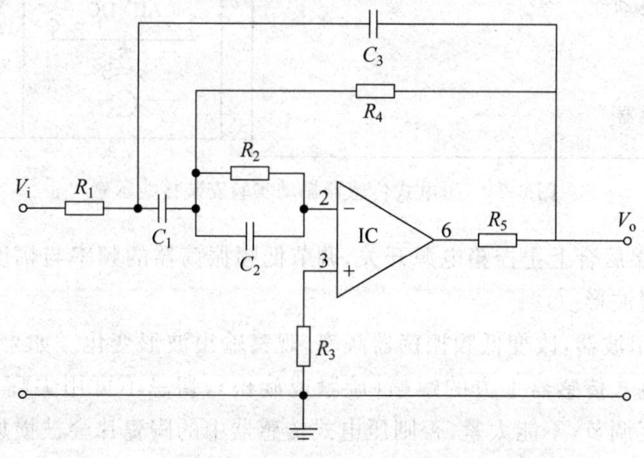

图 6-24　电荷放大器原理

3. 需用元件与单元

实验所用的元件与单元包括直流稳压电源±15V、振动源模块、压电传感器、移相/相

敏检波/低通滤波器模块、低频振荡器、压电式传感器实验模块、双踪示波器。

4. 实验步骤

(1) 先将压电式传感器装在振动源模块上,压电式传感器底部装有磁钢,可和振动盘中心的磁钢吸合。

(2) 将低频振荡器信号接入到振动源的低频输入源插孔。

(3) 按图 6-25 接线,将压电式传感器输出红线插入压电式传感器实验模块 1 输入端,黑线接地。将压电式传感器实验模块电路输出端 V_{o1}(如增益不够大,则 V_{o1} 接入 IC2,V_{o2} 接入低通滤波器)接入低通滤波器输入端 V_i,低通滤波器输出 V_o 与示波器相连。

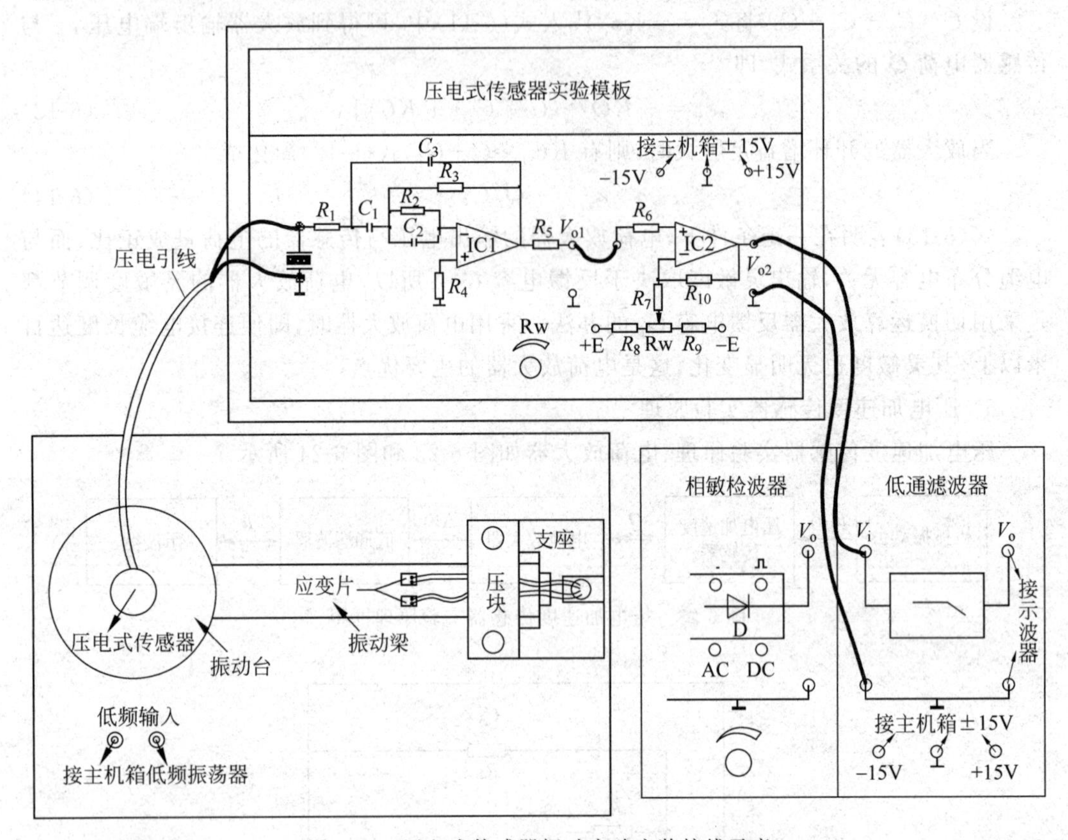

图 6-25　压电式传感器振动实验安装接线示意

(4) 检查无误后合上主控箱电源开关,调节低频振荡器的频率与幅度旋钮,使振动台振动,观察示波器波形。

(5) 调整好示波器,改变低频振荡器频率,观察输出波形变化。如果压电的波形不完美,则可调节压电式传感器上方的螺帽(旋紧或旋松),切忌不可用尖嘴钳等工具旋转螺帽,只可用手轻度调节,不能太紧,否则压电式传感器中的陶瓷片会被损坏。

(6) 用示波器的两个通道同时观察低通滤波器输入端和输出端波形并比较。

(7) 低频振荡器的幅度旋钮固定至最大,调节低频频率,调节时可用频率表监测频率,用示波器读出输出波形峰-峰值填入表 6-2。

表 6-2 压电式传感器输出与振动频率的关系

F/Hz	5	7	12	15	17	20	25
V_{pp}/V							

(8) 根据表 6-2 推测出振动台的自振频率。

(9) 实验完毕,关闭主电源。

任务 6.3 静压式物位传感器

知识目标:

- 掌握静压式物位传感器的工作原理并能进行分析。
- 掌握静压式物位传感器测量电路的工作原理。

技能目标:

- 会分析判断各种静压式物位传感器的使用方法。
- 会设计静压式物位传感器的结构。

素养目标:

- 在测量过程中与小组人员合作、交流,培养团队合作意识,增强沟通能力。
- 能熟练使用、更换相关的传感器及配套电路。
- 利用网络、数据手册、厂商名录等获取和查阅传感器技术资料的能力。

建议课时:

2 课时。

6.3.1 认识静压式物位传感器

1. 静压式物位传感器的特点和功能

静压式物位传感器根据液柱或物料堆积高度变化对某点上产生的静(差)压力的变化的原理测量物位。静压式物位传感器有压力式物位传感器和差压式物位传感器两种。

2. 压力式物位传感器测量原理

压力式液位计是属于静压式液位计的一种,其原理以流体静力学为基础。它一般仅适用于敞口容器的液位测量,通常有利用压力表测量液位和利用吹气法测量液位两种形式。在此仅介绍利用压力表测量液位的方法。用压力表测量液位原理示意图如图 6-26 所示。测量仪表通过导压管与容器底部相连,由测压仪表的示值即可知道液位高度(可以用液位高度标注),即

$$p = H\rho g = \gamma H \tag{6-15}$$

如需将信号远传,则可采用气动或电动压力变送器进行检测发送。但是液体密度不是定值时,会引起一定的误差。当压力表与其取压点或取压点与被测液位的零位不在同一水平位置时,必须对位置高或低引起的压力差值进行修正,否则仪表示值与实际液位不相符。

3. 差压式液位计的工作原理

差压式液位计也属于静压式液位计的一种，它广泛适用于密封容器的液位测量。因为在有压力的密闭容器中，液面上部空间的气相压力不一定为定值，所以用压力式液位计来测量液位时，其示值中就包含有气相压力值，即使在液位不变时，压力表的示值也可能变化，因而无法正确反映被测液位。为了消除气相压力变化的影响，故需采用差压式液位计。差压式传感器测量液位原理示意如图 6-27 所示。

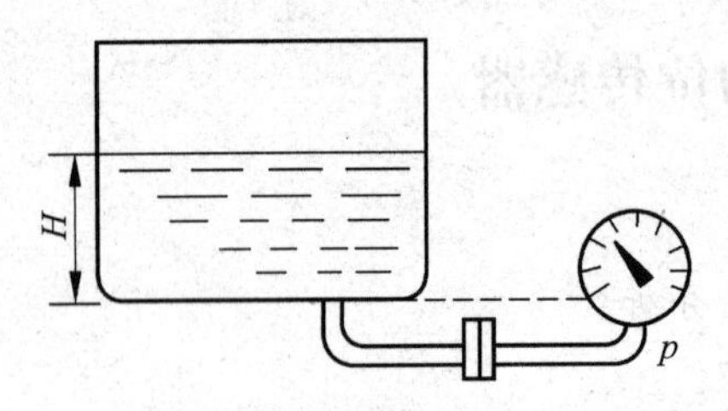

图 6-26 用压力表测量液位原理示意图

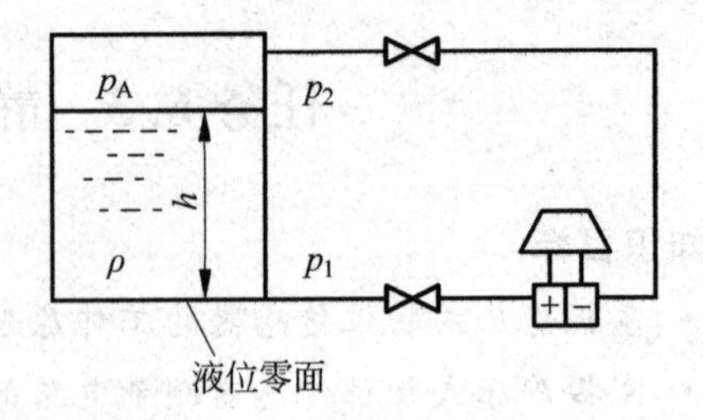

图 6-27 差压式传感器测量液位原理示意图

6.3.2 差压式物位传感器的使用

1. 取压点与液位零面在同一水平面

设被测介质的密度为 ρ，容器顶部为气相介质，气相压力为 p_A，p_B 是液位零面的压力，p_1 是取压口的压力，根据静力学原理可得

$$p_2 = p_A \tag{6-16}$$

$$p_1 = p_A + \rho gh \tag{6-17}$$

因此，差压变送器正负压室的压力差为

$$\Delta p = p_1 - p_2 = \rho gh \tag{6-18}$$

液位测量问题就转化为差压测量问题了。但是，当液位零面与检测仪表的取压口不在同一水平高度时，会产生附加的静压误差。此时就需要进行量程迁移和零点迁移。

2. 取压口低于容器底部

如图 6-28 所示，当差压变送器的取压口低于容器底部时，差压变送器上测得的差压如下。

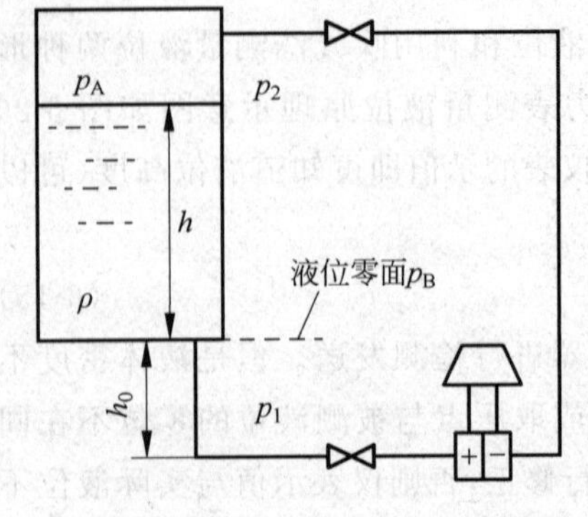

图 6-28 液位测量的正迁移示意

因为

$$p_2 = p_A \tag{6-19}$$

$$p_1 = p_B + h_0\rho g = p_A + \rho gh + \rho gh_0 \tag{6-20}$$

所以

$$\Delta p = p_1 - p_2 = \rho gh + \rho gh_0 \tag{6-21}$$

为了使液位的满量程和起始值仍能与差压变送器的输出上限和下限相对应，就必须克服固定差压 ρgh_0 的影响，采用零点迁移可实现。

假设在无迁移情况下：实际测量范围是 0～

h_{max}，输出信号为 20～100kPa。

在有正迁移的情况下：实际测量范围是 $0\sim(h_0+h_{max})$，当 $h=0$ 时，输出不是 20kPa 而是大于 20kPa，原因是 Δp 多出一项 $h_0\rho g$。为了迁移掉 $h_0\rho g$，即在 $h=0$ 时仍然使输出 $p_0=20\text{kPa}$，可以调整仪表的迁移弹簧张力。由于 $h_0\rho g$ 作用在正压室上，所以称为正迁移量。迁移弹簧张力抵消了 $h_0\rho g$ 在正压室内产生的力，达到正迁移的目的。

由于 $\rho g h_0>0$，所以称为正迁移。

量程迁移后，测量范围为 $0\sim h_{max}\rho g$，再通过零点迁移，使差压式液位计的测量范围调整为 $h_0\rho g\sim(h_0\rho g+h_{max}\rho g)$。

3. 介质有腐蚀性时

当被测介质有腐蚀性时，差压变送器的正、负压室之间就需要装隔离罐，原理如图 6-29 所示。

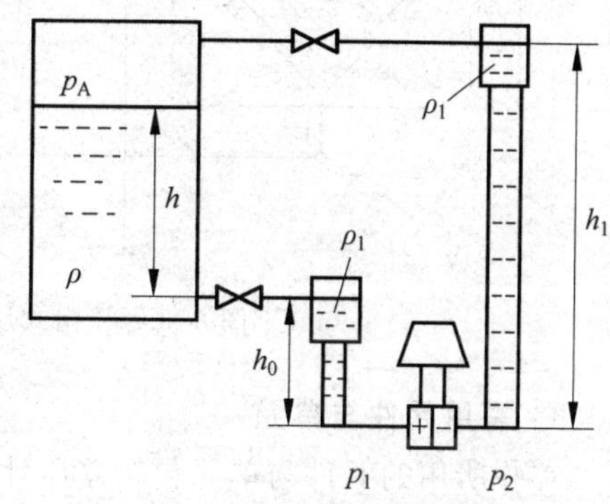

图 6-29 液位测量的负迁移示意

如果隔离液的密度为 $\rho_1(\rho_1>\rho)$，则

因为

$$p_2=p_A+\rho_1 g h_1 \tag{6-22}$$

$$p_1=p_A+\rho g h+\rho_1 g h_0 \tag{6-23}$$

所以

$$\Delta p=p_1-p_2=\rho g h+\rho_1 g(h_0-h_1) \tag{6-24}$$

式(6-23)可变为

$$\Delta p=p_1-p_2=\rho g h-\rho_1 g(h_1-h_0) \tag{6-25}$$

对比无迁移情况，Δp 多了一项压力 $-(h_1-h_0)\rho_1 g$，它作用在负压室上，称为负迁移量。当 $h=0$ 时，$\Delta p=-(h_1-h_0)\rho_1 g$，因此 $p_0<20\text{kPa}$。为了迁移掉 $-(h_1-h_0)g$ 的影响，可以调整负迁移弹簧的张力来进行负迁移以抵消掉 $-(h_1-h_0)\rho_1 g$ 在负压室内产生的力，以达到负迁移的目的。

迁移调整后，差压式液位计的测量范围调整为

$$-(h_1-h_0)\rho_1 g\sim[h_{max}\rho g-(h_1-h_0)\rho_1 g] \tag{6-26}$$

由于 $\rho_1 g(h_0-h_1)<0$，所以称为负迁移。

6.3.3 压阻式压力传感器的压力测量实验

1. 实验目的

了解扩散硅压阻式压力传感器测量压力的原理和方法。

2. 基本原理

扩散硅压阻式压力传感器的工作机理是半导体应变片的压阻效应，在半导体受力变形时会暂时改变晶体结构的对称性，因而改变了半导体的导电机理，使得其电阻率发生变化，这种物理现象称为半导体的压阻效应。一般半导体采用 N 型单晶硅为传感器的弹性元件，在它的上面直接蒸镀扩散出多个半导体电阻应变薄膜（扩散出 P 型或 N 型电阻条）组成电桥。在压力（压强）作用下弹性元件产生应力，半导体电阻应变薄膜的电阻率产生

很大的变化，引起电阻的变化，经电桥转换成电压输出，其输出电压的变化反映了所受到的压力的变化。图 6-30 所示为压阻式压力传感器压力测量实验原理。

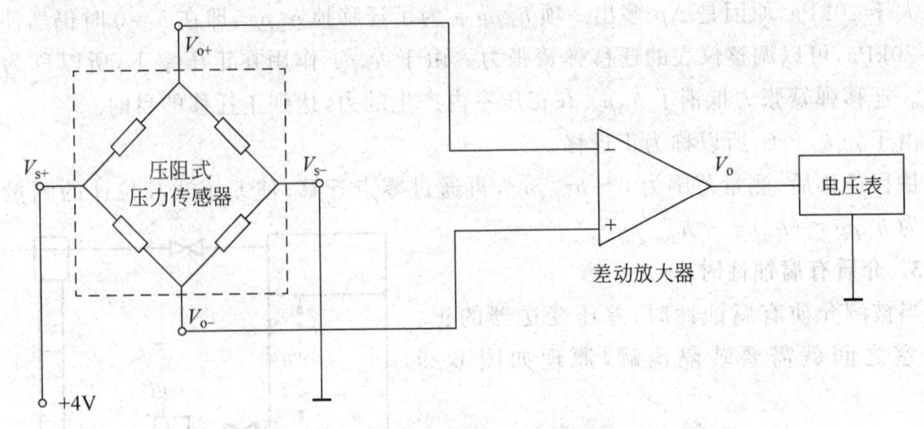

图 6-30 压阻式压力传感器压力测量实验原理

3. 需用元件与单元

实验所用的元件与单元包括差压计(气压表、气阀连球、三通)、压力传感器实验模块、电压表、可调直流稳压源±4V、直流稳压电源±15V。

4. 实验步骤

(1) 按图 6-31 连接供压管路，将差压计的出气口软管插入压阻式传感器模块的气压嘴，差压传感器两只气嘴中，一只为高压嘴，另一只为低压嘴，这里选用的是高压嘴。压力传感器有 4 端：3 端接+4V 电源，1 端接地线，2 端为 V_{o+}，4 端为 V_{o-}。按图 6-32 连接压阻式压力传感器测量系统电路。

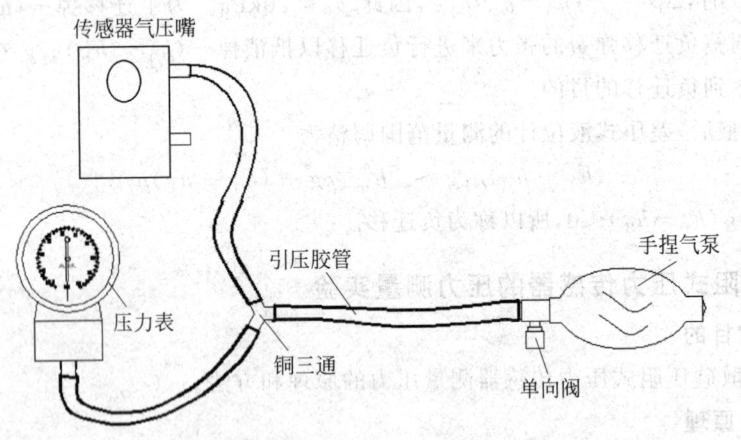

图 6-31 压阻式压力传感器供压管路

(2) 实验模块上 Rw2 用于调节零位，Rw1 和 Rw3 调节放大倍数，模块的放大器输出 V_{o2} 引到主控箱电压表的 V_i 插座，将电压表量程选择开关拨到 20V 挡，反复调节 Rw2(此时 Rw1 顺时针到底，Rw3 处于电位器中间位置)使电压表显示为零。

(3) 打开主控箱电源，按压差压计的气囊观察气压表读数。

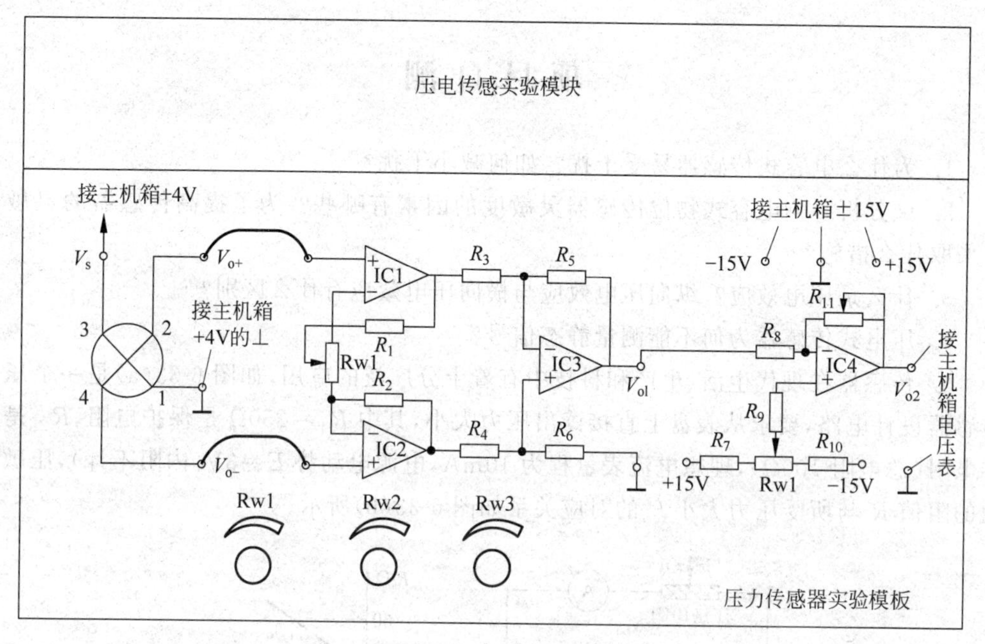

图 6-32 压阻式压力传感器模块接线

（4）按压气囊调节气压，使在 5～40kPa 每变化 5kPa 分别读取气压表读数，同步记录电压表读数，将数据记录于表 6-3 中，画出实验曲线计算本系统的灵敏度和非线性误差。

表 6-3 压力表数值与变换电路输出电压值

p/kPa								
V_o/V								

（5）实验完毕，关闭主电源。

5. 思考题

如何使用本系统设计成为一个压力计？（提示：采用逼近法。）

项目总结

物位传感器的种类有很多：电容式液位传感器能在高温辐射和强烈振动等恶劣环境下工作。广泛应用于建筑、石油、化工、矿山、储运等工业生产领域，对于提高产品质量，优化过程控制具有十分重要的作用。超声波物位传感器一般适用于表面规则平整的液体液位测量，在水处理、化工、电力、冶金、石油、半导体等行业有着广泛应用，特别适用于有腐蚀的介质（酸、碱）、有污染的场合或易产生黏附物的场合下的液位测量。差压式传感器目前广泛用于试验台、风洞、泄漏检测系统等场景。由此可见，物位传感器是一种广泛应用于工业自动化领域的传感器，可以提高生产效率、安全性和过程控制能力。

项 目 自 测

1. 为什么电容式传感器易受干扰？如何减小干扰？

2. 试分析影响电容式物位传感器灵敏度的因素有哪些？为了提高传感器的灵敏度可采取什么措施？

3. 什么是压电效应？纵向压电效应与横向压电效应有什么区别？

4. 压电式传感器为何不能测量静态信号？

5. 传感器在现代生活、生产和科技中有着十分广泛的应用，如图 6-33(a)是一个压力传感器设计电路，要求从表盘上直接读出压力大小，其中 $R_1=250\Omega$ 是保护电阻，R_2 是调零电阻(总电阻 100Ω)，理想电流表量程为 10mA，电源电动势 $E=3V$(内阻不计)，压敏电阻的阻值 R 与所受压力大小 F 的对应关系如图 6-33(b)所示。

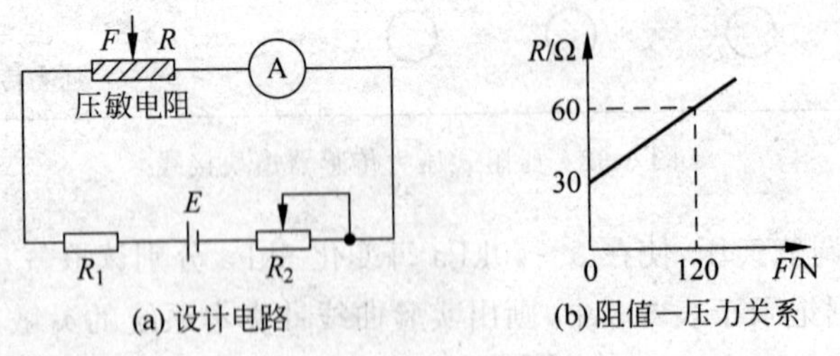

图 6-33 压力传感器设计电路与阻值—压力关系

(1) 要对压力传感器进行调零，调零电阻 R_2 应调为________Ω。

(2) 现对表盘进行重新赋值，原 3mA 刻度线应标注________N。

项目7　流量检测

【项目导读】

在工业生产过程中，为了有效地指导生产操作、监视和控制生产过程，需要经常检测生产过程中各种流动介质(如液体、气体或蒸汽、固体粉末)的流量，以便为管理和控制生产提供依据。同时，工厂与工厂、车间与车间之间经常有物料的输送，需要对它们进行准确的计量，作为经济核算的重要依据。所以，流量检测在现代化生产中显得十分重要。流量检测仪表是发展生产、节约能源、改进产品质量、提高经济效益和管理水平的重要工具，是工业自动化仪表与装置中的重要仪表之一。

任务7.1　了解流量检测的主要方法

知识目标：

- 掌握流量的计算方式。
- 掌握流量计的种类。

技能目标：

- 学会流量的计算。
- 能正确地选取合适的流量计。

素养目标：

- 具有基本的流量相关的数学计算能力。
- 具有根据实际情况选取合适器材的能力。

建议课时：

1课时。

7.1.1　流量的概念

在工业生产过程和人们的日常生活中要接触到很多的流体，包括液体、气体、粉末和固体颗粒等，在许多场合都要测量流过流体的总量或瞬时流量。

流量是指流体在单位时间内流过管道或明渠中某截面的体积或质量，前者称体积流量，后者称质量流量。

流过某截面的流体的速度在截面上各处可能不是均匀的，假定在这个截面上某一微

小单元面积为 $\mathrm{d}A$，速度 v 是均匀的，流过该单元面积上的体积流量为

$$\mathrm{d}q = v\mathrm{d}A \tag{7-1}$$

整个截面上的流量 Q 为

$$Q_V = \int_A v\mathrm{d}A \tag{7-2}$$

如果在截面上速度分布是均匀的，以上积分式可写成

$$Q_V = vA \tag{7-3}$$

如果介质的密度为 ρ，那么质量流量为

$$Q_m = \rho Q_V = \rho vA \tag{7-4}$$

在流体的消耗、储存核算、管理等许多场合，常常对流体的总量感兴趣，要求测出在某一时间内流过管道流体的总和，也就是流量在某一段时间 T 里的积分，即总体积量 V 或总质量 M。则

$$V = \int_T Q_V \mathrm{d}t \tag{7-5}$$

或

$$M = \int_T Q_m \mathrm{d}t \tag{7-6}$$

测量流量所用的仪表常称为流量计，而计量总量的仪表则称为计量表。随着流量检测技术的发展，大部分流量计可以选择加装累积流量功能的装置。因此，多数流量计和计量表都同时具有测量流量和累积计算总量的功能。习惯上把流量计和计量表统称为流量计。

7.1.2 流量计的分类

流体的性质各不相同，例如，液体和气体在可压缩性上差别很大，它们的密度受温度、压力的影响程度也相差悬殊，各种流体的黏度、腐蚀性及导电性等也不一样。尤其是工业生产过程情况复杂，某些场合的流体伴随着高温、高压甚至是气液两相或液固两相的混合流体流动，很难用同一种方法测量其流量。

流量的检测方法分为三类，即速度式、容积式和质量式。工业上的流量检测通常要求获得瞬时流量和总流量。

(1) 速度流量计。速度流量计的应用较为广泛，品种也较多。它包括差压式流量计、转子流量计、靶式流量计、涡轮流量计、电磁流量计、旋涡流量计和超声波流量计等。

(2) 容积流量计。容积流量计的工作原理比较简单，适用于测量高黏度、低雷诺数的流体。其特点是流动状态对测量结果的影响较小，精确度较高，但不适用于高温、高压和脏污介质的流量测量。这种类型的流量计包括椭圆齿轮流量计、腰轮流量计、刮板式流量计和伺服式流量计等。

(3) 质量流量计。质量流量计以测量与物质质量有关的物理效应为基础，分为直接式和推导式两种。直接式质量流量计利用与质量流量直接有关的原理(如牛顿第二定律)进行测量，目前常用的有量热式、微动式、角动式和振动陀螺式等。推导式质量流量计是

同时测量流体的密度和体积流量，通过运算推导出质量流量的；也可以同时连续测量温度、压力，将其转换成密度，再与体积流量进行运算得到质量流量。

任务 7.2 差压式流量计测流量

知识目标：

- 掌握差压式流量计的特点、组成及功能。
- 掌握节流装置的选用原则。

技能目标：

- 熟练使用差压式流量计测量物理参数。
- 掌握差压式流量计的安装与使用方法。

素养目标：

- 在测量过程中与小组人员合作、交流，培养团队合作意识，增强沟通能力。
- 养成规范测量，合理使用测量仪器的习惯。
- 能够分析数据，撰写规范的实训报告。

建议课时：

3 课时。

差压式流量计是目前工业生产中检测气体、蒸汽、液体流量最常用的一种检测仪表。据统计，在冶金、石油、化工等企业中，所用的流量计 70%～80%是差压式流量计。这种流量计之所以能广泛应用于生产流程中，是因为它具有一系列优点——检测方法简单，没有可动部件，工作可靠，适应性强，可不经实流标定而能保证一定的精度。其缺点是量程范围狭窄，最大流量与最小流量之比为 3∶1，压力损耗较大，刻度为非线性。

差压式流量计也叫节流式流量计，它是利用流体流经节流装置时产生压力差的原理来实现流量测量的。差压式流量计主要由两大部分组成：一部分是节流式变换元件，节流装置如孔板、喷嘴、文丘里管等；另一部分是用来测量节流元件前后静压差的差压计，根据压差和流量的关系可直接指示流量。

7.2.1 工作原理

当流体流经急骤收缩的横断面时，会出现强压增速的现象，这种现象称为节流现象。差压式流量计就是利用节流现象测量流量的。

当连续流动的流体遇到安装在管道中的节流装置时，由于流体流通面积突然缩小而形成流束收缩，导致流体速度加快；在挤过节流孔后，流速又因为流通面积变大和流束扩大而降低。由能量守恒定律可知，动压能和静压能在一定条件下可以互相转换，流速加快必然导致静压力降低，于是在节流件前后产生静压差 $\Delta P = P_1 - P_2$，且 $P_1 > P_2$，此即节流现象。图 7-1 所示为节流件前后流体的流速与压力的分布情况，图 7-1 中管道截面 1、2、3 处流体的压力分别为 P_1、P_2、P_3，平均流速分别为 v_1、v_2、v_3。

静压差的大小与流过的流体流量之间为平方根关系，即

$$q = K\sqrt{\Delta P} \tag{7-7}$$

因此,通过测量节流件前后的静压差即可求得流量。

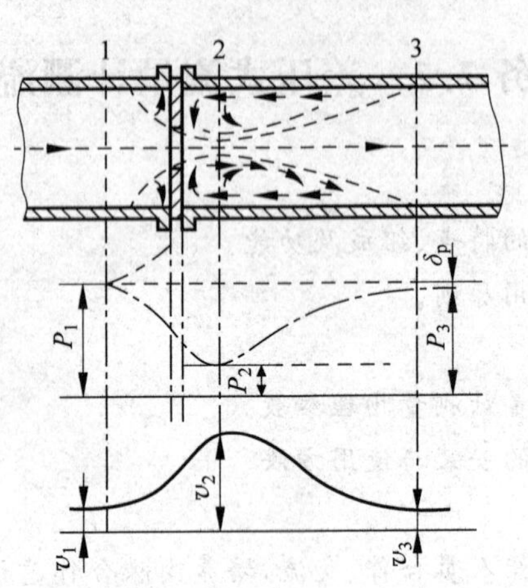

图 7-1 节流件前后流体的流速与压力的分布情况

7.2.2 标准节流装置

人们对节流装置作了大量的研究工作,一些节流装置已经标准化了。对于标准化的节流装置,只要按照规定进行设计、安装和使用,不必进行标定,就能准确地进行流量测量。标准节流装置是由标准节流件、标准取压装置和节流件上、下游侧阻力件以及它们之间的直管段所组成,如图 7-2 所示。

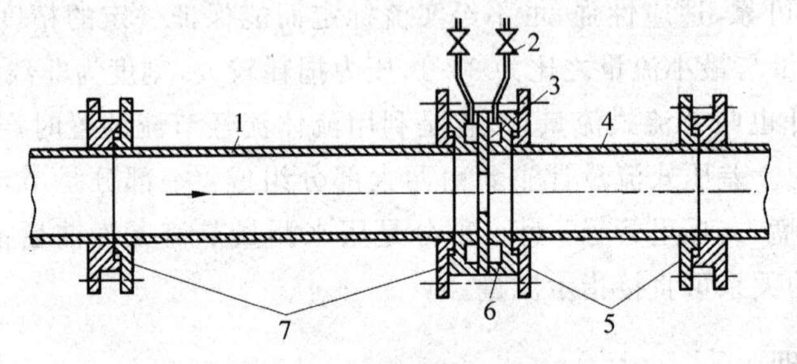

图 7-2 全套节流装置

1—上游直管段; 2—导压管; 3—孔板; 4—下游直管段; 5、7—连接法兰; 6—取压环室

1. 标准节流件

我国颁布了国家标准《用安装在圆形截面管道中的差压装置测量满管流体流量》(GB/T 2624—2006),主要规定了标准孔板、标准喷嘴、长径喷嘴和文丘里管等。

1) 标准孔板

标准孔板是一块中间带圆孔的金属圆板,由圆柱形的流入面和圆锥形的流出面所构成,圆形开孔与管道轴线同心,两面平整且平行,开孔边缘非常锐利,且圆筒形柱面与孔板上游侧端面垂直。用于不同管道内径和各种取压方式的标准孔板,其几何形状都是相似的,如图 7-3 所示,其中所标注的尺寸可参阅相关标准规定。标准孔板的开孔直径 d 是一个很重要的参数，对制成的孔板，应至少取 4 个大致相等的角度测得直径的平均值。任一孔径的单测值与平均值之差不得超过 0.05%。

2）标准喷嘴

如图 7-4 所示，标准喷嘴的型线由 5 部分组成，即进口端面 A、第一圆弧曲面 B、第二圆弧曲面 C、圆筒形喉部 E 和圆筒形喉部的出口边缘保护槽 F。具体参数请参阅国家标准规定。

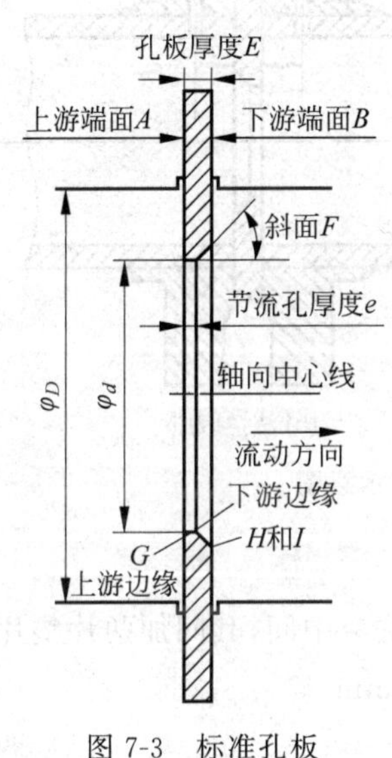

图 7-3　标准孔板

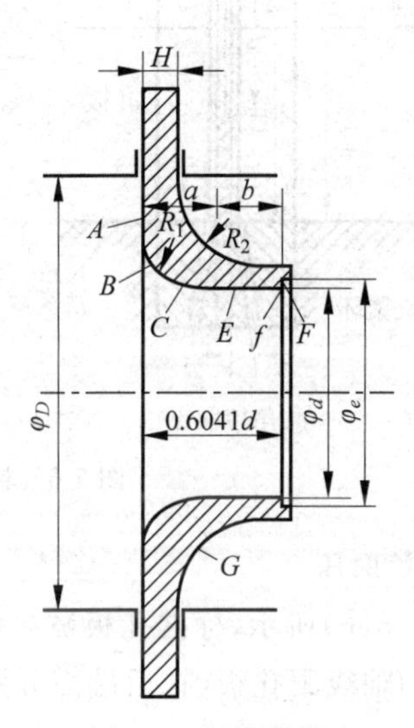

图 7-4　标准喷嘴

2. 取压方式

取压方式和取压口位置、取压口结构有关。不同的取压方式，取压口在节流件前后的位置不同，取出的差压值也不同。标准节流装置对每种节流元件的取压方式都有明确规定。标准孔板通常采用两种取压方式，即角接取压和法兰取压，图 7-5 所示为标准孔板的取压方式示意图。标准喷嘴仅采用角接取压方式，其结构同标准孔板角接取压结构。

1）角接取压

孔板上、下游侧取压孔位于上、下游孔板前后端面处，取压口轴线与孔板各相应端面之间的间距等于取压口直径的一半或取压口环隙宽度的一半。

角接取压又分为环室取压和夹紧环(单独钻孔)取压两种。如图 7-5(a)所示中上半部分采用环室取压，下半部分采用单独钻孔取压。

环室取压的前后两个环室在节流件两边，环室夹在法兰之间，法兰与环室、环室与节流件之间放有垫片并夹紧。节流件前后的压力是从前后环室和节流件前后端面之间所形成的连续环隙或等角距配置的不小于 4 个的断续环隙中取得的。环室取压的特点是压力取出口面积比较大，可以取出节流件前后的均衡压差，提高测量精确度。但加工制造和安装均要求较高，否则测量精度难以保证。

单独钻孔取压是在孔板的夹紧环上打孔，流体上下游压力分别从前后两个夹紧环取出。现场使用时加工、安装方便，特别是对大口径管道常采用单独钻孔取压方式。

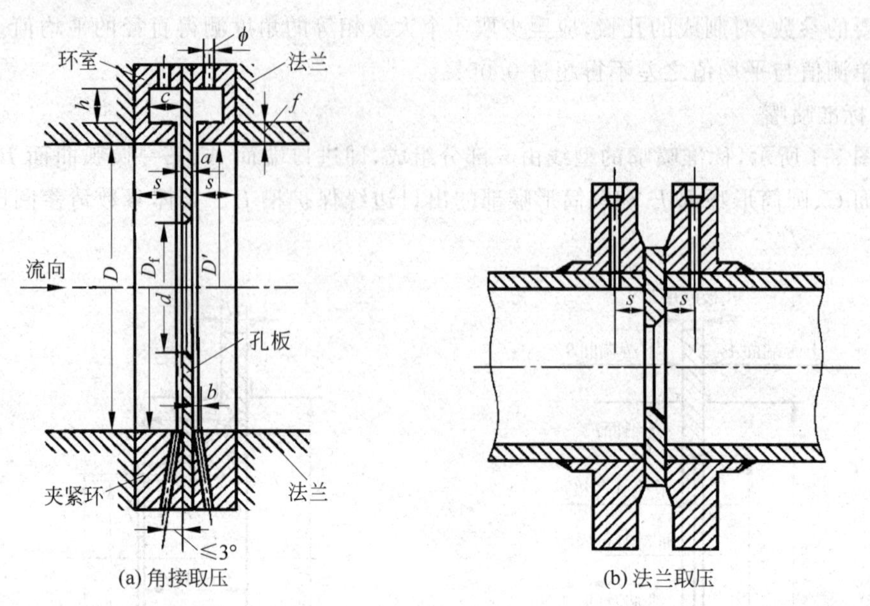

(a) 角接取压　　　　(b) 法兰取压

图 7-5　标准孔板的取压方式示意图

2）法兰取压

如图 7-5(b)所示，标准孔板被夹持在两块特制的法兰中间，其间加两片垫片，上、下游侧取压孔的轴线距孔板前、后端面分别为(25.4±0.8)mm。

7.2.3　标准节流装置的使用条件与管道条件

标准节流装置的流量与差压的关系是在一定条件下取得的，因此除对节流件、取压方式有严格的规定外，对管道及其安装和使用条件也有明确规定。

1. 使用条件

(1) 被测流体应充满圆管并连续地流动。

(2) 管道内的流束(流动状态)是稳定的，测量时流体流量不随时间变化或变化非常缓慢。

(3) 流体必须是牛顿流体，在物理学和热力学上是单相的、均匀的，或者可认为是单相的，且流体流经节流件时不发生相变。

(4) 流体在进入节流件之前，其流束必须与管道轴线平行，不得有旋转流。

(5) 标准节流装置不适用于脉动流和临界流的流量测量。

2. 管道条件

(1) 安装节流装置的管道应该是直的圆形管道，管道直度用目测法测量。上、下游直管段的圆度按流量测量节流装置的国家标准规定进行检验，管道的圆度要求是在节流件上游至少 2D(实际测量)长度范围内，管道应是圆的。在离节流件上游端面至少 2D 范围内的下游直管段上，管道内径与节流件上游的管道平均直径 D 相比，其偏差应在±3%之内。

(2) 管道内表面上不能有凸出物和明显的粗糙不平现象，至少在节流件上游 $10D$ 和下游 $4D$ 的范围内应清洁、无积垢和其他杂质，并满足有关粗糙度的规定。

(3) 节流件前后应有足够长的直管段，在不同局部阻力情况下所需要的最小直管段长度是有规定的。

3. 节流装置的选用原则

为了选择最适宜的节流装置，在生产自动化中发挥其应有的作用，应根据测量的精确度，压力损失的大小，直管段的必要长度，对腐蚀、磨损的脏污物的敏感性，结构的复杂程度，安装使用是否方便及产品价格等各方面来选择。

一般节流装置在选型时应按下列原则进行。

(1) 孔板、喷嘴和文丘里喷嘴一般都用于直径≥50mm 的管道中，如被测介质是高温、高压，则可选用孔板或喷嘴；而文丘里喷嘴只适用于低温流体介质。

(2) 要求节流装置产生的压力损失较小时，可采用喷嘴、文丘里喷嘴或文丘里管。但在压差值相等且被测流量也相等时，孔板和喷嘴的压力损失大小一般是相同的。

(3) 测量某些容易使节流装置弄脏、磨损和变形的脏污介质时，喷嘴要比孔板好得多。

(4) 流量值和压差值都相等时，喷嘴比孔板的截面比要小。在这种情况下，喷嘴有较高的测量精度，而且需要的直管段长度也较短。采用环室取压法也可提高精度。

(5) 在加工、制造、安装方面，孔板为最简单，喷嘴次之，文丘里管和文丘里喷嘴最复杂，其成本也如此，而管径越大时，这种差别也就越显著。

在工业生产中的少数特殊场合，由于条件限制而不能满足标准节流装置要求的条件时，需要采用一些非标准型节流装置(即特殊节流装置)，如 1/4 圆喷嘴、双重孔板、圆缺孔板等，可以用于测量小流量、低流速、黏度大和脏污介质的流体流量，相关数据可查阅有关资料。

7.2.4　差压计

差压流量计主要由节流装置和差压计两部分组成，节流装置前后的压差测量就是用各种差压计实现的。工业上采用的差压计种类很多，如膜片式差压计、双波纹管式差压计、差压变送器等。

图 7-6 所示为膜片式差压计的结构。膜片式差压计由膜片式差压变送器和显示仪表两部分所组成。由于膜片式差压计的输出是电量信号，故它的流量显示部分——显示仪表可以方便地装在远离生产现场的仪表室的表盘上。

膜片是压成三角形、梯形或正弦波形等波浪起伏纹的圆形金属片。膜片中心位移和差压间的关系与膜片直径、厚度、材料、波纹形状、波纹深度和波纹数目有关。膜片式差压计一般适用于测量微差压。当差压引入后，膜片在差压作用下发生位移，通过连杆使差动变压器的铁心在差动变压器线圈中随之移动。一次线圈与二次线圈 a-b 的耦合程度随差压的增大而增强，而与二次线圈 c-d 的耦合程度则被削弱。二次线圈 a-b 的输出电压 U_{ab} 大于二次线圈 c-d 的输出电压 U_{cd}，则二次线圈的总输出电压 $U_{ac}=U_{ab}-U_{cd}$ 与被测差压

$\Delta P = P_1 - P_2$之间呈线性关系，从而使压力信号变为电压信号输出。

膜片的最大允许变形量(位移)为1mm。由于误操作或其他原因使膜片承受过大的差压时，与膜片夹紧在一起的挡板阀将压紧密封环，使测量室的液体被封闭，阻止膜片的继续变形。因此，在使用前应排除气泡，使其充满工作液。如测量气体时，应灌满水或变压器油。另外，差压测量室中液体应保持洁净，如有固体颗粒，则会影响密封环和挡板间的紧贴密封，以至于起不到保护作用。

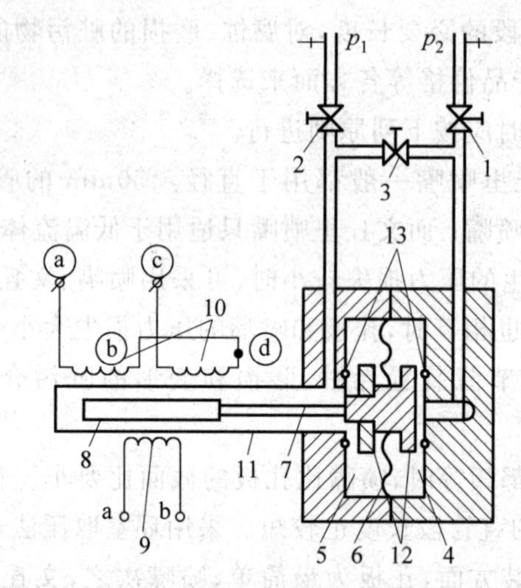

图7-6 膜片式差压计的结构

1—高压端切断阀；2—低压端切断阀；3—平衡阀；4—高压室；5—低压室；6—膜片；7—连杆；8—铁心；9,10—差动变压器的一次线圈和二次线圈；11—非磁性材料的密封套管；12—挡板阀；13—密封环

7.2.5 差压式流量计的安装与使用

差压式流量计的安装包括节流装置、导压管路和差压计的安装3个部分。

1. 节流装置的安装

为了确保流体流经节流装置时，其流动状态能和计算中所使用资料的实验状态一致，流量系数等参数数值稳定，使流量和差压之间有确定的对应关系，节流装置的安装要做到以下几个方面。

(1) 节流元件的开孔与管道必须同轴，且入口端面与管道轴线垂直，节流元件的方向不得装反。

(2) 根据不同的被测介质，节流装置取压口的方位应在所规定的范围内，即在如图7-7所示的箭头所指的范围。

(3) 节流件上、下游必须配有足够长度的直管段。

(4) 在靠近节流装置的引压导管上，必须安装切断阀。

(5) 节流元件在安装之前应保护好开孔边缘的尖锐和表面光洁度，只能用软布擦去表面油污，严禁用纱布或锉刀进行辅助加工。

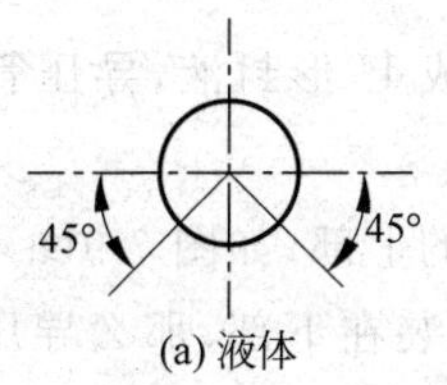

(a) 液体

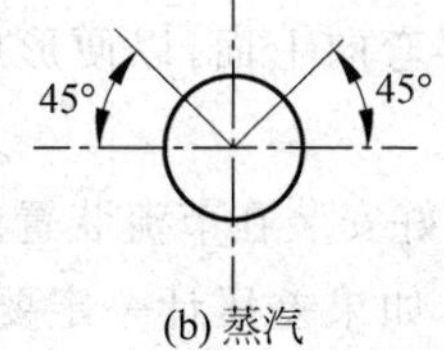

(b) 蒸汽

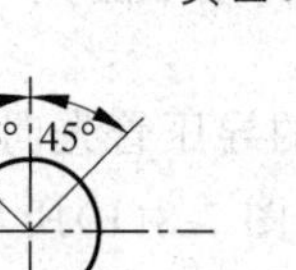

(c) 气体

图 7-7　测量不同介质时取压口的方位

2. 导压管路的安装

在节流式流量计的安装中，导压管路安装得正确可靠，对保证将节流装置输出的压差信号准确地传送到差压计或差压变送器上是十分重要的。据统计，在节流式流量计中，导压管路的故障约占全部故障的70％，因此，对导压管路的配置和安装必须引起高度重视。除了要求正确选择取压口位置外，还要在敷设导压管时严格遵循下列规定。

(1) 导压管内径不得小于6mm，长度最好在16m以内，最长不得超过60m，管道弯曲处应有均匀的圆角，严防有磕碰或压扁现象。

(2) 导压管应垂直或倾斜敷设，其倾斜度不得小于1∶10，倾斜方向视流体而定。

(3) 两导压管应该尽量靠近、平行敷设，保证两导压管中的介质温度相同，压力损失相等。

(4) 导压管要采取防烘烤、防冻结等措施。

(5) 全部导压管管路要密封无漏，并装有必要的切断、冲洗、排污等所需的阀门。

(6) 要根据测量条件加装集气器、沉降器、隔离器及冷凝器等装置。

3. 差压计的安装

(1) 差压计的安装要十分注意安装现场的条件，如环境温度、湿度、尘埃、腐蚀性和震动等，使之符合差压计的工作条件。差压计的安装位置视被测流体的状态而定。

① 测量液体流量时，差压计最好安装在节流装置的下部，如图7-8(a)所示，主要是防止液体中可能有气体进入并积存在导压管路内。如果差压计一定要装在上部，建议从节

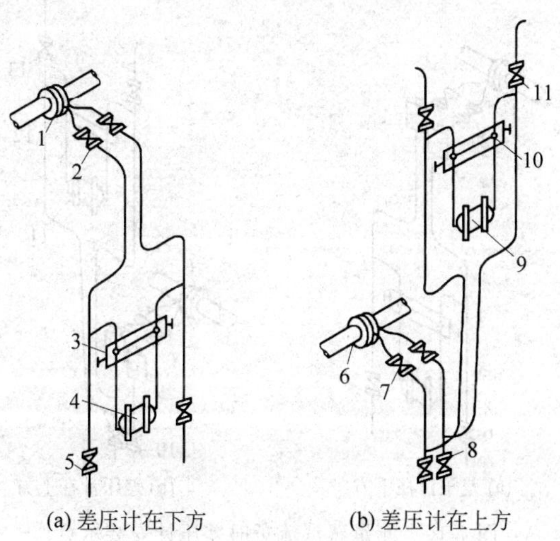

(a) 差压计在下方　　(b) 差压计在上方

图 7-8　测量液体流量时差压计安装示意

1,6—节流装置；2,7—导压阀；3,10—三阀组；4,9—差压计；5—排放阀；8—排污阀；11—排气阀

流装置引出的导压管先向下面后再弯向上面，以便形成 U 形封液，导压管的最高处要安装集气器，如图 7-8(b)所示。

② 测量气体流量时，差压计最好安装在节流装置的上部，如图 7-9(a)所示，主要是防止液体污物和灰尘进入导压管内。如果差压计一定要装在下部，那么导压管的最低处要安装沉降器，以便排除冷凝液或沉积物，如图 7-9(b)所示。

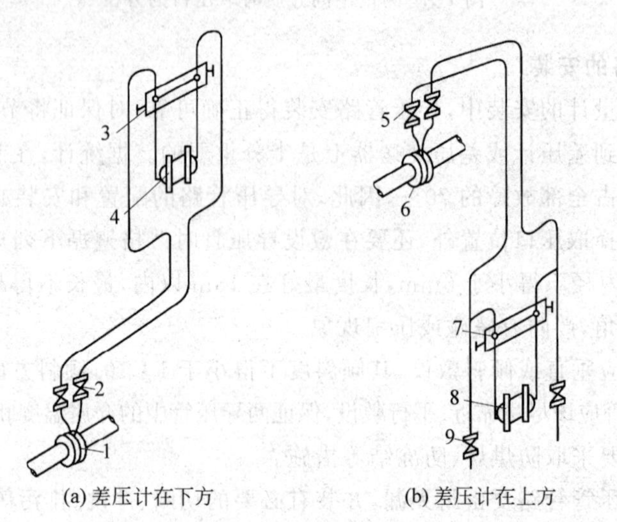

图 7-9 测量气体流量时差压计安装示意

1,6—节流装置；2,5—导压阀；3,7—三阀组；4,8—差压计；9—排气阀

③ 测量蒸汽流量时，可按照测量液体流量的做法安装差压计。为了防止差压计受高温蒸汽的影响，在靠近节流装置处安装两个冷凝器，且使两个冷凝器的液面高度相同，以防影响差压计的测量精度，如图 7-10 所示。

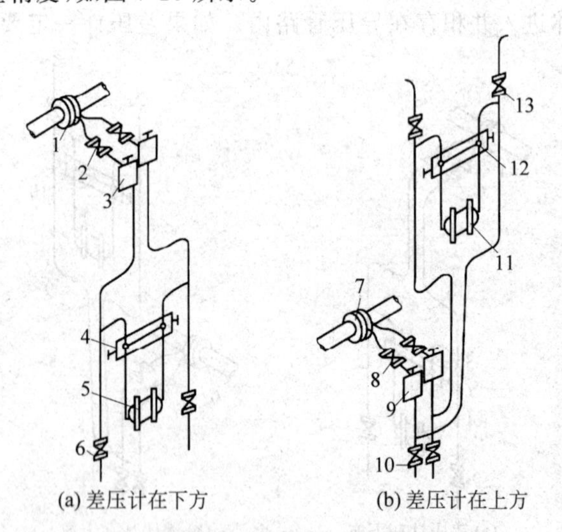

图 7-10 测量蒸汽流量时差压计安装示意

1,7—节流装置；2,8—导压阀；3,9—冷凝器；4,12—三阀组；5,11—差压计；6—排放阀；10—排污阀；13—排气阀

(2) 差压计之前要装三阀组(或平衡阀),在投入运行或拆修之前,要先打开平衡阀,再打开或关闭截止阀,可以起到单向过载保护的作用。在仪表运行过程中,打开平衡阀,可以进行仪表的零点校验。

任务 7.3 容积式流量计测流量

知识目标:

- 掌握容积流量计的特点、组成及功能。
- 掌握容积流量计的选用原则。

技能目标:

- 熟练使用容积流量计测量物理参数。
- 熟知容积流量计的使用方法。

素养目标:

- 在测量过程中与小组人员合作、交流,培养团队合作意识,增强沟通能力。
- 养成规范测量、合理使用测量仪器的习惯。
- 能够分析数据,撰写规范的实训报告。

建议课时:

3 课时。

容积式流量计的工作原理是将被测流体充满具有一定容积的空间,然后再把这部分流体从出口排出,用来测量各种液体和气体的体积流量。它的优点是测量精度高,被测流体黏度影响小,不要求前后直管段等;缺点是要求被测流体洁净,不含有固体颗粒,否则应在流量计前加过滤器。

常用的容积式流量计有椭圆齿轮流量计、腰轮流量计、旋转活塞式流量计和刮板流量计等。

7.3.1 椭圆齿轮流量计

椭圆齿轮流量计的工作原理如图 7-11 所示。互相啮合的一对椭圆形齿轮在被测流体压力的推动下产生旋转运动。

如图 7-11(a)所示,椭圆齿轮 1 两端分别处于被测流体入口侧和出口侧。由于流体经过流量计时有压力降,故入口侧和出口侧压力不等,因此椭圆齿轮 1 将产生旋转,而椭圆齿轮 2 已是从动轮,被椭圆齿轮 1 带着转动。当转至如图 7-11(b)所示的状态时,椭圆齿轮 2 已是主动轮,椭圆齿轮 1 变成从动轮。由图 7-11 可见,由于两椭圆齿轮的旋转,它们便把椭圆齿轮与壳体之间所形成的新月形空腔中的流体

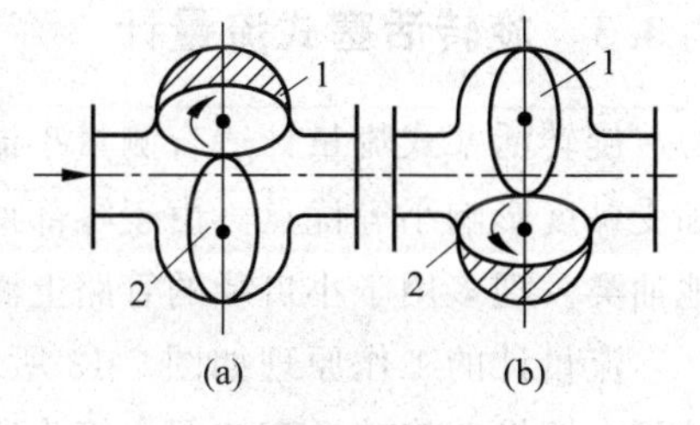

图 7-11 椭圆齿轮流量计工作原理

1,2—椭圆齿轮

从入口侧推至出口侧。每个椭圆齿轮旋转 1 周，就有 4 个这样容积的流体从入口推至出口。因此，只要计量齿轮的转数即可得知有多少体积的被测流体通过仪表。椭圆齿轮流量计就是将椭圆齿轮的转动通过一套减速齿轮传动，传递给仪表指针，指示被测流体的体积流量。椭圆齿轮流量计适合于测量中小流量，其最大口径为 250mm。

被测流体黏度越大，齿轮间的泄漏量越小，测量误差也越小，因此椭圆齿轮流量计特别适用于高黏度介质的流量测量。它主要适用于油品的流量计量，有的也可用于气体的测量。它的测量精确度高，一般可达 0.2～1 级。但应注意被测介质应清洁，其中不能含有固体颗粒，以免齿轮卡死。

7.3.2 腰轮流量计

腰轮流量计既可以测量液体，也可以测量气体，既可以测小流量，也可以测大流量。腰轮流量计工作原理如图 7-12 所示。其工作原理与椭圆齿轮流量计相同，区别在于它的运动部件是一对表面无齿且光滑的腰轮。两个腰轮的相互啮合是靠安装在壳体外与腰轮同轴的驱动齿轮实现的。

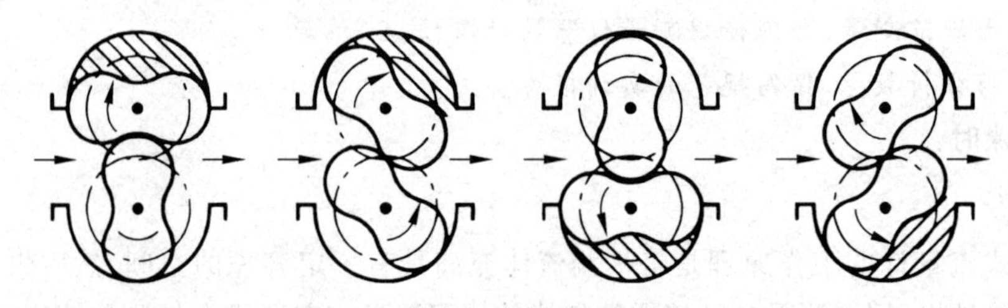

图 7-12 腰轮流量计的工作原理

腰轮流量计的两个轮子是两个摆线齿轮，故它们的传动比恒为常数。为减小两转子的磨损，在壳体外装有一对渐开线齿轮作为传递转动之用。每个渐开线齿轮与每个转子同轴。为了使大口径的腰轮流量计转动平稳，每个腰轮均做成上、下两层，而且两层错开 45°角，称为组合式结构。腰轮流量计测量液体的口径为 10～600mm；测气体的口径为 15～250mm。

由于两个腰轮实现了无齿啮合，大大减小了轮间及轮与外壳间的泄漏，因此测量精度高，可作标准传感器使用。

7.3.3 旋转活塞式流量计

旋转活塞式流量计适合测量小流量液体的流量。它具有结构简单、工作可靠、精度高和受黏度影响小等优点。由于零部件不耐腐蚀，故只能测量无腐蚀性的液体，如重油或其他油类。现多用于小口径的管路上测量各种油类的流量。

流量计的工作原理如图 7-13 所示，被测液体从进口处进入计量室，被测流体进、出口的压力差推动旋转活塞按图中箭头所示方向旋转。当转至如图 7-13(b)所示的位置时，活塞内腔新月形容积中充满了被测液体，容积为 V_1；当转至如图 7-13(c)所示的位置时，这一容积中的液体已与出口相通，活塞继续转动便将这一容积的液体由出口排出；当转至如图 7-13(d)所示的位置时,在活塞外面与测量室内壁之间也形成一个充满被测液体的容积 V_2;活塞继续旋转又转至如图 7-13(a)所示的位置,这时容积 V_2 中的液体又与出口相通,活塞继续旋转又将这一容积的液体由出口排出。如此周而复始,活塞每转一周,便有 V_1+V_2 容积的被测液体从流量计排出。活塞转数既可由机械计数机构读出,也可转换为电脉冲由电路输出。

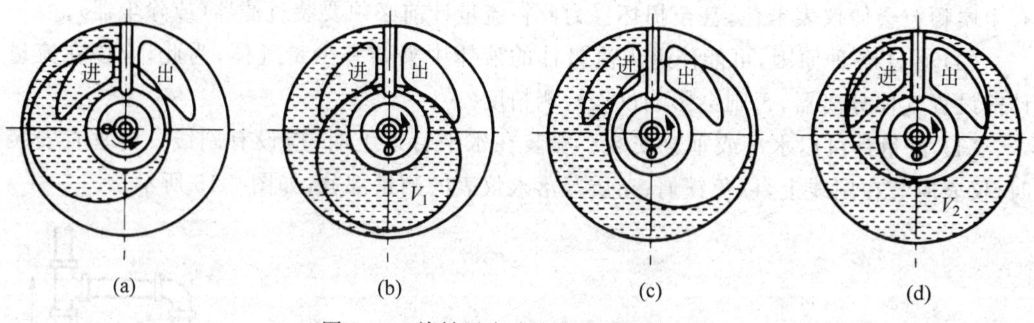

图 7-13 旋转活塞式流量计的工作原理

7.3.4 刮板流量计

图 7-14 所示为凸轮式刮板流量计工作原理图,流量计的转子中开有 4 个两两互相垂直的槽,槽中装有可以伸出、缩进的刮板 A、B、C、D,伸出的刮板在被测流体的推动下带动转子旋转,同时伸出的两个刮板与壳体内腔之间形成计量容积,转子每旋转一周便有 4 个这样容积的被测流体通过流量计,因此计量转子的转数即可测得流过流体的体积。凸轮式刮板流量计的转子是一个空心圆筒,中间固定一个不动的凸轮,刮板一端的滚子压在凸轮上,刮板在与转子一起运动的过程中还要按凸轮外廓曲线形状从转子中伸出和缩进。

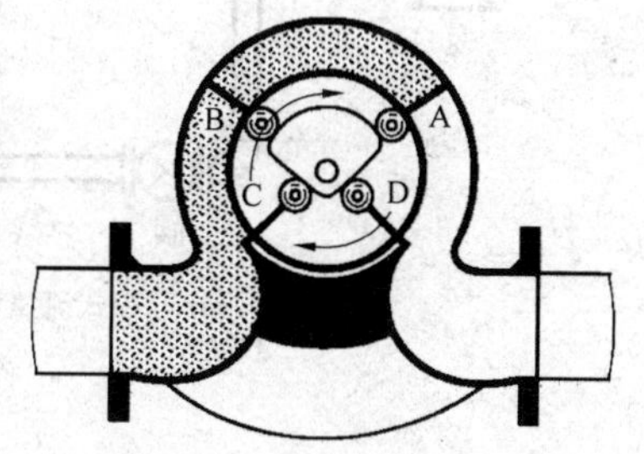

图 7-14 凸轮式刮板流量计的工作原理

刮板式流量计具有测量精度高、量程比大、受流体黏度影响小等优点,且运转平稳,振动幅度和噪声小,适合测量中等或较大的流量。

应用容积法检测流量的原理,实质上是精密检测体积的方法。因此,与其他流量检测方法相比,它的流量大小及流体密度、黏度等物理条件对精度影响较小,因此可以得到较高的检测精度(一般可达 0.1%~0.2%)。

容积式流量计检测误差随流体的黏度、密度和润滑性能不同而变化,特别是黏度的影响起主要作用。这是由于仪表存在运动部件,运动部件与器壁间的间隙产生流体的泄漏,此泄漏量是随流体物理条件的变化而变化的。随着流量的增大,仪表入、出口间的压力降也增大,使间隙处泄漏量增大。对于低黏度液体(如水),泄漏特别严重。对高黏度液体(如重油),由于泄漏量相对较小,因此误差变化不大。

容积式流量计精度高,可以测小流量,几乎不受黏度等因素变化的影响,对检测器前的直管段长度,没有严格的要求。其缺点是对于大流量的检测来说成本高、质量大、维护不方便。

使用容积式流量计时应注意以下几点。

(1) 选择容积式流量计,但应该注意实际使用时的测量范围,必须是在此仪表的量程范围内,不能简单地按连接管道的尺寸去确定仪表的规格。

(2) 为了保证运动部件的顺利转动,器壁与运动部件间设计有一定的间隙,流体中如有尘埃颗粒会使仪表卡住,甚至损坏。为此在流量计前必须要装过滤器(或除尘器)。

(3) 由于各种原因,可能使进入流量计的液体中夹杂有少量气体,为此,应该在流量计前设置气体分离器,否则会影响仪表检测精度。

(4) 流量计可以水平或垂直安装。安装在水平管道上时,应设有副线。当垂直安装时,仪表应装在副线上,以免铁屑、杂质等落入仪表的测量部分,如图 7-15 所示。

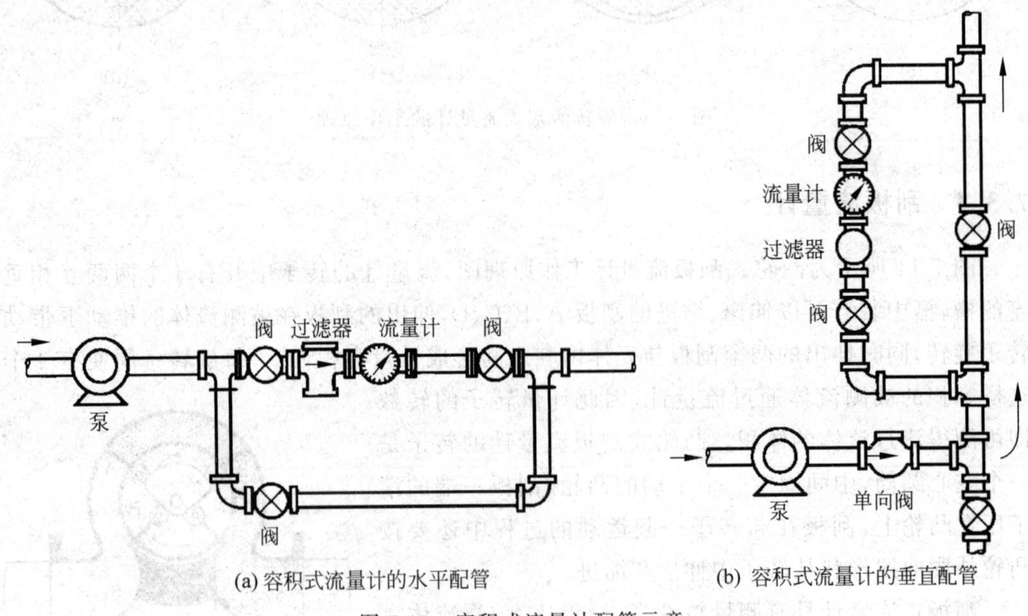

(a) 容积式流量计的水平配管 (b) 容积式流量计的垂直配管

图 7-15 容积式流量计配管示意

任务 7.4 速度式流量计测流量

知识目标:

- 掌握速度式流量计的特点、组成及功能。
- 掌握速度式流量计的选用原则。

技能目标:

- 熟练使用速度式流量计测量物理参数。
- 熟知速度式流量计的使用方法。

素养目标:

- 在测量过程中与小组人员合作、交流,培养团队合作意识,增强沟通能力。

- 养成规范测量、合理使用测量仪器的习惯。
- 能够分析数据,撰写规范的实训报告。

建议课时:

4 课时。

7.4.1 涡轮流量计

涡轮流量计是一种速度式流量仪表,它具有测量精度高、反应快及耐高压等特点,因而在工业生产中应用日益广泛。

在流体流动的管道里,安装一个可以自由转动的叶轮,当流体通过叶轮时,流体的动能可以使叶轮旋转。流体的流速越高,动能就越大,叶轮转速也就越高。在规定的流量范围和一定的流体黏度下,转速与流速呈线性关系。因此,测出叶轮的转速或转数,就可确定流过管道的流体流量或总量。日常生活中使用的某些自来水表、油量计等,都是利用这种原理制成的,这种仪表称为速度式仪表。涡轮流量计正是利用相同的原理,在结构上加以改进后制成的。

1. 涡轮流量计的结构

图 7-16 所示是涡轮流量计的结构示意图。它主要由下列几部分组成。

(1) 涡轮。用导磁系数较高的不锈钢材料制成,它置于摩擦力很小的滚珠轴承中。涡轮芯上装有螺旋形叶片,流体作用于叶片上使之旋转。

(2) 导流器。由导向环及导向座组成,使流体到达涡轮前先导直,避免因流体的自旋而改变流体与涡轮叶片的作用角,从而保证仪表的精度。在导流器上还装有滚珠轴承,用以支承涡轮。

(3) 磁电感应转换器。由线圈和磁钢组成,用以将叶片的转速转换成相应的电信号,以供给前置放大器进行放大。

(4) 外壳。由非导磁的不锈钢制成,用以固定和保护内部零件,并与流体管道相连接。

(5) 前置放大器。用以放大磁电感应转换器输出的微弱电信号,以便于进行远传。

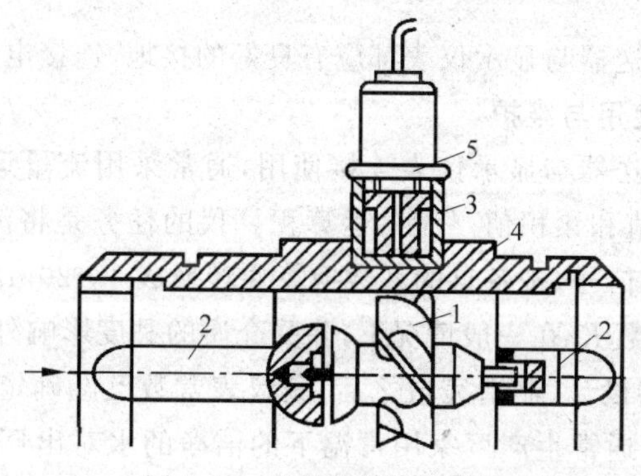

图 7-16 涡轮流量计的结构

1—涡轮;2—导流器;3—磁电感应转换器;4—外壳;5—前置放大器

2. 工作原理

当流体通过涡轮叶片与管道之间的间隙时，由于叶片前后的压差产生的力推动叶片，使涡轮旋转。在涡轮旋转的同时，高导磁性的涡轮就周期性地扫过磁钢，使磁路的磁阻发生周期性的变化，线圈中的磁通量也跟着发生周期性的变化，线圈中便感应出电脉冲信号。在一定的流量范围内，该电脉冲的频率与涡轮的转速成正比，也与流量 q 成正比。这个电信号经前置放大器放大后，送往显示仪表。

被测流量 q 与脉冲频率 f 之间的关系为

$$f = Kq \tag{7-8}$$

式中，K——比例常数。

这样，显示仪表即可通过脉冲数求得流体流过的瞬时流量及某段时间内的累积流量。

3. 涡轮流量计的安装

(1) 涡轮流量计应水平安装，进出口处前后的直管段应不小于 15D 和 50D。变送器与前置放大器之间的距离不得超过 3m。

(2) 安装变送器时应按如图 7-17 所示进行管路配置。图中，消气器主要用来消除与液体介质混在一起的游离气体，由于这些气体占有一定的体积，因此会造成测量结果的不真实；过滤器主要用来将流经管道的被测流体介质中的各种杂质如颗粒、纤维、铁磁物质等滤掉，使其不进入涡轮变送器内，以保护轴与轴承不被损坏。

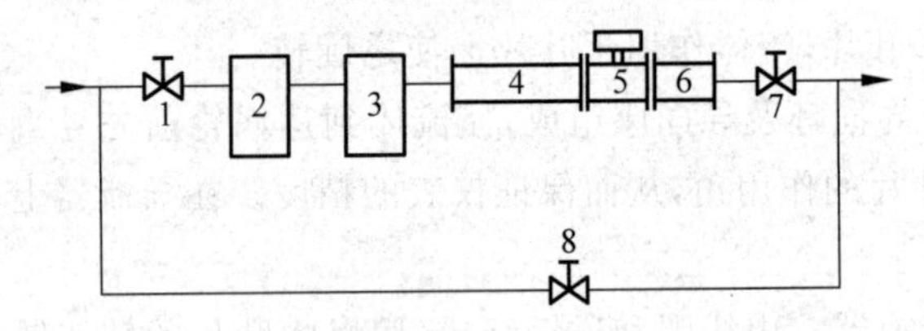

图 7-17 涡轮流量计安装示意

1,7—截止阀；2—消气器；3—过滤器；4—变送器前直管段；
5—涡轮流量变送器；6—变送器后直管段；8—旁路阀

(3) 变送器应安装在不受外界电磁场影响的地方，否则应在变送器的磁电感应转换器上加设屏蔽罩。

(4) 涡轮流量计变送器与显示仪表都应有良好的接地，连接电缆应采用屏蔽电缆。

4. 涡轮流量计的使用与维护

(1) 涡轮流量计变送器与显示仪表连接使用，通常采用流量运算积算仪作为显示仪表，以测出流量的瞬时值和累积值。流量运算积算仪的任务是将流量变送器产生的与流量成比例的电脉冲频率信号，按各自的系数换算并转换成 4～20mA 的直流电流输出。

(2) 变送器比例常数 K 在一般情况下，除受介质的黏度影响外，几乎只与其几何参数有关。因此一台变送器设计、制造完成之后，其仪表常数已经确定，而这个值是要经过标定才能确切地得出的。通常生产厂家用常温下的洁净的水对出厂涡轮变送器进行标定，并在校验单上给出仪表常数等有关数据。

由于仪表常数受被测介质黏度变化的影响，因此用户测量黏度不大于 10cP[①] 的液体流量时，若涡轮流量变送器公称直径大于 25mm，则可直接使用生产厂用水标定的结果，否则要想保证有足够精确的测量结果时，用户应用实测介质重新标定仪表常数。

(3) 由于变送器在工作时叶轮要高速旋转，即使润滑情况良好时也仍有磨损产生。在使用过一定的时间之后，因磨损而致使涡轮变送器不能正常工作，就应更换轴或轴承，并经重新标定后才能使用。

7.4.2　涡街流量计

涡街流量计是一种新型的流量计，输出信号是与流量成正比的脉冲频率信号，可远距离传输，压损小，精度高，量程大，不受流体的温度、压力、组成等因素的影响，因此得到广泛的使用。

涡街流量计由旋涡发生体和频率检测器构成的变送器、信号转换器等环节组成，输出 4～20mA 直流电流信号或脉冲电压信号，可测量雷诺数 Re 在 $5\times10^3\sim7\times10^6$ 范围的液、气、蒸汽流体流量。涡街流量计外形如图 7-18 所示。

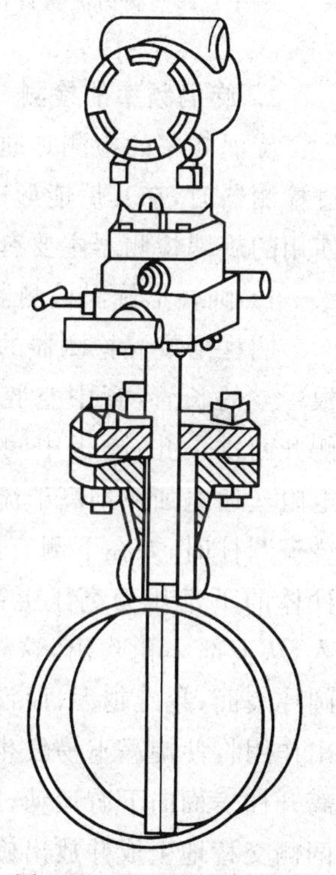

图 7-18　涡街流量计外形

1. 工作原理

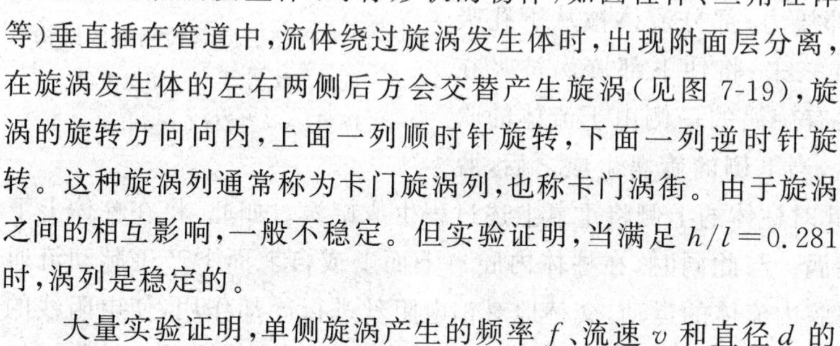

涡街流量计是利用流体力学中卡门涡街原理制作的一种仪表，它是把旋涡发生体(对称形状的物体，如圆柱体、三角柱体等)垂直插在管道中，流体绕过旋涡发生体时，出现附面层分离，在旋涡发生体的左右两侧后方会交替产生旋涡(见图 7-19)，旋涡的旋转方向向内，上面一列顺时针旋转，下面一列逆时针旋转。这种旋涡列通常称为卡门旋涡列，也称卡门涡街。由于旋涡之间的相互影响，一般不稳定。但实验证明，当满足 $h/l=0.281$ 时，涡列是稳定的。

大量实验证明，单侧旋涡产生的频率 f、流速 v 和直径 d 的关系如下：

$$f=Sr\frac{v}{d} \tag{7-9}$$

式中，Sr——斯特劳哈尔数。

由式(7-9)可知，在一定雷诺数 Re 范围内，流量与旋涡频率呈线性关系(见图 7-20)，因此，只要测出旋涡的频率就能求得流过流量计管道流体的流量。

常见的旋涡发生体有圆柱形、棱柱形、T 柱形等。圆柱形的斯特劳哈尔数较大，稳定性也强，压力损失小，但是旋涡强度较低。T 柱形的稳定性高，旋涡强度大，但压力损失较大。棱柱形的压力损失适中，旋涡强度较大，稳定性也较好，所以用得较多。

---

① 1cP＝1mPa・s。

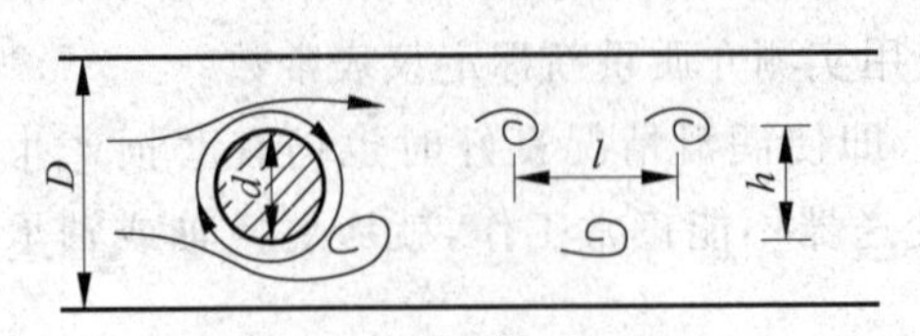

图 7-19　涡街流量计检测工作原理

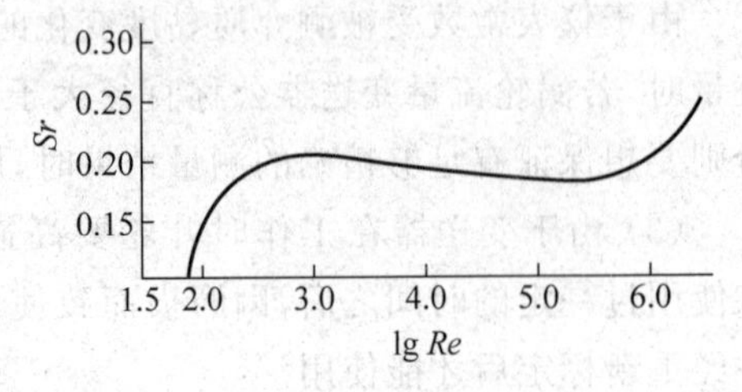

图 7-20　Re 与 Sr 的关系

2. 旋涡频率的检测

旋涡频率的检测是通过旋涡检测器来实现的。旋涡检测器的任务一方面是使流体绕过检测器时，在其后能形成稳定的涡列，另一方面是能准确地测出旋涡产生的频率。目前使用的旋涡检测器主要有以下三种。

1）圆柱形旋涡检测器

圆柱形旋涡检测器的结构如图 7-21 所示。它是一根中空的长管，管中空腔由隔板分成两部分。管的两侧开两排小孔，隔板中间开孔，孔上张有铂电阻丝，铂电阻丝通电加热到高于流体 10℃左右的温度。当流体绕流圆柱时，如在下侧有旋涡，由于逆环流的产生使圆柱体的下部压力高于上部压力，部分流体被从下孔吸入，从上部小孔吹出，这样一来，将使下部旋涡被吸在圆柱表面，越旋越大，而没有旋涡的一侧由于流体的吹出作用将使旋涡不易发生，当下侧的旋涡生成之后，脱离开柱表面向下游运动，此时柱体的上侧将重复上述过程生成旋涡。如此，将在柱体上下两侧交替地生成并放出旋涡。与此同时，在柱体内腔自下而上或自上而下产生脉动流通过被加热的铂电阻丝。空腔内流体的运动，交替地对铂电阻丝进行冷却作用，使电阻线的阻值发生变化，从而输出与旋涡生成频率一致的脉冲信号，再送入频率检测电路，由式(7-9)即可求出流量。

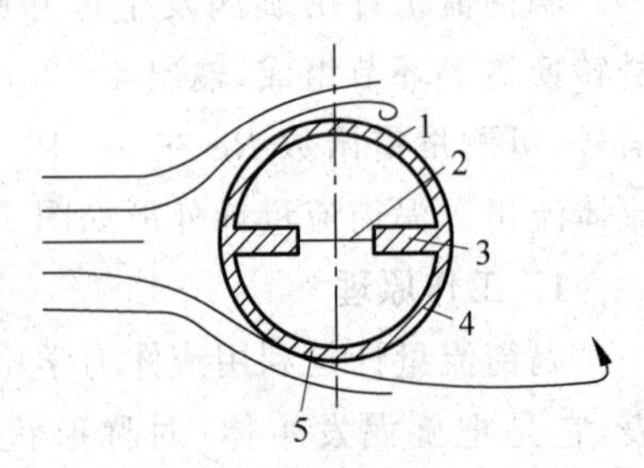

图 7-21　圆柱形旋涡检测器的结构

1—圆柱形检测器；2—铂电阻丝；3—隔板；4—空腔；5—导压孔

2）棱柱形旋涡检测器

图 7-22 所示为棱柱形旋涡检测器的结构，可以得到更稳定，更强烈的旋涡。埋在棱柱体正面的两个热敏电阻组成电桥的两臂，并由恒流源供电进行加热，在产生旋涡的一侧，由于流速变低，使热敏电阻的温度升高，阻值减小。因此，电桥失去平衡，产生不平衡输出，随旋涡的交替形成。电桥将输出一个与旋涡频率相等的交变电压信号，该信号通过放大、整形及数/模转换送至计算器和指示器进行显示和计算。

3）T 柱形旋涡检测器

图 7-23 所示为 T 柱形旋涡检测器的结构，流体通过 T 柱形旋涡发生体，出现旋涡时，使粘贴在 T 柱形旋涡发生体两侧的敏感元件交替地受到旋涡的作用，输出相应频率的电信号。敏感元件有应变片、压电陶瓷片、电感变换元件、电容变换元件等。

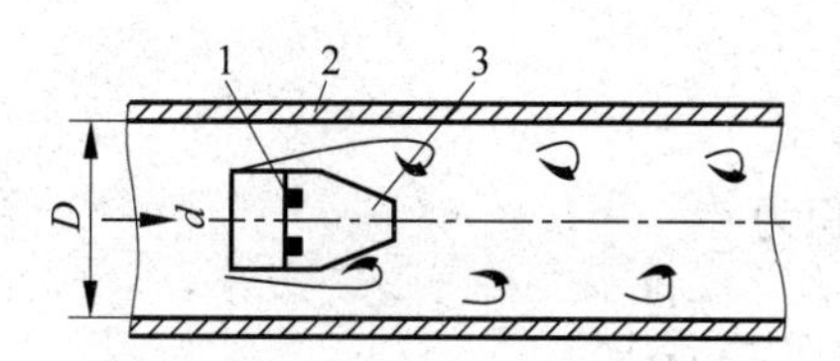

图 7-22 棱柱形旋涡检测器的结构

1—热敏电阻；2—圆管道；3—棱柱

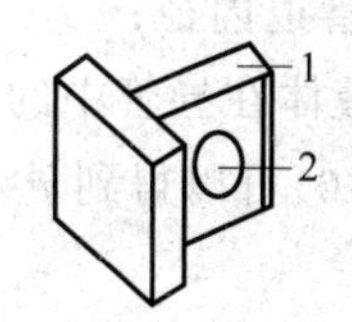

图 7-23 T 柱形旋涡检测器的结构

1—T 形柱；2—压电元件

3. 涡街流量计的特点

(1) 涡街流量计精度可达 0.5%～1%，检测范围宽，阻力小，输出频率信号与流量成正比，抗干扰能力强。

(2) 不受流体压力、温度、密度、黏度及成分变化的影响，更换检测元件时不需重新标定。

(3) 管道口径为 25～2700mm，压力损失很小，尤其对大口径流量的检测更为优越。

(4) 安装简便，维护量小，故障极少。

4. 使用要求

(1) 涡街流量计属于速度式仪表，所以管道内的速度分布规律变化对测量精度影响较大，因此在旋涡检测器前要有 15D、后要有 5D 的直管段要求，且要求内表面光滑。

(2) 雷诺数应在$(5\times10^3)\sim(7\times10^6)$。如果超出这个范围，则斯特劳哈尔数便不是常数，测量精度会降低。

(3) 流体的流速必须在规定范围内，因为涡街流量计是通过测旋涡的释放频率来测量流量的。测量气体时流速范围为 4～60m/s，测量液体时流速范围为 0.38～7m/s，测量蒸汽时流速不超过 70m/s。

(4) 此外敏感元件要保持清洁，应经常吹洗。

7.4.3 电磁流量计

电磁流量计是基于电磁感应原理工作的流量测量仪表，它能测量具有一定电导率的液体的体积流量。由于它的测量精度不受被测液体的黏度、密度及温度等因素变化的影响，且测量管道中没有任何阻碍液体流体的部件，所以几乎没有压力损失。适当选用测量管中绝缘内衬和测量电极的材料，就可以测量各种腐蚀性(酸、碱、盐)溶液流量，尤其在测量含有固体颗粒的液体，如泥浆、纸浆、矿浆等的流量时，更显示出其优越性。

1. 电磁流量计的工作原理

图 7-24 所示为电磁流量计原理示意图。在磁铁 N-S 形成的均匀磁场中，垂直于磁场方向有一个直径为 D 的导管，当导电的液体在导管中流动时，导电液体切割磁力线，于是在和磁场及其流动方向垂直的方向上产生感应电动势，如安装一对电极，则电极间产生和流速成比例的电势差为

$$U=BDv \tag{7-10}$$

式中，B——磁场磁感应强度；

D——管道内径；

v——液体在导管中的平均速度。

由式(7-10)可以得到 $v=U/(BD)$，则体积为

$$Q_v=\frac{\pi D^2}{4}\cdot v=\frac{\pi D}{4B}U \tag{7-11}$$

采用交变磁场以后，感应电动势也是交变的，这不但可以消除液体极化的影响，而且便于后面环节的信号放大，但增加了感应误差。

2. 电磁流量计的结构

电磁流量计的结构如图 7-25 所示，主要由测量导管、励磁线圈和磁轭、电极、干扰信号调整机构、接线盒及外壳等组成。

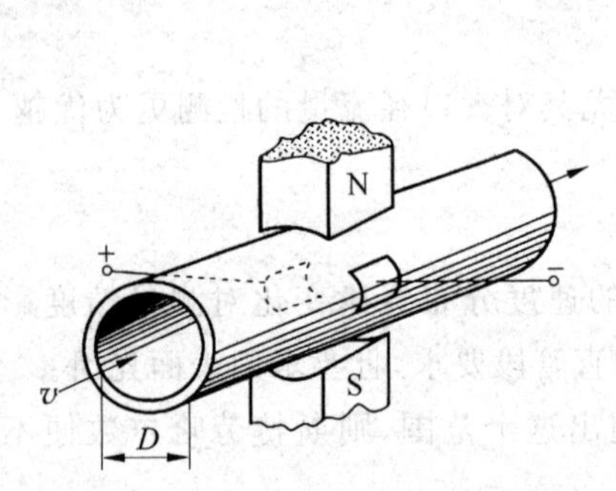

图 7-24 电磁流量计原理示意

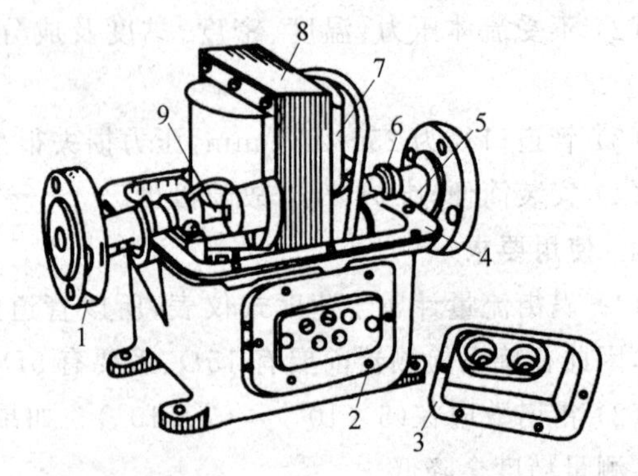

图 7-25 电磁流量计的结构

1—法兰；2—外壳；3—接线盒；4—密封橡胶；5—导管；6—密封垫圈；7—励磁线圈；8—铁心；9—调零电位器

测量导管由一根直管与两端两个法兰组成，内衬绝缘衬里。为了使磁力线穿透测量导管进入被测介质，防止磁力线被测量导管短路，测量导管需由非导磁材料制成。为了减少测量导管的涡流，一般应选用高电阻率材料制作测量管，并且管壁应尽量薄些。因此，测量导管一般用 1Cr18Ni9Ti 耐酸不锈钢、玻璃钢等制成。

在导管的内壁及法兰密封面上有一层绝缘衬里，防止两个电极被金属导管短路，同时还可以防腐蚀，衬里一般使用天然橡胶(60℃)、氯丁橡胶(70℃)、聚四氯乙烯(120℃)等。

励磁线圈用来产生交变磁场，在导管和线圈外边放一个磁轭，以便得到较大的磁通量和在测量导管中形成均匀磁场。

电极一般采用不锈钢材料制成。电极与内衬齐平，以便流体流过时不受阻碍；电极一般安装在管道的水平方向，以防止沉淀物在电极上的堆积。电极与被测液体接触，一般使用耐腐蚀的不锈钢和耐酸钢等非磁性材料制造，通常加工成矩形或圆形。

为减少正交干扰，从其中的一根电极上引出两根导线，并分别绕过磁极形成两个回路，接到一个调零电位器上。通过调整调零电位器，可使进入仪表的干扰电动势相互抵消，起到抑制正交干扰信号的作用。

3. 电磁流量计的特点

电磁流量计的优点如下。

(1) 结构简单、无可动部件,也没有阻碍流体流动的阻力件、节流件等。因此,可以用来测量泥浆、污水、矿浆、化学纤维等介质的流量,并且几乎没有压力损失,这可大大减少泵等原动力的消耗。选择合适的衬里材料,还可以测量具有腐蚀性的介质的流量。

(2) 电磁流量计可测量单相、液固两相导电性介质的流量,并且测量不受被测介质温度、黏度、密度、压力等的影响。因此,电磁流量计经水标定以后,就可用于测量其他导电性介质的流量,而不需要修正。

(3) 电磁流量计的测量范围宽,一般量程比为 10∶1,最高可达 100∶1,只要介质流速对于管道轴心是对称的,则电磁流量计测的体积流量仅与介质的平均流速成正比,而与介质流动状态无关。

(4) 电磁流量计动态响应快,可测量瞬时脉动流量,并且具有良好的线性,精度一般为 1.5 级和 1 级。适应的管道口径范围可以从几毫米到数米。

电磁流量计也有一定的局限性和不足之处。

(1) 电磁流量计不能用于测量气体、蒸汽及含有大量气泡的液体。也不能用来测量电导率很低的液体,如石油制品、有机溶剂等。

(2) 由于导管衬里材料和绝缘材料的温度限制,目前一般工业电磁流量计还不能用于测量高温介质的流量。

4. 电磁流量计的安装

安装地点要远离磁源(如大功率电机、大型变压器等),不能有振动。最好是垂直安装,并且介质流动方向应该是自下而上,这样才能保证测量管内始终充满介质。当不能垂直安装时,也可以水平安装,但要使两电极处于同一水平面上,以防止电极被沉淀沾污和被气泡吸附。水平安装时,安装位置的标高应略低于管道的标高,以保证测量管内充满介质。

另外,应安装在干燥通风处,应避免雨淋、阳光直射及环境温度过高。

7.4.4 超声波流量计

超声波流量计是一种非接触式流量测量仪表,它是利用超声波在流体顺流方向与逆流方向中传播速度的差异来测量流量的。利用传播时间之差与被测流速之间的关系求取流体流量的方法叫作传播时间法。传播时间法又分为时差法、相位差法和频率差法。

1. 时差法

在管道中安装两对超声波传播方向相反的超声波换能器,如图 7-26(a)所示。设超声波在静止流体中的传播速度为 c,流体流速为 v,超声波发射器到接收器之间的距离为 L。当超声波的传播方向与流体的流动方向相同时,传播速度为 $c+v$;两者方向相反时,传播速度为 $c-v$。因此,超声波从超声波发射器 T_1、T_2 到接收器 J_1、J_2 所需要的时间分别为 t_1 和 t_2,则

$$t_1=\frac{L}{c+v},\quad t_2=\frac{L}{c-v} \tag{7-12}$$

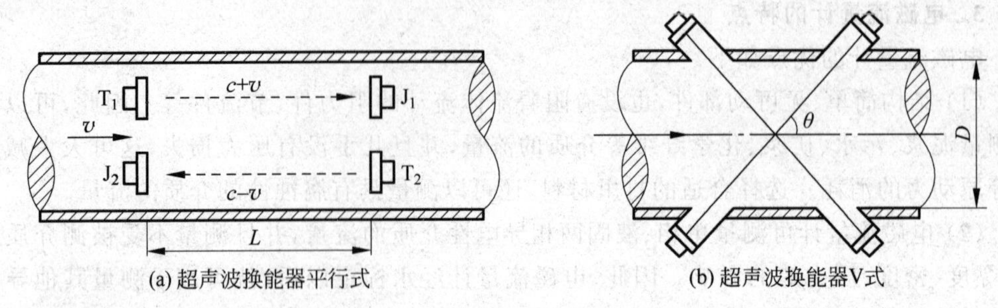

图 7-26 时差法测量原理示意

两束波传播的时间差(考虑到 $c \gg v$)为

$$\Delta t = t_1 - t_2 = \frac{2Lv}{c^2 - v^2} \approx \frac{2Lv}{c^2} \tag{7-13}$$

于是流体的流速 v 为

$$v \approx \frac{c^2}{2L}\Delta t \tag{7-14}$$

当管道直径为 D,超声波传播方向与管道轴线成 θ 角时(V 式),如图 7-26(b)所示,超声波从超声波发射器 T_1、T_2 到接收器 J_1、J_2 所需要的时间分别为

$$t_1 = \frac{D/\sin\theta}{c + v\cos\theta}, \quad t_2 = \frac{D/\sin\theta}{c - v\cos\theta} \tag{7-15}$$

同理,流速 v 与时差 Δt 之间的关系为

$$v = \frac{c^2 \tan\theta}{2D}\Delta t \tag{7-16}$$

流体的体积流量为

$$q_V = \frac{\pi D c^2 \tan\theta}{8}\Delta t \tag{7-17}$$

当声速 c 已知时,只需测出时差 Δt,就可以求出流体的体积流量。但由于声速 c 受温度影响比较大,时间差 Δt 的数量级别又很小,超声波流量测量对电子线路要求较高,因此为测量带来了困难。

2. 相位差法

如果换能器发射连续超声波脉冲或者周期较长的脉冲波列,则在顺流和逆流发射时所接收到的信号之间便要产生相位差 $\Delta\varphi = \omega\Delta t$,代入式(7-16)可得流速 v 与相位差之间的关系为

$$v = \frac{c^2 \tan\theta}{2D\omega}\Delta\varphi \tag{7-18}$$

与时差法相比,这种测量方法避免了测量微小时差 Δt,取而代之的是测量数值相对较大的相位差 $\Delta\varphi$,有利于提高测量精确度。但由于流速仍与声速 c 有关,因此无法克服声速受温度的影响造成的测量误差。

3. 频率差法

频率差法是通过测量顺流和逆流时超声波脉冲的重复频率来测量流量的。超声波发

射器向被测介质发射一个超声波脉冲,经过流体后由接收器接收此信号,进行放大后再送到发射换能器产生第二个脉冲。这样,顺流和逆流时脉冲信号的循环频率分别为

$$f_1=\frac{(c+v\cos\theta)\sin\theta}{D},\quad f_2=\frac{(c-v\cos\theta)\sin\theta}{D} \tag{7-19}$$

则频率差为

$$\Delta f=f_1-f_2=\frac{\sin2\theta}{D}v \tag{7-20}$$

由此可得流体的体积流量为

$$q_V=\frac{\pi D^2}{4}v=\frac{\pi D^3}{4\sin2\theta}\Delta f \tag{7-21}$$

因此只需测出频率差 Δf,就可求出流体流量。式(7-21)中没有包括声速 c,即使超声波换能器斜置在管壁外部,声速变化所产生的误差影响也是很小的。因此,目前的超声波流量计多采用频率差法。

4. 超声波流量计的特点

(1) 超声波流量测量属于非接触式测量,夹装式换能器的超声波流量计安装时,无须进行停流截管的安装,只要在管道外部安装换能器即可,不会对管内流体的流动带来影响。

(2) 适用范围广,可以测量各种流体和中低压气体的流量,包括一般其他流量计难以解决的强腐蚀性、非导电性、放射性流体的流量。

(3) 管道内无阻流件,无压力损失。

(4) 量程范围宽,量程比一般可达 1∶20。

(5) 管道直径一般为 5～20cm,根据管道直径需设置足够长的直管段。

(6) 流速沿管道的分布情况会影响测量结果,超声波流量计测得的流速与实际平均流速之间存在一定的差异,而且与雷诺数有关,需要进行修正。

(7) 传播时间差法只能用于清洁液体和气体;多普勒法不能测量悬浮颗粒和气泡超过某一范围的液体。

(8) 声速是温度的函数,流体的温度变化会引起测量误差。

(9) 管道衬里或结垢太厚,以及衬里与内管壁剥离、锈蚀严重时,测量精度难以保证。

7.4.5 转子流量计

转子流量计又名浮子流量计,它是工业上常用的一种流量仪表,它具有压力损失小、检测范围大(量程比 10∶1)、结构简单、使用方便等优点。它可以用来测液体或气体的流量,而且适宜在小于 200mm 的小管径上测小流量,检测精度可达±(1%～2%)。转子流量计因为其结构上的特点决定了它只能安装在垂直流动的管子上使用,而流体介质的流向应该是自下而上的,即从锥形管下端进入,经浮子与锥形管壁之间的环形截面,从上端流出去。

1. 转子流量计的工作原理

转子流量计的测量环节是由一个垂直的锥形管与管内可以上下移动的浮子所组成,

锥形管外刻有 10%～100% 的刻度，如图 7-27 所示。

当被测介质的流束由下而上通过锥形管时，如果作用于浮子的上升力大于浸没在介质中浮子的质量，浮子便上升，浮子最大直径与锥形管内壁形成的环隙面积随之增大；介质的流速下降，作用于浮子的上升力就逐渐减少，直到上升力等于浸在介质中浮子的质量时，浮子便稳定在某一高度，读出相应的刻度，便可得知流量值。

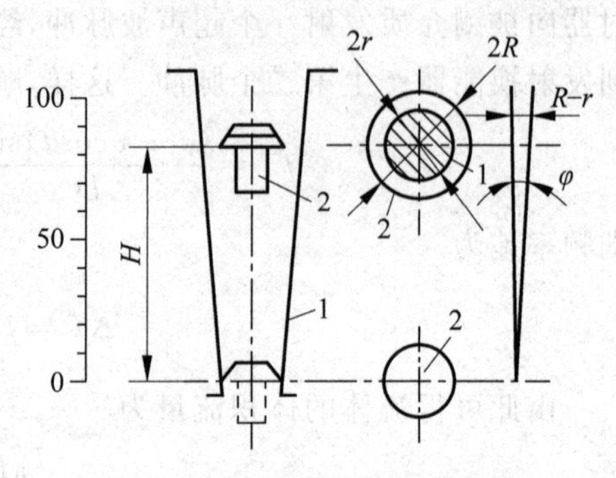

图 7-27　转子流量计原理示意

1—锥形管；2—浮子

转子流量计的流量公式为

$$q_{\mathrm{V}}=\alpha A_0\sqrt{\frac{2\Delta P}{\rho}} \tag{7-22}$$

式中，α——流量系数；

A_0——转子与圆锥管内壁间的环形流通面积；

ΔP——压差；

ρ——流体的密度。

浮子平衡于某一高度 H 时遵循平衡关系：

重力＝浮力＋压差力

即

$$\rho_{\mathrm{f}} V_{\mathrm{f}} g = V_{\mathrm{f}} \rho g + \Delta P A_{\mathrm{r}} \tag{7-23}$$

$$\Delta P=\frac{V_{\mathrm{f}}(\rho_{\mathrm{f}}-\rho)g}{A_{\mathrm{r}}} \tag{7-24}$$

式中，ρ_{f}——浮子材料的密度；

V_{f}——浮子的体积；

g——重力加速度；

A_{r}——浮子最大的横截面积。

转子与圆锥管内壁间的环形流通面积 A_0。与转子上升高度 H 的关系为

$$A_0=\frac{\pi}{4}\left[(d_0+2\tan\varphi H)^2-4r^2\right] \tag{7-25}$$

式中，A_0——标尺零点处的锥管直径；

d_0——高度 H 处，锥形管直径；

φ——锥形管母线与轴线的夹角；

H——浮子的高度；

r——浮子的半径。

则

$$q_{\mathrm{V}}=\alpha\ \frac{\pi}{4}\left[(d_0+2\tan\varphi H)^2-4r^2\right]\sqrt{\frac{2gV_{\mathrm{t}}(\rho_r-\rho)}{\rho A_{\mathrm{t}}}} \tag{7-26}$$

由式(7-26)可知,在流量计结构一定及流体一定的条件下,流量与转子上升高度呈单值函数关系。

2. 转子流量计的使用

转子流量计一般按其锥形管材料的不同,分为玻璃管转子流量计和金属管转子流量计。前者为就地指示型,后者多制成流量变送器。转子流量计在使用时应注意以下几点。

(1) 流量计的正常流量值最好选在表的上限刻度的1/3～2/3内。

(2) 搬动仪表时,应将浮子顶住,以免浮子将玻璃管打坏。

(3) 流量计在系统中正确安装完毕,应缓慢地打开上游的全开阀,然后用下游的流量调节阀调节流量。当流量计停止计量时,应先缓慢地关闭全开阀,然后再关流量调节阀。

(4) 被测流体的状态参数(ρ、T、P 等)与流量计标定时的状态不同时,必须对刻度示值进行修正。

(5) 应注意流量计的耐压,浮子和连接部分的材质等能否满足要求。

(6) 锥管是否垂直,流体流向是否正确。

(7) 仪表前后管道有无牢固的支撑。

(8) 若介质温度高于70℃时,应加装保护罩,以防冷水溅于玻璃管上使之炸裂。

(9) 流量计前面装全开阀,后面可装流量调节阀。若可能产生倒流,流量计下游应装逆止阀。对于脏流体,应在入口处安装过滤器。对脉动流,上游侧设置缓冲器。

(10) 当被测介质不清洁,仪表需要经常清洗时,应设置旁路管。

任务7.5　流量检测仪表的选用

知识目标:

- 熟悉各种流量计。
- 掌握流量计的使用场合。

技能目标:

- 掌握各种流量计的特点。
- 能正确选取合适的流量计。

素养目标:

能够根据实际情况选取合适器材。

建议课时:

1课时。

7.5.1　流量测量仪表的选用

由于流量测量仪表的种类多,适应性也不同,因此正确选用流量测量仪表对保证流量测量精度十分重要。

(1) 选用流量测量仪表时要考虑工艺允许压力损失,最大最小额定流量、使用场合特点,以及被测流体的性质和状态(如液体、气体、蒸汽、粉末、导电性、压力、温度、黏度、重度、腐蚀、气泡和脉动流等),还要考虑对仪表的精度要求及测量瞬时值、计算值等。

(2) 节流装置或其他差压感受元件与差压计配套,可用于测量各种性质及状态的液体、气体与蒸汽的流量,一般用于大于50mm管径的流量测量;标准孔板适用于测量干净的液体、气体或蒸汽流量;喷嘴可用于测量高压、过热蒸汽的流量;文丘里管适用于精密测量干净或脏污的液体或气体;偏心孔板和圆缺孔板适用于介质含有沉淀物、悬浮物的流量测量;1/4圆喷嘴适用于测量黏度大、流速低、雷诺数小的流体;毕托管适用于流量较大而不允许有显著压力损失的场合,但测量精度较低。

(3) 计量部门应选用精度等级较高的仪表,如椭圆齿轮流量计、旋转活塞流量计、腰轮流量计、涡轮流量计、旋涡流量计等。

(4) 电磁流量计只能用于导电液体的测量,如酸、碱、盐、泥沙状流体等。

(5) 金属转子流量计和靶式流量计可以测量高黏度、腐蚀性介质的流量,它可远传和自动调节。

(6) 差压流量计和靶式流量计是均方根刻度。在选择刻度时,最大流量为满刻度的95%,正常流量为满刻度的70%~80%,最小流量为满刻度的30%;其他流量仪表是线性刻度,在选择刻度时,最大流量为满刻度的90%,正常流量为满刻度的50%~70%,最小流量为满刻度的10%~20%。

7.5.2 各种流量计的分类、原理和特点

各种流量计的分类、原理和特点见表7-1。

表7-1 各种流量计的分类、原理和特点

种类	典型产品	工作原理	主要特点
差压式流量计	1. 双波纹管差压计 2. 膜片式差压计 3. 差压变送器(配二次仪表) 4. 电子开方器 5. 比例积算器 6. ST-3000型智能变送器	1. 流体通过节流装置时,其流量与节流装置前后的差压有一定关系; 2. 对差压变送器输出进行开方运算,使输出和流量呈线性比例关系; 3. 对瞬时流量进行计算,求累计流量	比较成熟,应用广泛,仪表出厂时不用标定
容积式流量计	椭圆齿轮流量计	椭圆齿轮或转子被流体冲转,每转一周便有定量的流体通过	精确灵敏,但结构复杂,成本高
速度式流量计	涡轮流量计	涡轮被流体冲转,其转速与流体的流速成正比	精确度高,测试范围大,灵敏,耐压高,信号能远传,但寿命短
	电磁流量计	导电性液体在磁场中运动,产生感应电动势,其值与流量成正比	适用于导电液体

续表

种　类	典型产品	工作原理	主要特点
速度式流量计	超声波流量计	利用超声波在流体中传播声速与接收声速的差值、流体的平均流速成正比的关系进行测量	适用于任何液体
	转子流量计	转子上下压降一定时，它们被流体冲起的高度与流量大小成正比	简单、价廉、灵敏
	靶式流量计	流体流动时对靶产生作用力，使靶产生微小的位移，从而反映流量的大小	适用于高黏度、低雷诺数的流体
	毕托管(动压测定管)	流体的动压力与流速的平方成比例	简单，但不太准确

项目总结

通过本项目的学习，读者熟悉质量流量、体积流量、总量流量的概念和意义，掌握各种不同流量计的工作原理和测量方式，特别是对差压流量计工作原理和流体方程的理解；掌握各种标准节流装置的特性，学会选择合适的流量计测量不同性质流体的流量；熟悉不同流量计安装要点和使用方法，会分析测量时测量误差的产生原因，掌握消除测量误差的方法，熟悉工业生产中常见流量计典型案例。

项目自测

1. 什么叫流量？流量有哪几种表示方法？它们之间有什么关系？

2. 什么是标准节流装置？使用标准节流装置进行流量测量时，流体需满足什么条件？

3. 用节流装置测流量，配接一差压变送器，设其测量范围为0～10000Pa，对应的输出信号为4～20mA DC，相应的流量为0～3200m^3/h，求输出信号为16mA DC时差压是多少？相应的流量是多少？

4. 试分析椭圆齿轮流量计的工作原理。它适合在什么场合使用？

5. 简述电磁流量计的工作原理和使用特点。

6. 超声波流量计是如何检测流量的？它有哪些特点？

7. 涡街流量计是怎样工作的？使用时有何限制？

8. 转子流量计有哪些类型？适用于什么场合？

项目8　智能传感器

【项目导读】

智能传感器是一种集成传感器和微处理器等电子元件的智能化传感器设备。智能传感器可以对物理量或环境参数进行感知、采集、处理和传输,能够自主地进行数据处理、存储和决策,并通过通信网络与其他设备或系统进行互联互通,从而实现物联网、工业4.0等智能化应用。

相比普通传感器只能采集数据并将其转化为电信号进行输出,智能传感器可以更加高效地完成数据采集、处理、存储、传输和控制等多种功能。智能传感器一般配备了更加强大的处理器和内存,可以运行更加复杂的算法和软件,实现更加智能化的操作。同时,智能传感器还可以通过各种通信协议,将数据传输到云端或其他设备上,实现远程监控和控制等功能,更加灵活地适应不同的应用场景,实现更加精准和高效的数据采集和利用。

常见的智能传感器包括温度传感器、压力传感器、湿度传感器、加速度传感器、图像传感器等,广泛应用于智能家居、智能交通、智能制造、智能医疗、环境监测等领域。

任务8.1　智能传感器的基本知识

知识目标:

掌握智能传感器的概念、特点。

技能目标:

- 了解智能传感器使用场景。
- 理解智能传感器的实现方式。

素养目标:

- 在测量过程中与小组人员合作、交流,培养团队合作意识,增强沟通能力。
- 养成规范测量、合理使用测量仪器的习惯。
- 能够分析数据,撰写规范实训报告。
- 增强获取信息并利用信息的能力,不断提高自己获取、判断、利用信息和创造新信息的能力。

建议课时:

1学时。

8.1.1　智能传感器的概述

智能传感器系统是一门现代综合技术，是当今世界正在迅速发展的高新技术。智能传感器的功能是通过模拟人的感官和大脑的协调动作，结合长期以来智能测试技术的研究和实际经验而提出来的。传感器智能化的发展有两个方向：一个方向是传感器与微处理器相结合；另一个方向是传感器与人工智能技术相结合。智能传感器与人类智能相类似，其传感器相当于人类的感知器官，其微处理器相当于人类大脑，可进行信息处理、逻辑思维与推理判断，存储设备存储"知识、经验"与采集的有用数据。智能传感器的示意如图 8-1 所示。

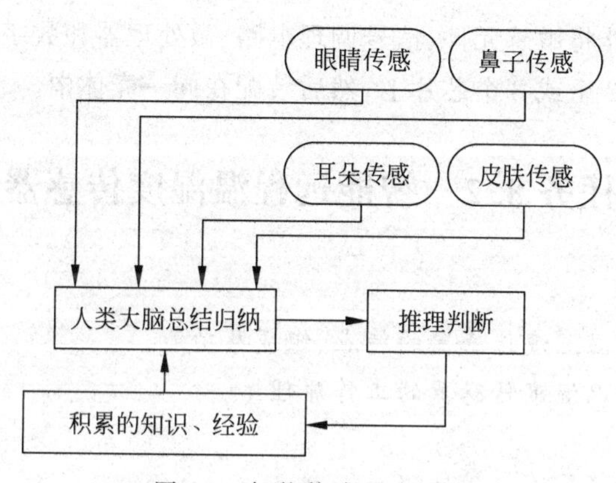

图 8-1　智能传感器的示意

8.1.2　智能传感器的特点

智能传感器的特点具体如下。

(1) 具有逻辑思维与判断、信息处理功能，可对检测数值进行分析、修正和误差补偿，因此提高了测量准确度。

(2) 具有自诊断、自校准功能，提高了可靠性。

(3) 可以实现多传感器多参数复合测量，扩大了检测与使用范围。

(4) 检测数据可以存取，使用方便。

(5) 具有数字通信接口，能与计算机直接联机，相互交换信息。

8.1.3　智能传感器的实现方式

虽然智能传感器种类繁多，智能传感器的功能也不相同，但是从底层硬件实现的方式来看，智能传感器主要有以下三种实现方式。

1. 模块化方式

普通传感器检测的数据经信号调理电路进行放大、模/数转换等调理后，送入微处理器进行处理，再由微处理器的数字总线接口挂接到现场数字总线上。

模块化智能传感器是将基本传感器、信号调理电路、带数字总线接口的微处理器相互连接，组合成一个整体而构成智能传感器系统。模块化智能传感器是在现场总线控制系统发展的推动下迅速发展起来的。

2. 集成化方式

集成化的智能传感器采用了微机械加工技术和大规模集成电路工艺技术，以半导体材料硅为基本材料来制作敏感元件，将敏感元件、信号调理电路及微处理器等集成在一块芯片上构成的。

集成化方式的智能传感器将敏感元件、数据传输线、存储器、运算器、电源和驱动装置等集成在一块硅基片上，将平面集成发展成三维集成，实现了多层结构。

3. 混合方式

混合式智能传感器将敏感元件、信号调理电路、微处理器和数字总线接口等部分以不同的组合方式集成在 2 个或 3 个芯片上，然后装配在同一壳体中。

任务 8.2 智能远程温湿度传感器

知识目标：

- 掌握智能远程温湿度传感器的特点、组成及功能。
- 掌握智能远程温湿度传感器的工作原理。

技能目标：

- 熟练使用智能远程温湿度传感器测量目标环境温度。
- 理解传感器基本架构。

素养目标：

- 在测量过程中与小组人员合作、交流，培养团队合作意识，增强沟通能力。
- 养成规范测量，合理使用测量仪器。
- 能够分析数据，撰写规范实训报告。

建议课时：

2 学时。

8.2.1 认识智能远程温湿度传感器

1. 智能远程温湿度传感器的硬件结构

智能远程温湿度传感器以开源电子平台 Arduino 为主控，利用 DHT11 传感器测量远程现场的温湿度，利用 ESP8266 模块将数据通过 WiFi 传送到云端服务器，可以实现温湿度数据采集、远程传输、存储、报警、统计分析等功能，甚至可以利用继电器等配件实现控制功能，如图 8-2 所示。

2. 工作原理

智能远程温湿度传感器按照以下步骤进行数据采集和数据传输。

(1) 数据采集：使用 DHT11 传感器采集温湿度数据，并将数据通过串口发送到 Arduino 控制器。

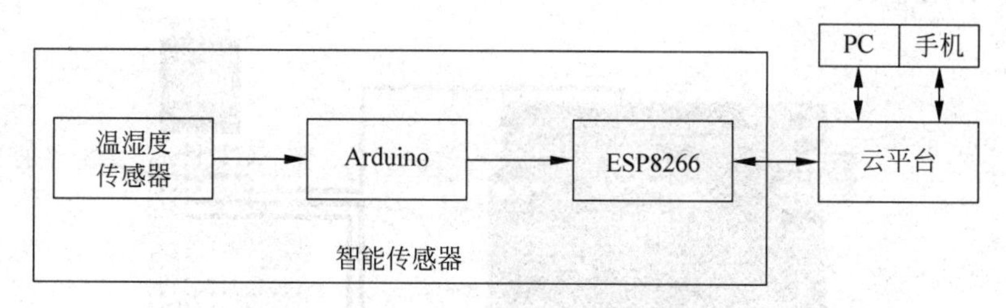

图 8-2 智能远程温湿度传感器硬件结构

（2）数据传输：Arduino 控制器连接到 ESP8266 模块，并发送检测数据。

（3）ESP8266 将采集到的数据通过 WiFi 模块发送到云端服务器。

8.2.2 智能远程温湿度传感器测量系统各模块的选用

选用 Arduino 作为核心处理器，Arduino 是一款便捷灵活、方便上手的开源电子原型平台，可以作为入门级学习，也可以做产品级开发。平台包含硬件（各种型号的 Arduino 板）和软件（Arduino IDE）。本方案选用 Arduino UNO，其处理核心是 ATMEGA328P。它有 14 个数字输入/输出引脚（其中 6 个可用作 PWM 输出）、6 个模拟输入、16MHz 晶振时钟、USB 连接、电源插孔、ICSP 接头和复位按钮。只需要通过 USB 数据线连接计算机就能供电、程序下载和数据通信。功能上完全能满足实验设计的需求。

选用 ESP8266 作为 WiFi 模块，ESP8266 集成了 TCP/IP 协议栈，可以直接连接到 WiFi 网络，不需要额外的外部芯片；功耗非常低，在待机模式下耗电仅为 20μA，适合用于电池供电的应用场景，因此在物联网中被广泛使用。

ESP8266 可以通过串行通信接口连接到微控制器，使现有传感器或控制系统增加联网功能，也可以单独实现控制和通信功能。适合用来实现智能传感、智能家居、智能灯光、智能车辆等应用场景。

选择 DHT11 作为温湿度采集模块。DHT11 是一款含有已校准数字信号输出的温湿度复合传感器。它包括一个电阻式感湿元件和一个 NTC 测温元件，检测值进行内部校准，用户无须重新校准，采用单线制串行接口，使系统集成简易快捷。超小的体积、极低的功耗，信号传输距离可达 20m 以上，使用简单方便，兼容常见的 Arduino、micro：bit、ESP32 等各类 3.3V/5V 主控系统，能轻松实现城市环境监控、智能楼宇、工业自动化、智能家居等物联网应用场景的温湿度传感。

8.2.3 智能远程温湿度传感器实训

1. 将 Arduino 和 DHT11 温湿度传感器连接起来

常见的 DHT11 模块有 3 个接线引脚，分别是 VCC、GND、DATA，接线时，只要将 VCC 接到 Arduino 5V 上、GND 接到 Arduino GND 上、DATA 引脚接 Arduino 8 号数字端口上即可，如图 8-3 所示。

DHT11 Arduino 的测试程序主要分几个步骤：引入 dht11 库、设置端口、检查 DHT11 是否正确连接、获取 DHT11 测量数据。

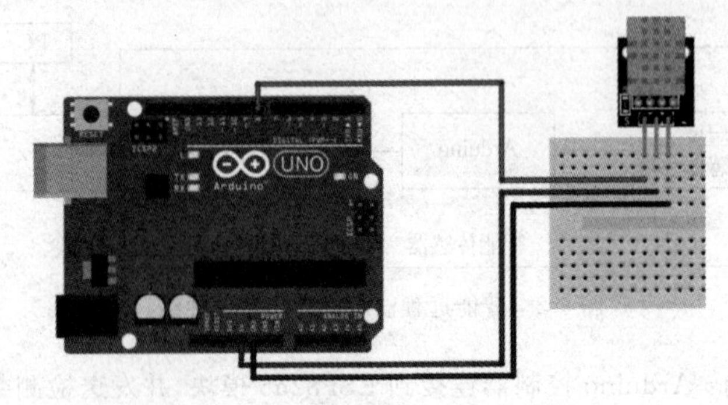

图 8-3 Arduino 与 DHT11 模块引脚连接

获取测量数据的示例程序如下。

```
#include <dht11.h>
#define DHT11PIN 8
dht11 DHT11;

//printf 格式化字符串初始化
int serial_putc( char c, struct __file * )
{
    Serial.write( c );
    return c;
}
void printf_begin(void)
{
    fdevopen( &serial_putc, 0 );
}
void setup()
{
    pinMode(DHT11PIN,OUTPUT);
    Serial.begin(9600);
    printf_begin();
}
void loop()
{
    int chk = DHT11.read(DHT11PIN);
    Serial.print("Tep: ");
    Serial.print((float)DHT11.temperature, 2);
    Serial.println("C");
    Serial.print("Hum: ");
    Serial.print((float)DHT11.humidity, 2);
    Serial.println("%");
    Serial.println();
        //printf("$AR,SHT%d,%d#", DHT11.temperature, DHT11.humidity);
        delay(1000);
}
```

程序首先定义了 DHT11 传感器数据类型变量 dht11。serial_putc 函数用于将字符 c

写入串口,并返回写入的字符；printf_begin 函数用于打开串口；fdevopen 函数用于创建串口；setup 函数用于设置串口参数和打开串口；主程序 loop 函数用于读取 DHT11 传感器的数据并将其输出到串口监视器中。

在 loop 函数中,首先调用 DHT11.read(DHT11PIN)函数读取 DHT11 传感器的数据,并将其存储在 chk 变量中。然后将读取的温度和湿度值转换为浮点型数据类型,并输出到串口监视器中。最后使用 delay 函数延时,以便观察 DHT11 传感器的数据变化。

2. 对 ESP8266 无线模块进行编程,使 Arduino 能够通过其进行 WiFi 联网

Arduino IDE 可以用来对 ESP8266 无线模块进行编程,本案例中的云平台是以 http://www.easyiothings.com 为例。示例程序如下。

```
#include <ESP8266WiFi.h>
#include <PubSubClient.h>
#define BUILTIN_LED 2
char P_NAME[] = "XXXX";                              //设置 WiFi 名称
char P_PSWD[] = "11111111";                          //设置 WiFi 密码
char sub[] = "Sub/100052";                           //设置设备 SUB 名称
char pub[] = "Pub/100052";                           //设置设备 PUB 名称
const char * ssid = P_NAME;
const char * password = P_PSWD;
const char * mqtt_server = "121.5.58.100";           //云平台服务器地址
String reStr;
WiFiClient espClient;
PubSubClient client(espClient);
unsigned long lastMsg = 0;
#define MSG_BUFFER_SIZE (50)
char msg[MSG_BUFFER_SIZE];
int value = 0;
void setup_wifi()
{
    delay(10);
    WiFi.mode(WIFI_STA);
    WiFi.begin(ssid, password);
    while(WiFi.status() != WL_CONNECTED)
    {
        delay(500);
    }
    randomSeed(micros());
}
void callback(char * topic, byte * payload, unsigned int length)
{
    for(int i = 0; i < length; i++)
    {
        Serial.print((char)payload[i]);
    }
    Serial.println();
}
void reconnect()
```

```
{
    while(!client.connected())
    {
        String clientId = "ESP8266Client";
        clientId += String(random(0xffff), HEX);
        if(client.connect(clientId.c_str()))
        {
            client.publish(pub, "{\"State\":\"OnLine\"}");
            client.subscribe(sub);
        }
        else
        {
            Serial.print(client.state());
            delay(5000);
        }
    }
}
void setup()
{
    pinMode(BUILTIN_LED, OUTPUT);
    Serial.begin(9600);
    setup_wifi();
    client.setServer(mqtt_server, 1883);
    client.setCallback(callback);
    digitalWrite(BUILTIN_LED, HIGH);
}
void loop()
{
    if(!client.connected())
    {
        reconnect();
    }
    client.loop();
    if(Serial.available() > 0)
    {
        reStr = Serial.readStringUntil('\n');
        //检测 json 库数据是否完整
        int jsonBeginAt = reStr.indexOf("{");
        int jsonEndAt = reStr.lastIndexOf("}");
        if(jsonBeginAt != -1 && jsonEndAt != -1)
        {
            reStr = reStr.substring(jsonBeginAt, jsonEndAt + 1);
            int str_len = reStr.length() + 1;
            char char_array[str_len];
            reStr.toCharArray(char_array, str_len);
            client.publish(pub, char_array);
        }
    }
}
```

setup_wifi 函数用于配置 WiFi 模式、初始化 WiFi 网络参数，启动 STA 模式的 WiFi 通信，检查是否成功连接到 WiFi 网络。

Callback 函数用来处理订阅主题接收到的消息。参数是主题的名称、发布内容和发布内容的长度。

reconnect 函数完成 MQTT 数据订阅并在网络中断时重新连接到 ESP8266 WiFi 模块。

setup 函数用于网络等参数的初始化配置和连接。使用 Serial. begin 函数初始化串口通信，设置波特率为 9600。使用 client. setServer()设置 MQTT 服务器地址和端口号，并调用 client. setCallback()设置回调函数。

Loop 循环函数作为主程序，调用上述函数接收和发布 MQTT 消息。

3. 将 Arduino 和 ESP8266 无线模块连接起来。

ESP8266 连接 Arduino 时的引脚对应关系：3V3—3V3、EN—3V3、GND—GND、ESP8266 的 RX—Arduino 的 TX、ESP8266 的 TX—Arduino 的 RX，如图 8-4 所示。

给 Arduino 下载代码时需将 RX 与 TX 的接线移除，否则程序会报错。

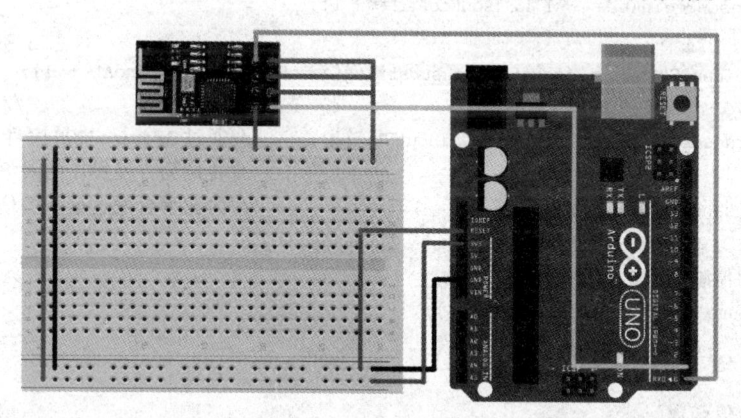

图 8-4 Arduino 与 ESP8266 模块引脚连接

Arduino 通过 ESP8266 连接 WiFi 向云平台发送数据的示例程序如下。

```
#include <ArduinoJson.h>                         //导入 JSON 库，用来封装发送数据的格式
#include <DHT.h>                                 //导入温湿度传感器库
#define DHTPIN 8                                 //定义温湿度传感器引脚为 8
#define DHTTYPE DHT11                            //定义温湿度传感器型号为 DHT11
//定义相关的变量
long ID = 10086;                                 //定义设备 ID 号
float temperature, humidity;                     //定义温湿度变量
DHT dht(DHTPIN, DHTTYPE);                        //创建 dht 对象，用于操作温湿度传感器
StaticJsonDocument<200> sendJson;                //创建 JSON 对象，用来存放发送数据
StaticJsonDocument<200> readJson;                //创建 JSON 对象，用来存放接收到的数据
unsigned long lastUpdateTime = 0;                //记录上次上传数据时间
const unsigned long updateInterval = 3000;       //在这里设置数据发送至云平台的时间间
                                                 //隔，单位为毫秒
```

```
void setup()
{
    Serial.begin(9600);       //初始化串口,用于和 esp8266 进行通信,完成数据的接收与上传
    dht.begin();                                         //初始化温湿度传感器
}
void loop()
{
    //完成数据定时上报的功能,且不阻塞 loop 函数运行
    if (millis() - lastUpdateTime > updateInterval)
    {
        sendJsonData();
        lastUpdateTime = millis();
    }

    //检测 json 数据是否完整,若通过,则进行下一步的处理
    int jsonBeginAt = inputString.indexOf("{");
    int jsonEndAt = inputString.lastIndexOf("}");
    if (jsonBeginAt != -1 && jsonEndAt != -1)
    {
        inputString = inputString.substring(jsonBeginAt, jsonEndAt + 1);
                                                                //净化 json 数据
        deserializeJson(readJson, inputString);     //通过 ArduinoJSON 库将 JSON 字符串
                                                    //转换为方便操作的对象
        sendJsonData();                             //向云平台发送最新的信息
}
//温湿度传感器数据
temperature = dht.readTemperature();
humidity = dht.readHumidity();

//上传数值函数
void sendJsonData()
{
    //将数据添加到 JSON 对象中,左边为在云平台中定义的标识符,右边为变量
    sendJson["ID"] = ID;
    sendJson["Temperature"] = temperature;
    sendJson["Humidity"] = humidity;
    //将对象转换成字符串,并向 esp8266 发送消息
    serializeJson(sendJson, Serial);
    Serial.print("\n");
}
```

程序在 setup 函数中对串口和传感器进行初始化；在 sendJsonData 函数中对采集的数据进行封装并通过串口发送到 ESP8266；在 loop 函数中完成数据的采集，调用 sendJsonData 函数完成数据上传。

注意：以上代码需要使用 ESP8266 WiFi、Arduino Json、DHT 或 DHT11 等库文件，可以在官方网站下载并导入。

任务8.3 生理信号智能传感器

知识目标：

- 掌握生理信号智能传感器的特点、组成及功能。
- 掌握生理信号智能传感器的工作原理。

技能目标：

- 熟练使用生理信号智能测量目标参数。
- 理解生理信号智能传感器基本架构。

素养目标：

- 在测量过程中与小组人员合作、交流，培养团队合作意识，增强沟通能力。
- 养成规范测量，合理使用测量仪器。
- 能够分析数据，撰写规范实训报告。

建议课时：

2课时。

8.3.1 认识生理信号智能传感器

1. 生理信号智能传感器的硬件结构

生理信号智能传感器以通用型单片机STM32为主控，利用ADS1292测量心电图和计算心率，并用串口屏动态显示，利用LMT70测量人的体表温度，用MPU6050计算运动步数和运动距离，最后利用蓝牙模块HC-08将数据传送到计算机服务器，如图8-5所示。

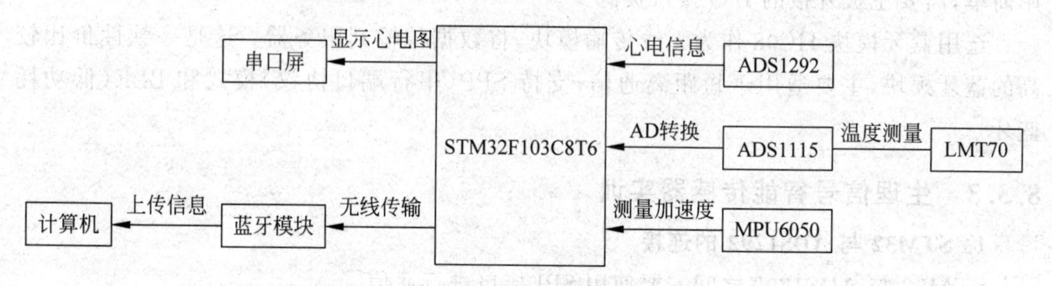

图8-5 生理信号智能传感器硬件结构

2. 工作原理

生理信号智能传感器按照以下步骤进行数据采集。

(1) 检测生物信号：生物信号智能传感器通过检测人体皮肤表面的生物信号电位，如心电信号、脑电信号等，采集到原始的生物电信号。

(2) 信号放大：将采集到的原始生物电信号通过放大电路进行放大，以增强信号的强度和稳定性。

(3) 滤波处理：对于心率等生物信号而言，由于其频率范围往往较窄(如心电信号的频率范围为0～250Hz)，因此需要经过滤波处理，将无关的附加噪声和高频干扰信号滤除，保留低频和特征信号。

(4) 数字化采样：将滤波处理后的生物信号进行模数转换，将其转化为数字信号，并进行采样和量化处理，以获取高精度的数字化生物信号。

(5) 数据分析和传输：对于采集到的生物信号进行进一步分析和处理，如计算心率、心律、波形特征等，以提供临床诊断和健康监测的参考。信号可进一步上传到云端或其他设备。

8.3.2 生理信号智能传感器各模块的选用

选用STM32单片机作为核心处理器，其具备ARM32位Cortex-M3 CPU内核，最高工作频率72MHz，片内集成32～512KB的Flash存储器、6～64KB的SRAM存储器。串行调试(SWD)和JTAG接口。最多可达112个快速I/O端口、最多可达11个定时器、最多可达13个通信接口。完全能满足实验设计的需求。

选用ADS1292测量心电信息，其使用陷波滤波器滤去了绝大部分的工频带来的干扰，使用了低通40Hz滤波，滤去高频段地干扰信号，能够更方便获得心电信号。

选用LMT70检测温度，这是一款带有输出使能引脚的超小型、高精度、低功耗互补金属氧化物半导体(CMOS)模拟温度传感器。为了确保温度测量的精度，本方案采用了16位高精度，高转换速率的ADS1115作为高精度的LMT70的模数转换器，从而使得温度测量的精度达到±0.05℃。

选用MPU6050作为加速度检测元件，MPU6050自带数据管理(DMP)，不需要调节卡尔曼参数，数据稳定准确。并且相比于MPU9250等芯片，MCU6050采用IIC通信，使用简单，需要主板外接的I/O接口资源少。

选用蓝牙模块HC08作为无线传输模块，将数据传输到服务器。这是一款性价比较高的蓝牙模块，主要适用于短距离通信，支持SPP(串行端口协议)模式和BLE(低功耗蓝牙)。

8.3.3 生理信号智能传感器实训

1. STM32与ADS1292的连接

STM32与ADS1292之间需要使用SPI接口进行通信。

ADS1292的VDD、GND、REF、AVDD和DVDD引脚与STM32的相应引脚连接。其中，VDD和GND为电源引脚、REF为参考电压引脚、AVDD为模拟电压引脚、DVDD为数字电压引脚。

将ADS1292的SDO、SDI、SCLK和CS引脚与STM32的相应SPI接口引脚连接。其中，SDO为数据输出引脚、SDI为数据输入引脚、SCLK为时钟引脚、CS为片选引脚，如图8-6所示。

在STM32的代码中，需要使用STM32的SPI API实现与ADS1292的通信和控制。具体包括以下操作。

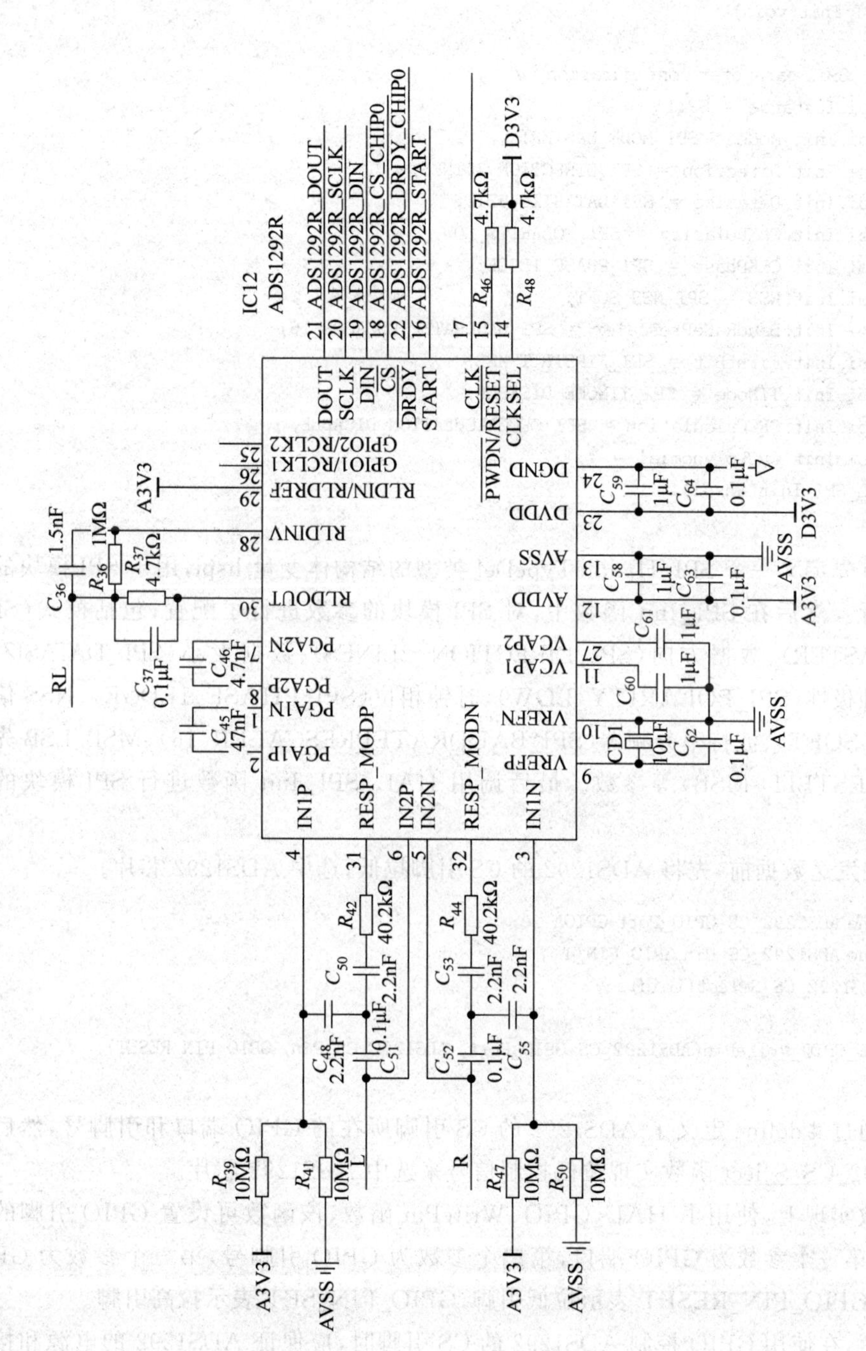

图 8-6 ADS1292 模块引脚

(1) 初始化STM32的SPI模块,并设置SPI模式和时钟速率等参数。

```
SPI_HandleTypeDef hspi;
void SPI_Init(void)
{
    /* SPI1 parameter configuration */
    hspi.Instance = SPI1;
    hspi.Init.Mode = SPI_MODE_MASTER;
    hspi.Init.Direction = SPI_DIRECTION_2LINES;
    hspi.Init.DataSize = SPI_DATASIZE_8BIT;
    hspi.Init.CLKPolarity = SPI_POLARITY_LOW;
    hspi.Init.CLKPhase = SPI_PHASE_1EDGE;
    hspi.Init.NSS = SPI_NSS_SOFT;
    hspi.Init.BaudRatePrescaler = SPI_BAUDRATEPRESCALER_16;
    hspi.Init.FirstBit = SPI_FIRSTBIT_MSB;
    hspi.Init.TIMode = SPI_TIMODE_DISABLE;
    hspi.Init.CRCCalculation = SPI_CRCCALCULATION_DISABLE;
    hspi.Init.CRCPolynomial = 7;
    HAL_SPI_Init(&hspi);
}
```

程序首先定义一个SPI_HandleTypeDef类型的结构体变量hspi,用于SPI模块的初始化和配置。然后在SPI_Init函数中,对SPI模块的参数进行了配置,包括模式(SPI_MODE_MASTER)、数据方向(SPI_DIRECTION_2LINES)、数据大小(SPI_DATASIZE_8BIT)、时钟极性(SPI_POLARITY_LOW)、时钟相位(SPI_PHASE_1EDGE)、NSS信号(SPI_NSS_SOFT)、波特率分频器(SPI_BAUDRATEPRESCALER_16)、MSB/LSB先传输(SPI_FIRSTBIT_MSB)等参数。最后调用HAL_SPI_Init函数进行SPI模块的初始化。

(2) 在发送数据前,先将ADS1292的CS引脚拉低,选中ADS1292芯片。

```
#define ADS1292_CS_GPIO_Port GPIOA
#define ADS1292_CS_Pin GPIO_PIN_4
void ADS1292_CS_Select(void)
{
    HAL_GPIO_WritePin(ADS1292_CS_GPIO_Port, ADS1292_CS_Pin, GPIO_PIN_RESET);
}
```

首先通过#define定义了ADS1292的CS引脚所在的GPIO端口和引脚号,然后通过ADS1292_CS_Select函数实现拉低控制信号来选中ADS1292芯片。

在函数实现上,使用了HAL_GPIO_WritePin函数,该函数可设置GPIO引脚的状态。其中,第一个参数为GPIO端口,第二个参数为GPIO引脚号,第三个参数为GPIO引脚状态,GPIO_PIN_RESET表示拉低引脚,GPIO_PIN_SET表示拉高引脚。

需注意,在使用GPIO控制ADS1292的CS引脚时,应保证ADS1292的电源和接口电平与STM32的电源和接口电平一致,否则可能会导致芯片损坏或通信失败。

(3) 发送SPI命令或读写数据,从而控制ADS1292芯片进行数据采集和处理。

```
uint8_t ADS1292_Start_Conversion_Command[2] = {0x08, 0x10}; //启动采集命令
```

```
uint8_t ADS1292_Read_Data_Command[2] = {0x12, 0x00};  //读取采集数据命令
uint8_t ADS1292_Tx_Data[3], ADS1292_Rx_Data[3];       //发送和接收缓冲区
void ADS1292_Start_Conversion(void)
{
    ADS1292_CS_Select();                              //选中 ADS1292 芯片
    HAL_SPI_Transmit(&hspi1, ADS1292_Start_Conversion_Command, 2, 100); //发送启动采集命令
    ADS1292_CS_Deselect();                            //取消选中 ADS1292 芯片
}
uint32_t ADS1292_Read_Data(void)
{
    uint32_t Data = 0;
    ADS1292_CS_Select();                              //选中 ADS1292 芯片
    HAL_SPI_TransmitReceive(&hspi1, ADS1292_Read_Data_Command, ADS1292_Rx_Data, 2, 100);
                                                      //发送读取数据命令并接收采集数据
    for(uint8_t i = 0; i < 3; i++) {                  //3 字节数据
        Data <<= 8;                                   //前 16 位数据不用处理,直接丢弃
        Data += ADS1292_Rx_Data[i];
    }
    ADS1292_CS_Deselect();                            //取消选中 ADS1292 芯片
    return Data;
}
```

首先定义启动采集命令和读取采集数据命令的数组变量,定义发送和接收数据的缓冲区变量。然后通过 ADS1292_Start_Conversion 函数实现向 ADS1292 芯片发送启动采集命令的控制操作;通过 ADS1292_Read_Data 函数实现向 ADS1292 芯片发送读取采集数据命令的控制操作,并返回采集到的数据。

在具体实现中,使用 HAL_SPI_Transmit 函数和 HAL_SPI_TransmitReceive 函数向 ADS1292 芯片发送 SPI 命令和从 ADS1292 芯片接收 SPI 数据。其中,第一个参数为 SPI_HandleTypeDef 类型的结构体变量,表示 SPI 模块的句柄;第二个参数为发送的数据缓冲区;第三个参数为接收的数据缓冲区;第四个参数为发送或接收的数据长度;第五个参数为超时时间。

(4) 读取 ADS1292 芯片的响应数据或状态,进行数据处理和分析。

心率的计算需要定位心电信号的 R 波(心电信号波组的一部分),通过计算相邻 R 波的间期得到心率。常用的 R 波定位算法有 Pan-Tompkins 算法,其检测 R 波峰值的具体步骤如下。

① 将信号通过给定的滤波器。

② 对滤波后的信号求一阶导数。

③ 对求导之后的信号进行平方运算。

④ 将信号通过滑动窗口进行积分。

⑤ 使用阈值法检测经过处理之后的 R 波峰值。

之后可由相邻 R 波间隔时间计算瞬时心率。另外,还可以使用自适应滑动窗算法等对 R 波进行定位。

(5) 将 ADS1292 的 CS 引脚拉高,结束数据通信。

```
void ADS1292_CS_Deselect(void)
{
    HAL_GPIO_WritePin(ADS1292_CS_GPIO_Port, ADS1292_CS_Pin, GPIO_PIN_SET);
                                                    //将 ADS1292 的 CS 引脚拉高
}
```

通过 ADS1292_CS_Deselect 函数实现将 ADS1292 的 CS 引脚拉高的控制操作。

在具体实现中,使用了 HAL_GPIO_WritePin 函数,用于控制 GPIO 端口输出高电平或低电平。其中,第一个参数为 GPIO_TypeDef 类型的结构体变量,表示 GPIO 端口的类型和地址;第二个参数为 GPIO_PinState 类型的枚举变量,表示 GPIO 的状态,GPIO_PIN_SET 表示输出高电平,GPIO_PIN_RESET 表示输出低电平。

2. STM32 与温度传感器的连接

温度采集传感器选用 TI 公司的超小型、高精度、低功耗互补金属氧化物半导体(CMOS)模拟温度传感器 LMT70。该传感器测温精度在 −20～90℃内,误差为±0.2℃(最大值),工作时电源电流只有 9.2μA 左右,热耗散低于 36μW,这种超低自发热特性支持其在宽温度范围内保持高精度。温度传感器电路如图 8-7 所示,其中 100nF 的旁路电容吸收电源中可能的高频干扰。

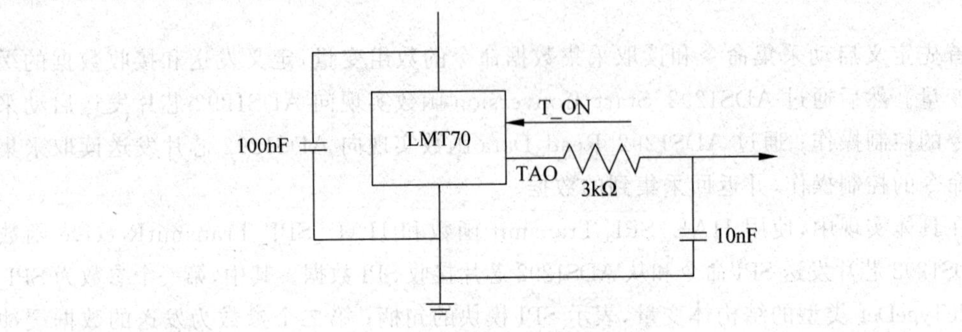

图 8-7 LMT70 温度传感器电路

考虑到体表温度测量精度要求较高,选用了外置的 16 位分辨率的高精度模数转换器 ADS1115。ADS1115 具有一个板上可编程增益放大器(PGA),可提供从±256mV～±6.144V 的输入范围,从而实现精准的大小信号测量。ADS1115 还具有 1 个输入多路复用器(MUX),可提供 2 个差分输入或 4 个单端输入。另外,其在连续转换模式流耗只有 150μA,保证了设备的低功耗。ADS1115 与 LMT70 的连接示意图如图 8-8 所示。

读时序操作步骤如下。

(1) 发送写地址给 ADS1115。

(2) 向地址指针寄存器写数据,后两位有效。

(3) 发送读地址给 ADS1115。

(4) 读取 ADS1115 的数据。

值得注意的是,ADS1115 以二进制补码格式提供 16 位数据。

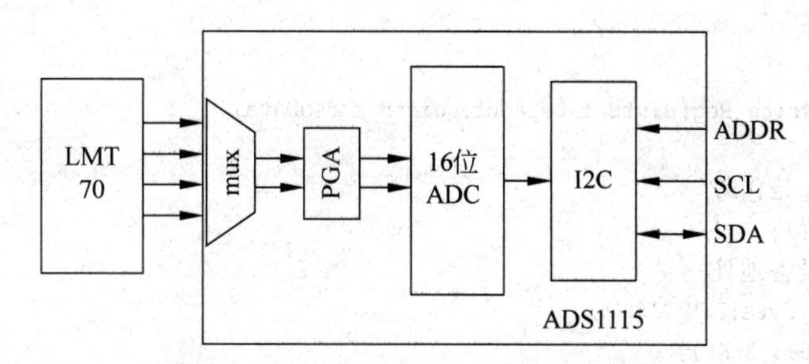

图 8-8 ADS1115 高精度模数转换电路

3. STM32 与 mpu6050 传感器的连接

按照表 8-1 将 mpu6050 模块引脚与 STM32 单片机进行连接。

表 8-1 mpu6050 模块引脚与 STM32 单片机连接对应关系

mpu6050 引脚名称	STM32 引脚	mpu6050 引脚名称	STM32 引脚
VCC	接 3.3V 或 5V	SDL	PB7
GND	GND	AD0	悬空或者接地
SCL	PB6	INT	PA11

MPU6050 与 MCU 通过 I2C 总线进行通信。可以用程序实现 I2C 底层基本时序函数，包括起始、停止信号的产生，以及发送/接收单字节数据、检测/发送应答信号。

1) I2C 基本时序函数

```
//基本数据读取\USER\src\i2c.h
void I2C_Init(void);                          //I2C 初始化
void I2C_Start(void);                         //产生 I2C 协议起始信号
void I2C_Stop(void);                          //产生 I2C 协议结束信号
void I2C_Write_Byte(uint8_t byte);            //发送八位数据(不包含应答)
uint8_t I2C_Read_Byte(void);                  //读取八位数据(不包含应答)
uint8_t I2C_Read_ACK(void);                   //接收应答信号
void I2C_Write_ACK(uint8_t ack);              //发送应答信号
```

2) 写寄存器流程如下

(1) 发送起始信号。

(2) 发送设备地址(写模式)。

(3) 发送内部寄存器地址。

(4) 写入寄存器数据(8 位数据宽度)。

(5) 发送结束信号。

3) 代码实现

```
//基本数据读取\USER\src\mpu6050.c
/*
 * 函数介绍: MPU6050 写寄存器函数
 * 输入参数: regAddr(寄存器地址) regData(待写入寄存器值)
 * 输出参数: 无
```

```
 * 返回值：无
 */
void MPU6050_Write_Reg(uint8_t regAddr, uint8_t regData)
{
    /* 发送起始信号 */
    I2C_Start();
    /* 发送设备地址 */
    I2C_Write_Byte(DEV_ADDR);
    if (I2C_Read_ACK())
        goto stop;
    /* 发送寄存器地址 */
    I2C_Write_Byte(regAddr);
    if (I2C_Read_ACK())
        goto stop;
    /* 写数据到寄存器 */
    I2C_Write_Byte(regData);
    if (I2C_Read_ACK())
        goto stop;
    stop:
    I2C_Stop();
}
```

4）传感器初始化

在使用传感器测量数据之前，先要利用前面写好的读/写寄存器函数，对传感器初始化，包括常用参数配置，如采样率、滤波频率等，若无特殊要求使用典型值即可。

本方案使用加速度传感器测量步数和距离。通过测量数据发现，走路时，在 x 轴上也就是竖直方向上，加速度增加到一个峰值之后再掉落下来，使用动态阈值检测加速度是否达到一个峰值从而来计算步数。并通过测量 z 轴的加速度，经过两次积分来计算距离。

4. 将 STM32 和 HC-08 进行连接

STM32 连接 HC-08 与服务器进行无线通信，如图 8-9 所示。

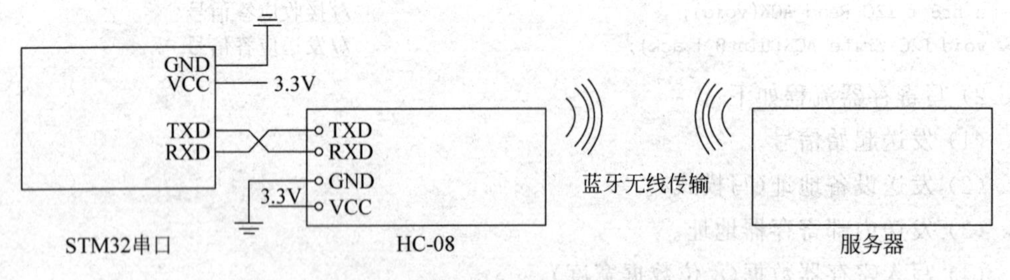

图 8-9　STM32 连接 HC-08 与服务器进行无线通信

连接之后，蓝牙的通信协议等都被封装在 HC-08 模块中，可以将 HC-08 视为一个蓝牙转串口的设备，只要针对 STM32 的串口进行操作即可。在对串口进行初始化后，可以通过下面的串口控制程序进行数据传输操作。

```
void UART3_IRQHandler (void)
{
```

```
        uint8_t res;
        static uint8_t cnt;
        while(1)
        {
            if (!(LPC_USART3->LSR & UART_LSR_RDR))
            {
                break;
            }
            else
            {
                res = UART_ReceiveByte(LPC_USART3); //串口收
                uart3_buf[cnt++] = res;
                  UART_SendByte(LPC_USART3, res); //串口发(echo)
                if(cnt > 15)
                {
                    cnt = 0;
                }
            }
        }
    }
```

项目总结

通过本项目的学习，读者可以了解智能传感器的基本情况及其与传统传感器的区别。通过实现两个具体的应用场景，可以让学生掌握智能传感器设计和制作技能、智能传感器软件编程方法和硬件电路的开发设计，了解如何将普通传感器设计或改造为智能传感器。掌握智能传感器网络通信的原理、智能传感器与微处理器的接口方法。可以领会其工作原理及其在工业自动化、智能家居等领域的应用，同时也培养学生的实验设计、数据分析等综合能力。

项目自测

1. 什么是智能传感器？它与传统的传感器区别在哪里？

2. 简述 ESP8266 模块的工作原理，以及它是如何通过 WiFi 与云端通信的。

3. 简述 ADS1292 实现测量心电图的工作原理，以及它是如何与 STM32 微处理器实现连接的。

参 考 文 献

[1] 徐兰英. 现代传感与检测技术[M]. 北京：国防工业出版社，2015.
[2] 张青春，纪剑祥. 传感器与自动检测技术[M]. 北京：机械工业出版社，2018.
[3] 郝琳，詹跃明，张红. 传感器与应用技术[M]. 武汉：华中科技大学出版社，2017.
[4] 陈黎敏. 传感器技术及应用[M]. 北京：机械工业出版社，2015.
[5] 金发庆. 传感器技术与应用[M]. 北京：机械工业出版社，2017.
[6] 何勇，王生泽. 光电传感器技术及应用[M]. 北京：化学工业出版社，2014.
[7] 唐露新，骆德汉，徐今强. 传感与检测技术[M]. 北京：科学出版社，2011.
[8] 吴旗. 传感器及应用[M]. 2 版. 北京：高等教育出版社，2016.